건축의 욕망, 환상,

그리고 징후

건축의 욕망, 환상,

그리고 징후

안은희 지음

한국학술정보㈜

책머리에

'건축적 공간의 본질이 무엇일까'라는 질문은 학부 1학년 때부터 내게서 떠나지 않고 맴도는 물음이었다. 기둥, 벽, 바닥이라는 물리적 경계가 건축이라는 공간의 본질인 것일까. 볼륨이라는 공간감이 본질인 것일까. 그 공간을 전유하는 사람들이 본질을 결정하는 것일까. 이러한 고민은 자연스럽게 공간에 대한 해석과 이론들에 관심을 가지게 만들었고, 계속 공부하게 만드는 원동력이 되었다.

이 책의 내용은 박사학위 논문을 재구성한 것이지만, 한편으로는 스스로에게 던졌던 질문에 대한 나름의 모색을 통해 나온 결과물로 볼 수도 있다. 건축보다 더 깊은 내부인 실내건축이라는 학문의 영역에서 건축적 공간을 연구할 수 있게 된 것은 큰 행운이라고 생각한다. 대상의 본질이라는 것의 내부, 그 내부의 내부를 파헤치고 싶었던 열망이 작은 성과를 이룰 수 있었던 것에 그저 감사할 뿐이다.

그러나 그 성과라는 것이 결국은 다시 무(無)로 돌아가는 시작점이었다는 사실을 요즘 새롭게 자각하고 있다. 니체 식의 어법으로 되짚어 본다면, 진리란 무엇이냐고 물어보는 것 — 건축의 본질이 무엇이냐고 물어보는 것 — 은 철학(건축)의 가치나 공과를 물어보는 것이고 이는 전체를 보려 하고 진리를 찾으려 하는 우리 욕망의 표출과 다르지 않다. 니체가 철학의 외부에서 자신과 철학의 관계 맺음을 되짚어 보면서, "진리가 아닌 다른 목표를 추구해 보시오. 건강이나 미래, 성장, 힘, 생명 같은 것을……"이라고 이야기했을 때의 자세, 즉 건축의 본질이라는 것을 찾으려 하기보다 그것을 찾으려 하는 욕망 자체를 문제 삼으라는 지적은 지금의 내게 너무나 의미심장하게 들린다.

건축의 본질이라고 스스로 규정한 '건축의 욕망'이라는 지점에 대한 분석은 결국 나 자신의 욕망의 빈 공간을 가시화하는 것과 다르지 않았다. 공간의 본질을 꿰뚫어 보고자 하는 욕망, 그것을 더타자의 욕망이 아닌 나 자신의 욕망이라고 자신 있게 이야기할 수는 없지만, 최소한 한 가지 확실한 것은 앞으로도 계속 천착할 나의 연구주제라는 것만은 분명하다는 사실에 그나마 작은 위안을 받는다.

남들에게 선뜻 내보이기에 부족한 내용을 책으로 출판하기까지 도움을 준 많은 분들에게 진심으로 감사의 말씀을 전한다. 실내건축이라는 학문의 입문에서부터 지금까지 늘 옆에서 지도해 주신 이정욱 교수님, 라캉의 정신분석을 만나게 해 준 민승기 선생님, 나의 지적 파트너이자 멘토인 박은주 선생님, 그리고 글 쓰는 동안 객관적 틀을 유지하는 데 한결같은 도움을 준 박종구 후배님께도 진심으로 고마운 마음을 전한다. 그 외에 가족들과 많은 지인들의 격려와 도움은 내가 학문을 할 수 있는 원동력 자체이다. 마지막으로, 실제로 뵌 적이 없음에도 불구하고 늘 내게 학문을 하는 사람의 기본자세를 되돌아보게 만드는 고 이득수 교수님 그리고 하늘에서 평안하게 계실 어머니의 명복을 빌며 이 글을 마칠까 한다.

2009년 6월 30일
안은희

목차

프롤로그: 내밀한 시선으로 건축을 보다

건축은 욕망한다, 건축은 환상이다, 그리고 건축은 징후다

일반적으로 건축이나 실내건축은 외적이고 물질적인 공간으로 분류되어 왔다. 그러나 건축은 주체의 정신과 심리의 내적 작용의 결과물이기도 하다. 건축이나 실내건축이 분명한 물질적 실체를 가짐으로써 외적 공간으로 지각됨에도 불구하고 동시에 내적 공간으로 볼 수 있는 까닭은 인간의 정신과 심리의 내적 작용 중에서도 특히 '욕망'과 밀접하게 연관되어 있기 때문이다. 건축은 인간의 구축 욕망이 집약되고 구현되는 대상이다. 건축은 건축 외부에 있는 리얼리티들 — 역사·사회·문화·시간·자본·기능 등 — 을 담으려는 주체의 욕망에 의거해서 구축된다. 결국 건축이나 실내건축에서 욕망의 문제는 건축을 더 이상 외적 공간으로만 볼 수 없게 만든다.

현대 사회에 들어서 욕망의 문제는 건축을 포함한 거의 모든 분야에서 중요한 화두로 떠오르고 있다. 특히 현대의 대중문화에서 소비의 문제는 일상적인 경험의 차원에서 욕망의 문제를 제기한다. 그동안 우리의 인식을 지배해 왔던 주체 모델은 데카르트적 주체, 즉 이성 중심의 코기토적 주체였다. 그러나 범람하는 대중매체와 소비문화 속에서 주체는 자신의 욕망으로부터 소외된 비이성적인 주체가 된다. 주체가 어떤 것을 강하게 욕망하면 할수록, 주체의 욕망은 충족되지 못한다. 이때 주체는 소외를 회피하기 위해서 욕망이 충족되었다는 오인, 즉 '환상'의 시나리오를 만들게 된다. 그런 까닭에 욕망과 환상은 주체의 실존과 밀접하게 연결되어 있다.

건축적 관점에서 볼 때도 욕망과 환상은 그동안 간과되었던 건축의 내적 작용 방식을 이해할 수 있도록 단서를 제공하는 주요한 개념들이다. 욕망과 환상과 같은 주체의 정신활동이나 심리의 문제를 건축적으로 이해하고 해석하는 데 가장 적절한 개념 틀을 제공하는 분야는 바로 정신분석학이다. 정신분석에서 주로 다루는 무의식의 영역은 건축적 공간의 물질성 개념에 가려져 그동안 잘 드러나지 않았던 건축의 심층적 영역을 추론할 수 있는 가능성을 던져 준다. 최근 정신분석 이론은 정신의학의 임상적 치료차원을 넘어서 사회적·문화적·문학적 텍스트들에 대한 유용한 비평이론으로 부상하고 있다. 특히 자크 라캉(Jacques Lacan)의 이론은 정신분석과 언어학을 결합시켜 프로이트(Sigmund Freud)가 발견한 무의식을 언어 구조적 담론의 차원으로 끌어올렸다. 라캉의 이러한 접근 방식은 건축과 정신분석이라는 상이한 영역 사이에 언어라는 공통분모가 들어설 수 있다는 단서를 제공한다. 건축은 다양한 방식으로 지각되는 형태와 그 형태의 조직화에 연루되어 있고, 이는 의식과 무의식의 작용으로 생성되는 이미지의 구축으로 볼 수 있다. 의식적·무의식적으로 형성된 건축 이미지에 대한 언어적 접근의 가능성은 건축과 정신분석의 매개적 고리를 형성하고 있다. 그러한 까닭에 이 책은 라캉의 욕망이론에 기대어 현대 건축과 실내건축에서 나타나고 있는 욕망 – 환상 – 징후의 메커니즘을 다루고 있다.

이 책에서 주로 다루고자 하는 건축적 무의식의 메커니즘은 욕망 – 환상 – 징후의 개념적 카테고리를 통해 드러나게 될 것이다. 또한 욕망 – 환상 – 징후의 메커니즘은 건축이나 실내건축의 주요한 주제인 주체·의미생성·구축논리에 대한 내재적 해석의 가능성을 열어 보일 것이다. 이처럼 라캉의 욕망이론을 통해 건축이나 실내건축에서 그동안 쉽게 간과해 버렸던 지점들, 즉 구축이라는 메커니즘 내에서 억압되고 부인되고 배제되었던 무의식의 지점을 환기시키는 것, 그리고 그 역설적 관계들에 대한 해석의 가능성을 제공하는 것, 그것이 바로 이 책을 통해 탐색해 보고자 하는 내용이다. 건축을 내밀한 무의식의 시선으로 바라볼 수 있는 단서를 함께 잡아 볼 수 있길 기대해 본다.

제1부

건축과 정신분석

1. 건축의 심층구조

건축은 항상 주체의 심리 구조를 반영한다. 건축이라는 행위는 단순히 물적인 대상을 만드는 행위만으로는 쉽게 규정되지 않는 주체의 복잡하고 미묘한 정신 활동을 수반하게 된다. 또한 지각 가능한 형태로 드러난 건축 기표에도 현상적으로 드러나는 물질적 특성만으로는 이해할 수 없는 정신적인 측면이 존재하고 있다. 이처럼 건축에는 단순히 건축을 물성이라는 표층적 측면에만 존재하는 대상으로 이해할 수 없게 만드는 심층적 구조가 존재하고 있다. 결국 건축이 다양한 방식으로 지각되는 형태와 그 형태의 조직화에 연루되어 있다는 측면에서 본다면, 건축은 표층과 심층 — 즉 의식과 무의식 — 에서 지각 또는 인식되는 이미지들의 구축이다. 이러한 측면은 건축을 정신분석과 연결시켜 볼 수 있는 단서를 제공한다.

정신분석은 의식되는 것들의 표층에서 무의식적인 것들의 심층을 유추해 보는 학문이다. 구축된 건축의 표면에서 쉽게 드러나지 않는 건축의 무의식을 밝혀내는 데 있어서 정신분석은 건축의 유용한 외삽(外揷) 도구임에 분명하다. 건축은 건축 자체의 담론을 검증하고 발전시키는 자기참조적(내재적) 학문이기도 하지만, 정치·사회·문화·역사와 같은 외재적 현상과 관계하는 실용적 학문이기도 하다. 정신분석이 건축의 외재적 도구임이 분명함에도 불구하고, 건축에서 정신분석적 도구의 사용은 건축의 내재성(immanence)에 대한 탐구와 직결된다. 이러한 측면에서 건축과 정신분석은 고유한 '고정점(point de caption)'[1]을 형성하고 있다고 볼 수 있다. 건축과

---

1) 라캉이 소쉬르의 '의미작용(signification)'의 불안정성을 지적하면서 제시한 개념으로, 라캉은 기본적으로 기표와 기의는 서로 고정되어 있지 않다고 본다. 그러나 고정되지 않는 이 관계가 일시적으로 안정된 의미를 만들어 낸다는 착각을 일으키는데, 그 순간을 바로 '고정점(point de caption)'이라고 부르고 있다. 여기에서 건축과 정신분석이 고정점을 형성하고 있다고 보는 것은 두 분야의 상이한 영역이 완전히 일치하지는 않지만 일시적이고 부분적이나마 의미를 고정시킬

정신분석의 고정점에서는 건축 자체의 내재성만으로는 밝히기 어려운 제반 문제들이 드러난다. 특히 건축의 심층에서 다루어지는 주체·무의식·의미 작용·욕망 등과 같은 문제들이 정신분석적 분석틀에 의해 해석의 가능성 이 열리게 된다.

정신분석 연구의 다양한 흐름 중에서도 라캉(Jacques Lacan)의 정신분석을 건축과 연결하여 살펴보는 것은 유용하다. 왜냐하면 라캉은 프로이트(Sigmund Freud)가 발견한 무의식을 소쉬르(Ferdinand de Saussure)의 언어 구조와 연결 시켰기 때문이다. '언어는 무의식의 조건'이라는 라캉의 언어 구조주의적 접 근[2]은 인간·구조·해석·(정신)분석 등의 주제가 언어학적 주제와 함께 얽 혀 있다는 점을 시사한다. 즉 건축과 정신분석이라는 상이한 영역 사이에서도 언어라는 공통분모가 들어섬으로써 둘 사이의 고정점의 형성이 가능해진다.

소쉬르의 언어학에 의거해서 건축을 분석할 때의 기본적 함의는 다음과 같다. 언어에서 기표(signifer)와 기의(signified)가 의미작용을 일으키듯이 건 축에서 건축적 형태와 의미는 논리적으로 결합되어 의미작용을 일으킨다. 그러나 건축이 형태로 표상되어 전달하는 의미들은 논리적이지 않을뿐더러 형태와 완벽하게 결합되지도 않는다. 라캉이 기표와 기의의 고정되지 않는 의미작용을 지적하면서 이러한 미끄러짐을 무의식과 연관 지어 설명한 지 점[3]은 건축에서 일어나는 형태와 의미의 불일치에 대한 단서를 제공한다. 또한 인간에 선행해서 구조화되어 있는 언어적 담론(무의식적 담론)에 의해

수 있다고 보기 때문이다.

2) 라캉의 명제인 '무의식은 언어처럼 구조 지어져 있다'는 말의 의미는 형식적 측면에서는 무의식 과 언어의 구조가 같다는 것으로 볼 수 있고, 논리적 측면에서는 언어는 무의식의 조건이라는 것 을 의미한다. 김상환·홍준기 엮음, 『라깡의 재탄생』, 창작과 비평사, 2005, pp.87~88

3) 라캉은 무의식을 주체에게 영향을 미치는 기표들의 효과라고 보았는데, 기표는 바로 억압된 것이고 무의식의 형성물(징후, 농담, 실수, 꿈 등)로 되돌아온 것이다. Dylan Evans, *An Introductory Dictionary of Lacanian Psychoanalysis*. 『라깡 정신분석 사전』, 김종주 외 역, 인간사랑, 1998, p.128. 이러한 무의 식의 형성물들에서 기표와 기의는 논리적으로 연결되어 있지도 않고 일치되지도 않는다.

인간의 의식이 지배된다는 라캉의 관점은 건축의 표층을 결정하는 선행구조, 즉 무의식적 심층 구조에 대한 단서를 제공함과 동시에 건축의 표층과 심층 구조의 변형적 관계를 밝혀내는 데 있어 중요한 방법론을 제공하고 있다.

건축과 정신분석이 무의식이라는 공통 지형 속에서 언어를 매개로 서로 상관적 관계를 맺고 있다고 볼 때, 특히 건축분야에서 건축과 정신분석의 매개적 고리로 자주 활용되는 언어적 방법론으로 촘스키(Noam Chomsky)의 '변형생성문법(transformational generative grammar)'을 들 수 있다.

촘스키의 변형생성문법은 언어보편성에 근저를 두며 문법의 구성 요소를 통사(統辭)부문, 의미(意味)부문, 음운(音韻)부문으로 나누어 언어의 생성 규칙을 수학적으로 형식화하는 것을 목표로 삼는 언어 구조 이론이다.[4] 촘스키에 의하면 인간의 언어 구조는 크게 표층적 측면과 심층적 측면으로 구분된다. 언어의 표층적 측면은 음성적 형태나 물리적 신호 또는 기호로, 단어의 의미적 구성요소이다. 이때 기호는 기의가 아닌 기표만을 포함하고 있다. 건축에서 또한 형태들만이 순수한 기표들로 존재하고 이 기표들이 건축의 표층적 측면을 구성한다. 건축에서 순수한 기표로서의 형태란 2차원이나 3차원에서의 기하학적인 형상들을 의미한다. 한편 언어의 심층적인 측면은 상관적인 명제들과 복합적 개념들, 기표들의 네트워크로 구성되어 있다. 건축의 심층적 측면은 표층적 측면인 형태를 산출하거나 형태에 의해 산출되는 개념적 공간의 함축적 연관관계들로 구성된다. 대상들 자체보다는 대상들 사이의 관계에 초점이 맞춰진다. 다시 말해 건축에서 실제적인 형태들 — 기둥, 보, 골조, 발코니, 출입구 등 — 과 그 형태들의 관계들에 대한 물질적인 현상이 표층적인 측면을 가리킨다면, 그 형태들 사이의

---

4) 강명윤, 『촘스키 언어학 사전』, 한신문화사, 1998

근원적이고 개념적인 관계들은 심층적인 측견을 가리킨다.

건축의 표층적 측면인 형태나 기하학적 형체, 그리고 건축적인 어휘의 유형들은 공간에서 감각 가능한 외양을 통해서 관찰자에 의해 지각된다. 반면에 심층적인 측면은 형태들 사이의 개념적 관계들이기 때문에 관찰자의 사유에서 구축될 뿐이다. 그러나 이러한 심적 구축의 개념화를 통해서야 비로소 건축의 표층적 구성요소들은 형태들로 배열된다. 이러한 심층적 구조의 구문론적인 메커니즘은 꿈이나 무의식에서와 같은 압축과 배치의 메커니즘이다.[5] 결국 건축에서 표층·심층 그조의 교차점은 의식적·무의식적 지각과 사유의 교차점을 수반하면서 건축적 변형관계를 만들어 낸다고 볼 수 있다.

결론적으로, 무의식이 언어와 같은 구조라는 전제에서 볼 때 건축과 정신분석 연구에서 언어적 메커니즘을 통한 상관적 관계에 대한 연구는 중요해진다. 라캉의 정신분석이 건축 연구에 유용한 까닭은 바로 이 지점에서 기인한다고 볼 수 있다.

2. 주체와 무의식

인간의 사유가 사유주관, 사유대상, 사유내용으로 이루어진다고 볼 때, 건축과 정신분석은 주체의 사유주관을 중심으로 사유대상을 내적·외적 관계로 구조화한다는 점에서 공통점을 갖는다. 특히, 건축가 – 주체에 의해서 생산되는 건축 언표는 분명 실제적인 텍스트성을 가지고 있다. 그러나 한편으로는 이렇듯 실제적으로 표명된 의식적 측면 이외에도 표명되지는 않

---

5) John Shannon Hendrix, *Architecture and Psychoanalysis: Peter Eisenman and Jacques Lacan*, New York: Peter Lang *Publishing*, 2006, pp.8～9

았지만 결국은 드러나게 되는 무의식적 구조 또한 가지고 있다. 이는 주체의 의식적 '사유'에서는 드러나지 않지만, 그러나 분명 '존재'하고 있는 무의식의 범주가 건축 안에도 있음을 보여 주고 있다.

여기서 주체의 '사유 범주'와 '존재 범주'가 일치하지 않을 수 있다는 것은 사유의 허구성에 대한 질문과 함께 사유 범주 안에 포섭되지 않는 존재에 대해 질문하게 만든다. 라캉이 프로이트의 '그것이 있었던 곳, 그곳에 나는 있어야 한다(*Wo Es war, soll Ich werden*)'는 말을 새롭게 해석하여, "무의식의 영역, 바로 여기가 주체의 안식처이다"[6]라고 했을 때, '무의식적 주체'라는 조건으로 인

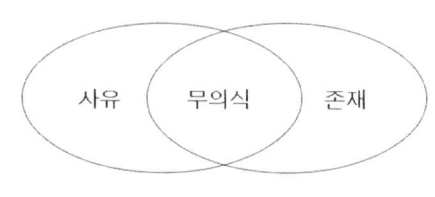

[그림 1-1] 사유와 존재의 분열

해 존재와 사유는 이미 '분열'되어 있음을 확인하게 된다. 데카르트의 코기토(cogito, ergo sum)가 사유 주체를 의미한다고 볼 때, 사유의 범주 안에 완전히 포섭되지 않는 무의식적 주체의 존재는 사유 주체라는 개념의 절대성을 전복시킨다.[7] 사유 주체에게 존재 주체를 일깨울 수 있는 간극이자 균열이 바로 주체 내의 '공백'이자 '결여'이고, 이러한 공백에 자리 잡고 있는 것이 바로 무의식이다. 라캉 정신분석에서는 이 결핍된 것들이 바로 주체형성의 조건이라고 보고 있다.

건축에서도 이러한 사유 주체와 존재 주체의 간극은 쉽게 확인된다. 실체적 물적 구성을 가진 건축 기표가 건축적 주체의 사유를 대리하지만, 주

6) Jacques Lacan, *The Seminar Book XI: The Four Fundamental Concepts of Psychoanalysis*(1964), ed. Jacques - Alain Miller, trans. Alan Sheridan, New York: Norton, 1998 p.36

7) 라캉은 코기토(cogito, ergo sum)의 '나는 생각한다, 고로 나는 존재한다'에서 '나는 생각한다'가 '나는 존재한다'로 직접 이행될 수 없다고 지적하였다. 그 사이에는 어떤 불연속적 심연이 자리 잡고 있다고 보는데, 라캉은 이러한 사유와 존재의 '분열'이 바로 주체 형성의 조건이라고 보고 있다. 김상환, 『니체, 프로이트, 맑스 이후』, 창작과 비평사, 2003, p.58

체의 발신 의도와는 상관없는 커뮤니케이션들이 건축물을 중심으로 일어나면서 건축물은 스스로 존재 주체가 되어 버린다. 즉 건축적 의미를 만들어내는 사유의 주체가 건축이라는 대상의 존재 속에서 소멸되고 사라지는 현상이 발생한다. 이는 건축에서 사유의 주체 안에는 이미 존재의 결여가 내포되어 있음과 더불어, 건축적 주체의 논의가 단순히 건축가라는 주체와 건축물이라는 대상의 단일한 구조 관계만으로는 설명되기 힘든 지점이 있음을 시사하고 있다.

러시아의 사실주의 문학 이론가인 미하일 미하일로비치 바흐찐(M. M. Bakhtin)은 위와 같은 주체와 작품의 형식화 과정에서의 불일치와 결여를 '크로노토프(chronotope)'[8]라는 개념에서 지적한 바 있다. 크로노토프란 소설의 서술적 구조가 전개될 때 대두되는 타자-성, 비형식성, 이질성과 같은 특성들이 시·공간적으로 소설에서 형상화되는 개념을 일컫는다. 바흐찐은 형식주의 방식에 의해 실제적으로 추상화된 "미적 세계는 '나'의 세계가 아니라 '타인'들의 세계"라고 보았다.[9] 바흐찐의 이와 같은 문학에서의 논의를 앞선 건축과 주체의 문제로 적용해 본다면 크게 두 가지의 방향에서 논의가 가능해진다.

첫째로, 건축가의 사유가 하나의 건축물 형식으로 존재하게 될 때, 그 완결된 형식 뒤에는 그 형식화 과정에서 배제되거나 억압되거나 부인되는 또 다른 진정성 — 정신분석적 논의로 보자면 의식에 의해 배제·억압·부인되는 무의식 — 이 존재하고 있다는 점이다. 이때 사유와 존재의 간극에 의

---

8) 크로노토프(chronotope)는 문학에서 시간과 공간이 재현되는 방식을 나타내기 위해 바흐찐이 과학과 철학에서 차용해 온 개념으로, 어원적으로 그리스어의 시간을 의미하는 'chronos'과 장소(공간)을 의미하는 'topos'의 합성어이다. 크로노토프는 문자 그대로 '시공간(time-space)'을 의미한다. 윤숙희·정진원, "바흐찐과 헤이덕의 크로노토프에 관한 비교 연구", 대한건축학회논문집 통권 225호, 2007-07, p.129

9) 이문영, "바흐찐의 모순의 역동성에 관한 연구", 러시아연구 제10권, 제2호, 2000, p.144

해 억압되고 분열되는 것은 주체 자신이다. 건축이론가인 안토니 비들러 (Anthony Vidler)는 주체와 건축 공간 사이에 상사(相似)적 관계가 분명 존재하지만 주체의 상실10)을 자극하는 무의식적 차원이 건축에 존재함을 '어두운 공간(dark space)' 논의에서 지적한 바 있다.11) 즉 건축가가 자신의 의식 흐름을 조정하여 건축물이라는 대상을 상사적으로 만들지만, 건축가의

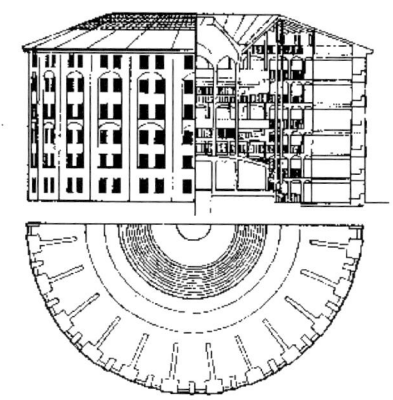

[그림 1-2] 판옵티콘 모델 도면

의식에 의해 배제·억압·부인된 무의식들은 언어에서 농담이나 실수로 무의식이 발화되듯 건축 기표들 속에 이미 돌아와 있다. 예를 들어, 가장 기능적이고 합리적인 공간으로 구성되는 병원이나 감옥은 미셸 푸코(Michel Faoucault)의 '판옵티콘 (panopticon)'12) 논의에서처럼 가장 총체적인 통제 패러다임의 공간들이다. 판옵티콘의 창시자인 철학자 제레미 밴담(Jeremy Bentham)은 이러한 공간적 패러다임을 '보편적 투명성'이라고 명명했지만, 사실상은 판옵티콘은 투명성이라는 의식아래에 감시의 정치를 공간적으로 도구화하려는 무의식의 산

---

10) 로제 카이유와(Roger Caillois)는 정신분열증 환자(the schizophrenic)를 문자 그대로 공간적으로 해석하여 '공간에 먹혀 버린(eaten up by space)' 주체라고 보았다. 이러한 해석은 주체와 공간의 상사적 관계가 주체의 상실을 일으킬 수도 있다는 점을 지적하고 있다. Roger Caillois, "Mimicry and Legendary Psychasthenia", *Octover: The First Decade 1976~1986*, trans. John Shepley, Cambridge: MIT Press, 1987, p.72

11) Anthony Vidler, *The Architectural Uncanny*, MIT, 1992, pp.167 - 176

12) 판옵티콘(panopticon)은 18세기 당시 망원경과 비슷한 광학기구를 지칭하는 용어로, 그 어원은 '다 본다(all seeing)'는 의미를 가지는 그리스어에서 유래되었고 원형감옥을 뜻한다. 18세기 영국의 철학자 밴담이 제안한 죄수 교화 시설로서, 그 공간적 특징은 한 곳에서 모든 곳을 감시할 수 있는 구조를 가지고 있다. 판옵티콘의 중앙에는 감시탑이 배치해 있고 그 바깥쪽으로 빙 둘러 죄수의 방을 두는데, 이때 죄수의 방은 항상 밝게, 중앙의 감시 공간은 항상 어둡게 유지한다. 판옵티콘은 간수가 보이지 않아도 스스로를 감시하게 만드는, 즉 규율의 '내면화'가 일어나게 만드는 시선의 감시 장치이다.

물에 다름 아니다.

　이와 같은 주체와 대상, 사유와 존재의 불일치는 주체의 의식을 벗어나는 존재들의 발화 — 즉 건축물이 건축가의 의도와는 상관없는 지점에서 일으키는 의미작용 — 로 인해 주체의 의식으로부터 주체를 분리시키고 주체의 산물인 대상에서조차 타자적 관계로 소외되게 만든다. 이러한 주체와 대상의 타자적 관계에 대한 논의가 바흐찐의 문학적 논의에서 빌려 올 수 있는 두 번째 문제이다. 정신분석에서 주체의 자리는 타자가 지정해 주는 자리로, 즉 주체의 의지와 상관없이 형성되는 것이라고 본다. 주체가 그 자리를 받아들여서 타자가 제시하는 상과 주체자신을 동일시하면 그때서야 비로소 실질적 의미의 '주체'가 된다. 들뢰즈(Gilles Deleuze)는 이를 타자의 효과라고 부르며 "내가 지각하는 각각의 사둘과 내가 사유하는 각각의 관념의 주위에서 배경을 조작하는 것"이라고 말한다.[13] 라캉이 "무의식은 대타자의 담론이다"[14]라고 했을 때, 이는 주체의 형성이 언어와 같은 타자의 담론에 기대고 있음을 시사한다.[15] 예를 들어, '기둥의 장식이 참 아름답다'라는 문장을 '참 장식이 기둥의 아름답다'와 같이 쓰면 그 의미가 전달되지 않는다. 이렇듯 주체가 따라야 하는 언어 규칙은 분명 주체의 외부에 있으며 주체를 지배하는 타자이다. 의미의 봉인이 타자에 의해 이루어지는 한, 의미는 사실상 '타자의 의미'이다. 라캉의 위의 명제는 기표의 사용을 특정한 형태로 제한하는 타자를 통해 주체가 제한되고 결정된다는 것을 지적하고 있다. 이처럼 주체는 자신이 형성했다고 믿는 의미의 산물들 — 발화기표, 건축기표 등 — 에서조차 사실상 소외되고 분리된다. 주체의 생생하

---

13) 서동욱, 『차이와 타자』, 문학과 지성사, 2002, p.149

14) Jacques Lacan, *Écrits*, Paris: Seuil, 1966, p.16

15) 라캉에게서 무의식은 언어와 함께 작용하는 주체상호적인 현상이므로, 무의식은 더 이상 개인적이고 내면적인 것이 아니다. 무의식은 초개인적이고 외면적인 것이다.

고 구체적인 삶이 하나의 예술적 형식으로 상징화될 때조차, 그 완결된 형식 뒤편에는 그 형식화 과정에서 무력화되고 초라하게 왜곡된 현실, 즉 '타인'들의 세계로 인해 사라진 '나'의 세계가 존재하는 것이다.

이처럼 라캉의 정신분석에 근거해서 살펴본 건축에서의 주체 개념은 결론적으로 타자적 존재들로 인해 결핍된 주체임을 확인할 수 있다. 건축적 주체는 타자적 담론을 동일시하여 자신의 욕망이라는 오인 속에서 건축물이라는 대상을 생성한다. 그러나 건축물이라는 존재‒대상은 주체의 의미 고정 작업에서 너무나 쉽게 미끄러지면서 건축가‒주체를 소외시킨다. 이는 비단 건축의 생성 주체인 건축가들에게만 국한되는 것은 아니다. 건축의 수용 주체들 또한 건축이라는 대상을 통해 소외되기는 마찬가지이다. 수용자들이 무의식 속에서 욕망하는 완벽한 건축적 대상이란 존재하지 않는다. 만약 그러한 건축물이 존재했다면 사실상 건축의 긴 역사 속에서 그토록 다양한 건축적 시도들이 일어나지는 않았을 것이다. 결국, 이러한 불일치와 미끄러짐은 주체들에게 결핍을 충족시키고자 하는 '욕망'을 불러일으키고, 충족되지 않는 욕망을 일시적으로 충족되었다고 고정시키는 '환상'을 생성하게 만든다. 건축에서 주체의 결핍으로 인해 발생하는 욕망과 환상의 오인 시나리오를 탐구하기 위해서는 인간의 의식과 무의식의 메커니즘을 살펴보아야 하고, 이러한 메커니즘은 언어의 의미작용에서 구체적으로 드러날 것이다.

3. 의미작용과 의미화

소쉬르는 기표와 기의 간의 관계를 '의미작용(signification)'으로 설명한다. 각각의 소리 이미지는 개념을 '의미작용'하는 것이다. 소쉬르에게 의미작용은 깨질 수 없는 결합으로, 기표와 기의는 동전의 양면처럼 분리될 수 없다. 라캉은 기표와 기의의 관계가 이보다는 훨씬 더 불안정하다고 주장한다. 라캉은 소쉬르의 연산식$\left(\frac{s}{S}\right)$[16]에서 기표(S)와 기의(s) 사이에 놓인 가로줄이 연합관계를 나타내는 것이 아니라 오히려 단절, 즉 의미작용에 대한 '저항'을 나타내는 것이라고 본다.[17] 라캉은 소쉬르의 연

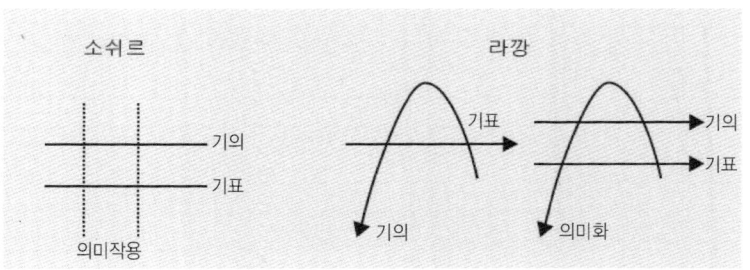

[그림 1-3] 소쉬르의 의미작용 도식과 라캉의 고정점 모형

산식에서 기표와 기의의 위치를 뒤바꾸는데, 라캉에 의하면 우선 기표는 논리적으로 기의에 선행하며, 기의는 단지 기표들의 활동의 결과에 불과하기 때문이다. 또한 기의가 자체적으로 만들어진다 하더라도 기의들은 끊임없이 기표의 밑으로 미끄러져 내려간다.[18] 이러한 움직임을 일시적으로 억제하고 짧은 순간 동안 기표를 기의에 고정시키면서 안정된 의미라는 착각을 만들어 내는 유일한 순간이 바로 '고정점(point de caption)'이다. [그림 1

---

16) 소쉬르의 의미작용 연산식은$\left(\frac{s}{S}\right)$으로, 이때 S는 기표를 s는 기의를 가리킨다.

17) Jacques Lacan, *Écrits: A Selection*, trans. Alan Sheridan, London: Tavistock Publications, 1977, p.164

18) Dylan Evans, op. cit., p.308

- 3]에서 소쉬르 도식의 아래 가로선은 기표이고 위의 가로선은 기의이다. 이 둘의 관계를 의미작용이 안정적인 선형으로 고정시키고 있다. 이에 반해 라캉의 도식은 물이 흐르듯 기의가 기표 아래로 미끄러지는데, 기표와 만나는 순간 기의의 움직임이 잠재적으로 정지된다. 이 순간을 고정점이라고 부르고 이때 기의의 착각이 만들어진다.

이러한 의미 생산 유형을 라캉은 소쉬르의 '의미작용(signification)'과는 구분되는 개념으로 '의미화(*signifiance*)'[19]라고 부른다. 의미화는 기의 없이도 일어난다는 점에서, 기의와 더불어 일어나는 의미작용과 구별된다. 의미화는 라캉이 만든 신조어로 'signification(의미작용)'과 '*jouissance*(향유)'를 합친 용어이다. 의미화는 라캉적 의미로는 '미끄러지는(slide)' 것이고, 데리다(Jacques Derrida)적 의미로는 '차연(différance)'에서 차이들의 지연 놀이와 관련되는 것이다. 의미화는 '의미(significance)'나 '의미작용(signification)'에 반하는 개념으로, 의미작용의 '작동방식' 자체를 가리킨다. 즉 기표와 기의 사이의 가로줄을 넘어서는 기표의 미끄러짐 또는 기표와 기의 사이의 교차점에서 텅 비어 있는 고정점을 지시한다. 결국 '의미화'는 의미작용 없는 의미작용이고, 의미작용이라기보다는 '의미작용을 가능하게 만드는'[20] 것으로, '기의의 부재' 또는 '기표 내부로의 기의의 전이'를 가리키는 '부재의 현전'이다.

부재하지만 현전하고 있는 의미화의 고정점은 기표의 환유와 은유 작용에 의해 형성된다. 환유와 은유는 하나의 기표가 다른 기표로 대체되는 것으로, 환유는 인접한 기표들이, 은유는 유사한 맥락의 기표들이 대체되는 것이다. 기본적으로 의미작용은 환유적이다. "의미작용은 언제나 다른 의미

19) Jacques Lacan, É(S), op. cit., p.259.

20) Jean‒Luc Nancy and Philippe Lacoue‒Labarthe, *The Title of the Letter: A Reading of Lacan*, trans. Francois Raffoul and David Pettigrew, Albany: State University of New York Press, 1992, p.62

작용에 관련되기 때문이다."21) 즉 의미
는 오직 한 가지의 기표에서만 찾아지
는 것이 아니라 의미작용의 연쇄 고리
를 따라 기표들 간의 활동 안에서 찾아
지기 때문이다. 또한 의미작용은 은유적
인데, '기의로 가는 기표의 통과'22)와
관련되기 때문이다.

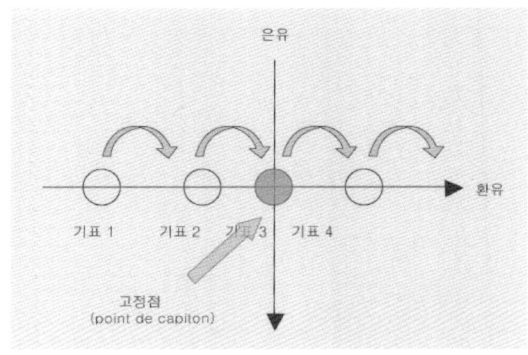

[그림 1-4] 환유와 은유 작용에 의해 형성되는 고정점 도식

　일반적으로 은유는 하나의 사물을 다
른 사물에 비유함으로써 직접적으로 표
현하지 않으면서 그 사물을 기술하는 수사법이다. 환유는 하나의 사물을 인
접해 있고 긴밀하게 연결되어 있는 다른 사물을 통해 기술하는 수사법이다.
라캉은 야콥슨(Roman Jakobson)의 은유·환유 이론에서 자신의 개념을 가
져온다. 야콥슨에 따르면 언어는 두 개의 축을 중심으로 작동한다. 하나는
통사축(syntagmatisch)이고 또 다른 하나는 범열축(paradigmatisch)이다. 통사
축은 기표의 직선적 결합·인접성·환유·전치·현존과 연관되어 있고, 범
열축은 기표의 대체(선택)·유사성·은유·압축·부재와 관련된다.23) 따라
서 환유는 존재 중에 유지되는 통합적 관계와 상응하고, 은유는 부재중에
유지되는 계열적 관계와 상응한다.24) 라캉은 야콥슨의 언어학 이론을 이용
해 프로이트의 '압축(壓縮, Verdichtung)'과 '전치(轉置, Verschiebung)'25) 개

21) Jacques Lacan, *The Seminar Book Ⅲ: The Psychoses*(1955~56), trans. Russell Grigg, notes by Ruseell
　　Grigg, London: Routledge, 1993, p.33

22) Jacques Lacan, É(S), op. cit., p.164

23) 김상환·홍준기 엮음, op. cit., pp.92~93

24) Roman Jakobson, "Two aspects of language and two types of aphasic disturbances", Selected
　　Writings, vol. Ⅱ, Word and Language, The Hague: Mouton, 1971, pp.239~259

25) 프로이트의 압축과 전치는 '꿈의 작업'의 대표적인 메커니즘이다. 꿈의 작업이란 꿈의 재료들을

념을 은유와 환유로 재해석했다. 야콥슨에게 있어서 환유는 전치와 압축 양쪽 모두에 연결되고 은유는 동일시와 상징화에 연결된다. 이와는 달리 라캉은 은유를 압축과 연결시키고 환유를 전치와 연결시킨다. 라캉은 전치가 논리적으로 압축에 우선하므로 환유가 은유의 조건이라고 주장한다.[26] 그 이유는 '기의의 전이가 일어나려면 우선 기표들의 배열이 가능해져야' 하기 때문이다.[27]

이처럼 환유적인 기표들의 연속은 은유의 압축과 더불어 일시적으로나마 어떤 의미를 고정시킨다. 건축에서도 이러한 의미 고정 작업은 환유를 중심으로 일어난다. 건축에서 하나의 형태는 환유처럼 또 다른 형태를 대리한다.[28] 이때 건축적 의미인 기의들은 환유의 연쇄로 인해 지연됨에 따라 무의미해지거나 불합리해진다. 의미가 부재한 기표들

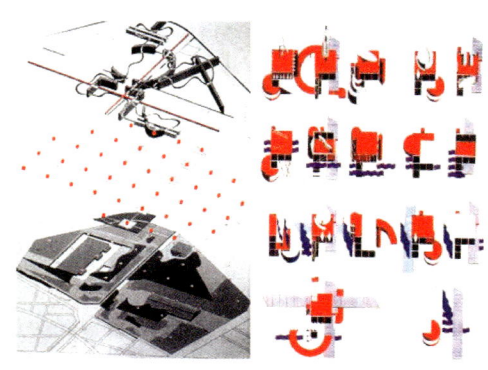

[그림 1-5] Bernard Tschumi, Parc de La Villette 계획안, 1982

의 현전을 고정시키는 것이 고정점이지만, 언어에서 고정점이 문장이 완전해진 이후에야 소급적으로 발생하듯, 건축에서 또한 의미의 고정은 환유적 형태들의 결합이 종료된 후 일시적으로나마 임의로 부여된다. 이와 같은 '부재의 현전'이라는 의미화는 건축에서도 기표의 부재, 주체의 부재, 그리고 공간의 부재라는 비합리적이거나 비이성적인 현전을 일으킨다.

꿈으로 변형시키는 무의식적 메커니즘을 말한다. 이때 꿈의 내용은 두 단계를 거쳐 변형된다. 첫 번째는 내용이 압축된 어떤 것으로 바뀌고 그것으로도 마음이 안 놓여 다시 인접된 것으로 바뀌는데 이것이 압축과 전치, 혹은 은유와 환유이다.

26) Dylan Evans, op. cit., p.307

27) Jacques Lacan, *Seminar III*, op. cit., p.229

28) 예를 들어 알도 로시(Aldo Rossi)와 같이 건축을 '유형학(typology)'적으로 접근하는 건축이론에서 건축적 형태는 환유의 고리를 벗어나지 못한다.

이와 같은 비현전의 현전이라는 의미화의 건축 모델로 〈라 빌레트 공원 (Parc de La Villette)〉 계획안을 들 수 있다. 티리다는 츄미(Bernard Tschumi) 와 아이젠만(Peter Eisenman)과의 공동 작업에서, 공간적인 부재의 현전 모델로 플라톤의 『티마이오스(Timaeus)』에 등장하는 '코라(chora)'라는 개념을 제시했었다. 코라는 비어 있는 듯 보이지만 비어 있는 것이 아닌 장소로 모든 것들이 자리 잡을 수 있고 각인될 수 있는 틈새(spacing)이다. 또한 코라는 모든 것을 받아들이고 모든 것에 장소를 주지만 이렇게 받아들여지고 새겨지는 것들을 또한 자동적으로 지워 버리고 마는, 모든 것으로부터 낯선 외부적인 장소를 의미한다.29) 결국 장소 아닌 장소인 코라는 '의미화'와 '고정점'의 공간적 치환으로 볼 수 있다. 사실상 코라는 언어나 건축에서 의미작용으로서의 이미지적인 장소로, 꿈이나 무의식을 명시하는 변환의 장소이다. 라 빌레트 계획안에서 츄미는 폴리들(folies)을 통해 이러한 의미작용의 빈 구멍을 현전화했다. 폴리들은 공원 계획 전체의 직교 그리드 내에서 결절점으로서 그리드의 의미 구조에서 발생하는 간극과 공백을 재현한다. 폴리는 해석의 대상이길 거부하는 낯선 오브제, 즉 기표로서 공간 안에서 현존하고 있다. 이러한 빈 구멍이나 폴리는 기의의 부재, 또는 미끄러짐이라는 측면에서 코라의 공간적 표현이다. 이때 도달될 수 없는 기의를 표현하기 위한 기표의 현현인 폴리는 그 자체만으로 완결된 구조를 가질 수 없고, 다양한 변형을 통해서 기표에서 기표로 끊임없이 환유적으로 미끄러지고 있다.

이처럼 부재하는 기의를 표현하기 위해, 그리고 영원히 채울 수 없는 존재의 결여를 메우기 위해 기표의 연쇄작용을 일으키는 환유는 욕망의 수사학이다. 그 까닭은 인간의 욕망은 완전히 충족되지 못하고 끊임없이 새로

---

29) 봉일범, 『잠재성의 차원』, 시공사, 2005, pp.10~14

운 대상을 찾게 되기 때문이다. 라캉은 인간 욕망의 작동방식을 환유로 설명하고 있다. 인간의 생물학적 본능이 언어에 주입되면서 인간은 필연적으로 결여와 부재를 경험하게 되고 그에 따라 인간은 존재 안의 결여를 메우고자 하는 욕망의 주체가 된다. 결여를 메우려는 이러한 시도는 어쩔 수 없이 하나의 대상에서 다음 대상으로 그리고 다시 그다음 대상으로 이끌리게 되고, 이러한 욕망의 환유 고리 속에서 건축이라는 대상 또한 벗어날 수 없음을 의미화 작용을 통해 확인하게 된다.

4. 상상계 · 상징계 · 실재계

라캉은 인간이라는 존재를 상상계(The Imaginary), 상징계(The Symbolic), 실재계(The Real)라는 세 가지 차원의 질서에 위치시키고 있다.[30] 라캉의 세 질서는 개인의 심리행위에 작용하고 영향을 주는 힘의 장(場)으로서, '말하는 존재(parlétre)'인 인간이 자신과 세계에 대해 말하고 생각할 때 반드시 가정해야 할 최소한의 전제조건이다.[31]

> 존재의 차원 속에 상징적인 것과 상상적인 것 그리고 실재적인 것의 삼분법이 위치하는데, 이들은 근본적인 범주들로, 이들이 없다면 우리의 경험에서 아무것도 구별해 낼 수 없을 것이다.[32]

---

30) 라캉은 그의 초기 저작에서부터 '상상적', '상징적', '실재적'이라는 용어를 사용했음에도 불구하고, 1953년에 이르러서야 비로소 세 가지 '계(界)' 또는 세 가지 '영역(register)'에 대해 언급한다. 그 순간부터 그것들은 라캉의 이론화 작업이 취하는 근본적인 분류체계가 된다. Dylan Evans, op. cit., pp.51∼52

31) 김상환 · 홍준기 엮음, op. cit., p.66

32) Jacques Lacan, *Le Séminaire* I : *Les écrits techniques de Freud*, Paris: Seuil, 1975, p.297. Ibid., p.236 에서 재인용.

상상적인 것, 상징적인 것, 실재적인 것, 이 세 형용사형은 특정한 질서를 지칭하는 명사로도 사용되는데, 그 경우 해당 질서와 관련된 특정한 사물이나 경험을 가리킨다. 또한 '질서'라는 표현이 암시하듯, 이 세 질서는 심적 경험을 분류하는 체계의 일부일 뿐 아니라, 그 경험을 유사 윤리적 기준으로 등급화하는 수단이기도 하다.[33]

상상계는 자아(ego)가 탄생하고 인식되는 과정을 가리킨다. 보통 '거울 단계(mirror stage)'로 불리는 이 과정은, 생후 6개월 내지 18개월 된 어린아이가 거울에 비친 자신의 영상을 보고 즐거워하는 모습을 관찰하면서 유래되었다. 유아는 자신의 신체를 통제하지 못하는 미숙함을 거울 ― 실제 거울일 수도 있고, 거울처럼 작용하는 다른 인간 존재일 수도 있는 ― 속에 비친 자기 이미지와 자신을 동일화하며 극복한다. 아이는 몸을 가눌 수 없지만 거울에 비친 자신의 이미지를 총체적이고 완전한 것으로 가정한다. 이것은 '이상적 자아(ideal ego)'라고 불리는데, 타자에 의해 보임을 모르는 객관화되기 전의 나에 해당한다. 상상계에서 아이는 아직 자신과 타인을 구분하지 못하기 때문이다. 그러나 이러한 동일화 과정은 언뜻 안정된 통합 과정처럼 보이지만, 실제로는 아이의 통일성과 조화를 파괴하는 끔찍한 변덕의 힘으로 존재한다. 왜냐하면 아이의 자기 감각과 아이가 동일시하는 통일된 이미지 사이에는 항상 간극이 존재하기 때문이다. 자아는 유아 자신이 아직 갖지 못한 힘을 가정하는 동일화를 통해 형성되기 때문에, 자아

---

33) 라캉의 저작을 보면 '상상적인' 것은 부정적인 의미로, '상징적인' 것은 긍정적인 의미로 사용되는 것을 볼 수 있다. 하지만 실재계야말로 가장 으뜸가는 것으로, 이 질서를 언급할 때 라캉의 어조에는 거의 존경과 숭배가 묻어난다. Tony Myers, Slavoj Žižek, 『누가 슬라보예 지젝을 미워하는가』, 박정수 역, 앨피, 2005, p.53. 지젝은 라캉을 해석하는 데 있어서 상징계와의 관계 속에서 실재계를 다루면서 실재계에 무게중심을 둔다. 지젝 이전의 연구가 주로 상상계와 상징계에 집중하는 경향이 있었던 반면에, 지젝은 실재계와 상징계 사이의 적대성에 관심을 돌림으로써 성차적(性差的), 이데올로기적, 윤리적, 탈근대적 형상들 속의 주체를 일관성 있게 설명할 수 있었다.

는 구성적으로 자기 자신과 자기 이미지 사이의 불일치로 찢기고 부서져 있다. 라캉은 현대사회를 정점에 도달한 상상계로 본다. 현대를 살아가는 사람들이 자기 자신에게 강박되어 자신과 자신의 창조물을 세계 위에 둔다고 보기 때문이다.[34]

상징계는 언어에서부터 법에 이르는 모든 사회적 체계를 포함하는 보편적 질서의 세계이다. 대부분의 사람들은 태어나기도 전에 상징계에 등록된다. 이미 이름이 정해지고, 가족이나 사회경제적 집단, 젠더, 인종 등에 소속되기 때문이다. 자아가 형성될 수 없었던 상상계와 달리 상징계에서는 자아가 형성되기 시작한다. 그러나 이러한 상징계로의 진입은 희생을 필요로 한다. 바로 어머니라는 존재외에 아버지라는 금기를 받아들여야지만 상징계로의 진입이 가능해지기 때문이다. 상징계로 진입한 아이는 오이디푸스 콤플렉스(Oedipus complex)[35]를 겪으면서 어머니에 대한 욕망을 아버지의 법으로 전치하게 된다. 즉 아버지라는 외부의 금기/질서를 받아들이고 사회를 경험하게 된다. 상징계는 오이디푸스 콤플렉스의 욕망을 규제하는 법의 영역이고, 자연의 상상계에 반대되는 문화의 영역이다. 라캉은 상징계가 의미화 사슬(signifying chain)[36], 혹은 기표의 법(law of the signifier)에 의해 통합되며, 어떤 의미에서 우리는 이 상징계 속에 갇혀 있다고 지적한다.

---

34) Ibid., pp.53 – 55

35) 오이디푸스 콤플렉스(Oedipus complex)는 프로이트에 의거해서 주체가 자신의 부모와 경험하는 욕망의 무의식적 집합체로 정의된다. 주체는 한 부모를 욕망하고, 다른 부모와 경쟁관계에 돌입한다. 오이디푸스 콤플렉스의 긍정적 형태에서 욕망된 부모는 주체와 반대되는 성을 가진 부모이며, 동성의 부모는 경쟁자이다. 라캉에게 있어서 오이디푸스 콤플렉스는 모든 이자관계와 대조되는 통합체적 삼각구조이다. 여기서 핵심은 어머니와 아이 사이의 이자관계를 삼자구조로 변형시키는 제3자, 즉 아버지의 기능이다. 오이디푸스 콤플렉스는 상상계로부터 상징계, 즉 '상징적 관계 그 자체의 정복'으로의 이행에 다름 아니다. Jacques Lacan, Seminar Ⅲ. op. cit., p.199

36) 의미화 사슬(signifying chain)은 동일한 사물을 가리키는 데 사용될 수 있는 단어나 대체 항들의 목록이다. 다양한 언어의 연쇄를 따라 가다 보면 결국 전체 '기표 네트워크'로 거슬러 올라갈 수 있다. 그러므로 우리가 어떤 하나의 단어를 사용할 때 그것은 잠재적으로 다른 모든 단어들을 사용하는 것이라고 말할 수 있다.

실재계는 상상계와 상징계와 함께 뫼비우스의 띠처럼 변증법적으로 연결되어 있으며, 알 수 없는 삶의 영역을 가리킨다. 후기 라캉에 의하면, 실재계는 언어 밖에 있고 상징화에 동화되지 않는 것으로 나타난다. 이는 '상징화에 절대적으로 저항하는 것'[37]이고 '상징화 밖에 존재하는 그것이 무엇이든 그의 영역'[38]이다. 우리의 세계에 대한 삶은 결국 언어를 통해서만 매개되기 때문에 이런 측면에서 본다면 실재계는 언어에 의해 포획되기 이전의 세계이다. 이처럼 언어 밖에 존재하기에 라캉은 실재를 상징화에 저항하는 것으로 본다. 결국 실재계는 불가능한 것이다.[39] 그것은 상상할 수 없고 상징계에 통합될 수 없으며, 어떤 방법으로도 얻을 수 없기 때문이다. 이러한 불가능성이나 상징화에 대한 저항과 같은 특성으로 인해 실재계는 본질적으로 외상적인 성질을 갖는다. 이렇듯 라캉의 실재 개념은 논리적인 불가능성과 모순을 가지고 있는 존재론적 의미를 내포하고 있다.

결국 라캉의 세 가지 질서체계가 인간 실존의 전제조건이라는 측면에서 본다면, 건축에서도 이와 같은 질서체계의 전제는 동일하게 적용 가능하다. 특히 앞서 살펴본 의미화의 수사학인 은유와 환유의 작용과 결부시킨다면 건축적 상상계·상징계·실재계의 작동방식이 드러나게 된다. 우선, 상상계는 거울에 비친 대상 기표와의 동일화를 통해서 의미를 획득한다는 점에서, 대상의 유사성을 통해 다른 영역의 대상으로 대체하여 의미를 획득하는 은유의 특징과 결부시킬 수 있다. 이와 같은 은유의 동일성은 신이나 자연과 같은 대상들과 건축을 동일선상에 놓는 기념비적 건축물들에서 주로 발견된다. 건축이 초

---

37) Ibid., p.66

38) Jacques Lacan, É, op. cit., p.388

39) 라캉은 '실재적인 것(le réel)'의 반대가 '비(非)실재적인 것(l'irréel)'이 아니라고 말한다. 그에 따르면 '실재적인 것'과 대립하는 것은 '가능한 것(le possible)'이다. 결국 '실재적인 것'은 '불가능한 것(l'impossible)'이 된다. 김상환·홍준기 엮음, op. cit., p.241

월적 대상과 동일해지려는 욕망은 상상계에서 '이상적 자아'를 닮아 자아를 형성하려는 통합의 욕망과 결부된다.

다음으로, 상징계가 언어를 포함한 모든 사회체계를 통칭한다는 점에서 볼 때, 실체적인 모든 건축 활동은 사실상 상징계에 포섭되어 있다. 의미 체계적 관점에서 본다면 상징계는 상징적 질서 내에 존재하면서 모든 의미 들이 고정되어 있다고 가정하는 고정점들로 이루어진 질서체계이다. 이러 한 관습적인 가정을 유지시키기 위해서는 은유와 환유가 모두 작동해 지속 적으로 고정점을 고착시켜야 한다. 건축의 존재기반이 바로 이와 같은 고 정점의 고착을 통해 성립된다는 측면에서 볼 때 건축은 상징질서를 구축하 는 구성 요소 중 하나인 것이다. 예를 들어, 근대건축이 추구했던 '이상적 사회에 기여하는 건축'이라는 프로파간다는 건축의 상징계적 속성을 여실 히 보여 준다.

마지막으로, 앞서 살펴본 의미화의 '부재의 현전'으로서의 건축 기표라는 측면에서 볼 때, 건축은 상징계에 포섭되어 있지만 그 포섭을 무효화시키 는 실재계적 속성을 이미 함께 가지고 있다. 건축에서 실재계적 의미화를 일으키는 은유와 환유의 수사 방식에는 상징계의 관습적인 고착과는 다른 상대성이 존재한다. 특히 이처럼 관습적인 은유와 환유의 고착 관계에서 벗어나고자 하는 차이에 대한 모색은 주로 해체주의 건축에서 많이 발견된 다. 해체주의 건축에서 의도적으로 구축하는 '기의 없는 기표', 즉 '의미 없 는 형태들'은 유사한 동일성에 바탕을 둔 대상화가 아닌 낯선 대상으로 전 이시키는 은유와 그 형태들의 무의미한 배열인 환유 기법에 의해 생성된다.

라캉의 주체형성 과정과 질서체계[40)]

	상상계	상징계			실재계
주체 형성과정	· 거울단계에서 영상과 실 재의 혼동 · 아이는 어머니와 상상적 동일시 반복	오이디푸스 1단계	오이디푸스 2단계	오이디푸스 3단계	· 불완전한 언어의 사용으 로 인한 채워지지 않는 욕망의 끊임없는 추구 ⇒ 의미의 미끄러짐
		· 어머니 욕망의 환유적 대상화	· 상징적 거세 ⇒ 법/도덕 개입	· 욕망의 억압과 아버지의 인정 ⇒ 언어 진입	
주체의 형태	· 허구적 주체	· 재현적 주체/모방적 주체			· 의미 상실의 주체
주체/타자관계	· 2자적 관계	· 3자적 관계			· 다자적 관계
작용기제	· 거울/어머니	· 도덕/아버지			· 욕망
수사학적기법	· 동일성에 바탕을 둔 은 유적 기법	· 관습적 언어구조의 은유와 환유기법 ⇒ 습관적 관계 맺기를 통한 고착화			· 차이성에 바탕을 둔 은 유와 환유기법
건축적 사례	· 기념비적 건축	· 근대건축의 이상적 프로파간다			· 해체주의 건축

　이처럼 상상계·상징계·실재계라는 질서체계 분류는 건축의 존재기반과 형성의 전제조건에 대한 분류 기준으로도 적용 가능함을 확인하게 된다.

5. 라캉의 욕망이론

　라캉은 '욕망(desire)'을 인간의 본질이라고 보았다. 정신분석 치료의 목적이 피분석자로 하여금 자신의 욕망에 대한 진실을 인정하도록 이끌어 가는 것이라고 설정할 정도로 라캉에게 욕망 개념은 인간 실존의 핵심이며 정신분석의 중심적인 관심사였다. 특히 현대의 대중문화와 소비중심의 문화적 특성에서 볼 때, 인간의 욕망의 문제는 주요한 이론적 관심의 대상으로 떠

---

40) 조성현, "은유와 환유의 재해석을 통한 건축에서 '낯설게 하기'", 부산대 석사논문, 2005 – 02,
　　p.25에서 재구성

오른다. 건축이나 실내건축 분야에서도 욕망에 대한 탐구는 건축의 생성 및 소비의 구조적 특성을 이해하는 데 중요한 실마리를 제공한다.

라캉은 1958년경 '욕구(besoin/need)', '욕망(désir/desire)', '요구(demande/demand)'라는 세 가지 용어 사이에 중요한 차이가 있음을 확인하고 각각의 개념을 발전시킨다. 우선 '욕구'는 인간이 가진 생물학적이고 자연적인 본능에 상응하는 개념이다. 욕구는 순수한 육체적 생존을 위해 충족되어야 할 생물학적 필요성이다. 인간은 배가 고프면 밥을 먹고 물을 마신다. 이것이 욕구이다. 욕구의 대상은 자연적이며 물리적이다. 그러나 유아가 자신의 욕구를 만족시키기 위해서는 언어로 그 욕구를 설명해야 한다. 즉 유아는 자신의 욕구를 표명해야 하는데 이것이 바로 '요구'이다. 이때 욕구와 요구 사이에 중요한 차이가 발생한다. 유아가 젖을 달라고 요구할 때 유아가 원하는 것은 단순히 물질적인 젖만이 아니다. 유아는 젖과 함께 어머니의 사랑을 요구한다. 이처럼 요구는 이중적인 기능을 갖는데, 하나는 '욕구를 표명하는 기능'이고 다른 하나는 '사랑을 요구하는 기능'이다. 그러나 어머니는 아이의 완전한 사랑의 요구에 무조건적으로 응할 수가 없다. 왜냐하면 그녀 역시 분열되어 있기 때문이다. 요구로 표명된 욕구가 충족된 후에도 요구의 다른 측면인 사랑을 위한 갈구는 충족되지 않은 채 남게 되고, 이처럼 남은 잔여가 바로 욕망이다. "욕망은 충족을 위한 식욕도 아니고 사랑을 위한 요구도 아니며 요구로부터 욕구를 뺀 차이인 것이다."[41]

욕구는 특정한 대상과 행위를 통해 일시적이긴 하지만 전적으로 충족된다. 배가 고플 때 식욕이 충족되면 완전하게 욕구는 사라진다. 그러나 욕망은 결코 충족되지 않는다. 욕망의 실현은 '채워지는' 것이 아니라 그 같은 욕망을 재생산해 내는 데에 있다. 라캉은 이때 발생하는 욕망은 주체 자신

41) Jacques Lacan, É(S), op. cit., p.287

의 욕망이 아니라 타자의 욕망이라고 한다. "인간의 욕망은 대타자의 욕망이다."[42] 이것은 욕망이 본질적으로 다른 사람의 욕망의 대상이 되려는 욕망이자 다른 사람한테 인정받으려는 욕망이라는 것을 의미한다.[43] 즉 주체는 주체의 관점이 아닌 타자의 관점에서 욕망한다. 인간이 태어나서 처음으로 만나는 타자는 부모이다. 어린아이의 욕망은 부모(타자)의 욕망 속에서 형성된다. 인간의 욕망이 타자의 욕망을 통해 만들어진다는 사실은 주체의 형성에 중대한 결과를 낳게 된다. 인간은 결코 채워질 수 없는 타자의 욕망을 욕망하게 되므로 타자로부터 '소외(alténation)'되게 된다. 정신병·도착증·신경증 같은 병리적 현상은 주체의 욕망이 타자에 의해 소외되기 때문에 생겨난다. 타인의 욕망에 의해 소외되어 있는 한 주체는 진정한 주체로 태어나지 못한다. 소외를 극복하고 진정한 주체로 탄생하기 위해서는— 혹은 소외된 욕망으로부터 형성된 병리적 결과를 치료하기 위해서는—주체는 타자의 욕망으로부터 '분리(séparation)'되어야 한다.[44] 그러므로 라캉에게 욕망이란 또한 '자유'를 의미하기도 한다.

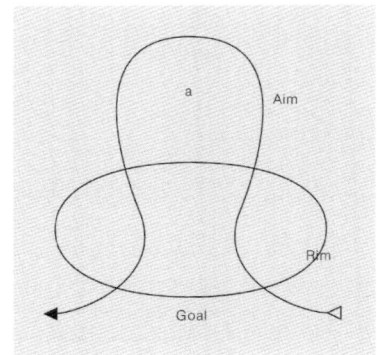

[그림 1-6] 충동 그래프

초기 라캉이 욕망 개념을 중시했다면 후기로 넘어갈수록 라캉은 '충동(Trieb/pulsion/drive)'[45]과 '향유(jouissance)'의 개념을 중시한다. 라캉은 충동의 목적이 한 가지의 '목표(goal, 최종 목적지)'

---

42) Jacques Lacan, *Seminar XI*, op. cit., p.235

43) 김상환·홍준기 엮음, op. cit., pp.74~75

44) Ibid., p.74~75

45) 라캉은 프로이트가 '본능(Instinkt)'과 '충동(Trieb)'을 구분했다는 데 주목했다. 본능은 순수한 생물학적 개념으로 인간을 미리 정해진 특정한 행위로 이끈다. 목이 마르면 물을 마신다. 반면 충동은 본능에 기초를 두고 있지만 본능과는 달리 상징적 차원에서 작동한다. 목이 마를 때 어떤 음료수를 마시는가는 상이한 사회적, 상징적 의미를 갖게 된다. 본능은 결정론적으로 작용하지만 충동은 상징계와 접하고 있으므로 예외와 일탈을 허용한다.

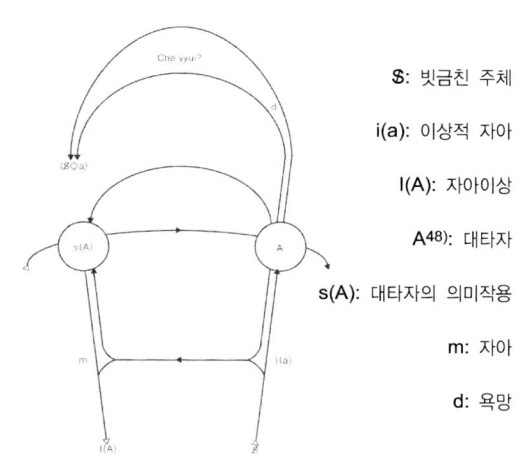

\$: 빗금친 주체

i(a): 이상적 자아

I(A): 자아이상

A48): 대타자

s(A): 대타자의 의미작용

m: 자아

d: 욕망

[그림 1-7] 라캉의 욕망 그래프 Ⅲ

에 도달하는 것이 아니라 그것의 '목적 (aim, 방식 자체)'을 따르는 것, 즉 대상 주위를 맴도는 것이라고 주장한다.46) 따라서 충동의 실제 목적은 그것의 순환도로로 되돌아가는 것이고, 즐거움의 실제 원천은 이 폐쇄 회로에서의 반복적 움직임 자체이다. 충동은 구강충동, 항문충동, 시각충동, 청각충동과 같이 부분 충동인데, 충동은 욕망이 실현되는 부분적인 측면들이고 욕망은 하나이고 나누어지지 않는 반면에 충동은 욕망의 부분적인 발현이다.47)

프랑스어인 '*jouissance*'는 기본적으로는 영어의 'enjoyment'를 뜻하지만 영어에는 없는 오르가즘과 같은 성적 함축을 갖는다. 향유는 주로 육체와 관련해서 인간이 느끼는 충동·정서의 측면을 강조하는 개념이다. 라캉이 욕망이라는 단어를 통해서 욕망은 결여이고 상징계에 속한다는 점을 부각시키려 했다면, 향유를 통해서는 충동을 가진 인간이 육체에서 체험하는, 그러나 결코 말로 표현될 수 없는 느낌, 즉 정서적인 면을 강조하고 있다. 라캉은 '향유는 괴로움'이라고 말한다.49) 인간적 의미의 성과 관련된 향유가

---

46) Jacques Lacan, *Seminar XI*, op. cit., p.179

47) Dylan Evans, op. cit., pp.274~278

48) 이때 a는 불어로 타자를 뜻하는 'autre'의 줄임말이다. A는 대타자를, a는 소타자를 의미하는데, 보통 영어로 번역될 때 'other'를 사용하기 때문에, 영어 번역본 책에서 그래프를 소개할 때는 A는 O로, a는 o로 사용한다. 단, 환상 공식에서 사용되는 a는 'objet petit a'의 줄임말이기 때문에 영어 번역본에서도 그대로 a로 사용하는 경우가 많다.

49) Jacques Lacan, *The Seminar Book Ⅶ: The Ethics of Psychoanalysis*(1959-60), trans. Dennis Porter, notes by Dennis Porter, London: Routledge, 1992, p.184

탄생하는 순간은 대상을 획득하는 순간이 아니라 대상을 영원히 상실하는 순간이다. 상징계의 개입을 통해 순수한 욕구의 대상으로서의 어머니의 가슴이 영원히 상실되는 순간에 욕구의 대상은 성적 대상으로 변한다. 성은 영원히 상실되었으므로 기억 혹은 환상 속에서만 존재하는, 즉 잃어버린 대상을 재발견하려는 시도에 다름 아니다.[50] 이처럼 박탈당한 대상을 찾기 위해 끊임없이 성행위를 반복하는 인간의 향유는 박탈된 속에서 찾는 만족인 것이다. 인간이 향유하는 존재라는 것은, 단순한 쾌락이 아닌 고통과 어우러진 쾌락을 즐기는 존재라는 것이다. 인간은 고통 속의 향유를 즐기며, 더 나아가 이러한 향유를 위해 죽을 수도 있다. 담배를 끊지 못하는 사람에게 있어서 담배는 죽음 충동의 대상이자 향유의 대상이다. 향유란 '죽음의 충동과 결합된 쾌락'에 다름 아니다. 궁극적으로 향유는 이해와 해석과 의미를 넘어서는 어떤 것이다.[51]

정신분석학은 타자의 욕망과 향유 속에서 소외되어 자신의 욕망과 향유를 망각하고 살아왔던 '병리적' 상태에서 자신을 해방하는 실천적 작업이며, 동시에 이러한 실천적 작업을 뒷받침하는 이론이다.[52] 이처럼 라캉의 정신분석은 타자의 욕망을 통해 형성되는 인간의 욕망이라는 주체적인 공간을 중요시하고 있다. 이러한 주체의 영역이 바로 '환상(*fantasme*/fantasy)'이다. 인간의 욕망은 타자의 욕망에 대한 주체적 응답인 무의식적 환상을 발생시킨다.

---

50) 김상환·홍준기 엮음, op. cit., p.101

51) Ibid., p.102

52) Ibid., p.134

6. 욕망과 환상의 메커니즘

라캉은 자신의 개념을 수학소[53]로 자주 표현하였는데, 환상의 수학소는 '$\$\lozenge a$'이다. 환상($\$\lozenge a$)은 『Écrits』에 수록된 "프로이트 무의식에 있어서 주체의 전복과 욕망의 변증법(*Subersion de sujet et dialectique de désir dans l'inconscient freudien*)"에서 라캉이 제시한 4개의 욕망그래프 중에서 세 번째 욕망그래프 상단에 표기된 '체 보이(che vuoi)?'에 대한 종결어로 제시된 것이다.[54] 체 보이는 '내가 원하는 것이 무엇이냐?'가 아닌 '타자들이 내게 무엇을 원하는가?'라는 질문이다. 체 보이의 의미를 통해서 알 수 있듯이 환상의 수학소는 타자의 욕망에 의존해 구성되는 주체의 욕망 특성을 나타내기 위해 만들어졌다.

구체적으로 환상의 수학소를 살펴보면, $\$$는 '결핍된 주체' 또는 '빗금 친 주체'를 의미하며 주체와 기표의 관계를 나타낸다. a는 '오브제 쁘띠 아(*objet petit a*)'[55]의 줄임말로 주체로 하여금 욕망을 끊임없이 불러일으키는 허구적 대상이다. 쌍방향의 부등호 표시인 $\lozenge$[56]는 $\$$와 a가 서로를 욕망하지만 둘의 관계가 완벽하게 부합(=)되지 못하고 결핍된다는 점을 드러내고 있다. 그러나 환상이 오인의 작동이듯 이러한 결핍을 인지하지 못한다는 점에서 $\lozenge$는 상상적 결합이다. 즉 라캉에게 있어서 환상이란 주체가 대타

---

53) '수학소(mathème)'라는 용어는 라캉이 '신화소(mytheme, 신화체계의 기본 구성요소를 나타내기 위해 레비-스트로스에 의해 고안됨)'라는 용어와 대비를 이루어 '수학'이라는 단어에서 유래시킨 신조어이다. 라캉의 수학소는 대수(algebra)의 일부인데, 대수학은 문제해결을 상징적 표현의 조작으로 환원시키는 수학의 한 분야이다. 라캉이 수학소를 사용한 까닭은 정신분석적 개념을 직관적으로나 상징적으로 이해하는 것을 막고, 대수의 형태가 허용할 수 있는 다중성, 즉 수많은 독해 가능성을 열어 놓기 위해서이다. Dylan Evans, op. cit., pp.205~206

54) Jacques Lacan, É, op. cit., pp.815~816

55) 이후 '대상a'로 번역해서 사용할 것이다.

56) $\lozenge$는 '합집합', '교집합', '~보다 크다', '~보다 작다'를 의미한다.

자57)의 '욕망'을 인지하고 자신이 맡은 역할을 수행하기 위해 구축하는 오인의 시나리오인 것이다.

라캉의 정신분석을 현대문화이론과 연결시켜 활발히 논의를 전개하고 있는 철학자인 슬라보예 지젝(Slavoj Žižek)은 우리가 환상의 핵심에서 직면하는 것은 대타자의 욕망에 관한 관계, 즉 대타자의 불투명성에 관한 관계라고 주장한다. 환상 속에서 실현된 욕망은 나의 욕망이 아니라 대타자의 욕망이다. 환상은 주체가 대타자의 눈으로, 즉 대타자의 욕망으로 어떤 대상을 바라보는가의 질문에 답하는 방식이다. "대타자는 주체 속에서 무엇을 바라보고, 주체는 대타자의 욕망에서 무슨 역할을 하는가?"58) 지젝은 프로이트가 딸기 케이크를 먹는 자기 딸의 환상에 대해 언급한 것을 예로 든다. 여기서 상연되는 것은 케이크를 맛있게 먹고 싶은 아이의 욕망이 아니라 타자의 욕망, 즉 아이의 욕망에 스며 있는 부모의 욕망이다. 프로이트의 딸은 예전에 자신이 딸기 케이크를 맛있게 먹고 있는 모습을 보고 부모가 기뻐한 것을 본 것이다. 딸기 케이크에 대한 아이의 환상은 '부모님은 나에게 무엇을 원하는가?(che vuoi?)'에 대한 대답인 것이다.59) 딸기 케이크의 환상은 비록 아이의 환상이지만, 그 속에 실현된 욕망은 아이 부모의 욕망이다. 정확히 말해서, 아이의 욕망은 타자의 욕망을 위한 욕망이고, 그런 까닭에 환상은 상호 주관적이다. 환상은 주체들 간의 상호작용으로 생산된다. 환상이 개인마다 특수하다고 할지라도, 환상은 자체로 언제나 상호 주관적 상황의 산물이다. '체 보이?'와 환상, 그리고 욕망의 관계를 도식화해 보면

---

57) 라캉 정신분석에서 대타자(*Autre*/Other)와 소타자(*autre*/ohter)는 구분된다. 소타자가 실제 타자가 아니라 자아의 반영과 투사에서의 타자적 개념이라면, 대타자는 근본적인 타자성을 가리킨다. 대타자는 상상계의 착각적인 타자성을 초월하며 언어와 법과 등치되므로 상징계에 기입된다. Dylan Evans, op. cit.,, pp.200~203

58) Slavoj Žižek, *The Metastases of Enjoyment*, 『향락의 전이』, 이단우 역, 인간사랑, 2002, p.339~340

59) Slavoj Žižek, *The Plagues of Fantasies*, London: Verso, 1997, p.9

[그림 1-8]과 같다.[60)]

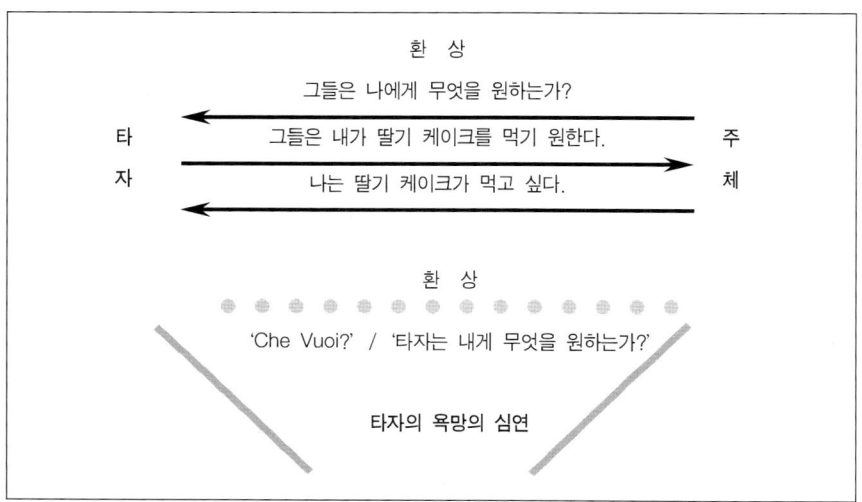

[그림 1-8] 환상의 구조

    이처럼 주체는 타자의 욕망의 심연에 직면한다. 타자의 욕망을 만족시키기 위해서 그리고 그 심연을 은폐하기 위해서 주체는 환상을 만든다. 그러한 작동방식으로 환상은 타자의 욕망을 실현한다. 이러한 차원에서 주체의 정체성은 대타자가 자신을 바라보는 그 위치에서 자신을 바라봄으로써 구성된다. 이것이 바로 '동일화(identification)' 현상에 기초하여 주체가 구성되는 작용방식이다.

    라캉은 동일화를 "주체가 어떤 이미지를 상정할 때, 주체 내에서 일어나는 변형"으로 정의한다.[61)] 이러한 동일화 메커니즘은 나르시스적 동일시를

---

60) Tony Myers, op. cit., pp.182~183
61) Jacques Lacan, É(S), op. cit., p.2

수반하는데, 상상적 동일화와 상징적 동일화로 구별될 수 있다. 상상적 동일시는 그렇게 되면 우리가 스스로를 좋아할 만하게 보이거나 '우리가 그렇게 되고 싶은 것(what we would like to be)'과의 동일시인 반면, 상징적 동일시는 우리가 관찰당하는 위치와 우리가 우리 자신을 바라보게 되는 위치를 동일시하는 것이다.[62] 즉 우리가 자신에게 호감을 느끼고 자신을 사랑받을 가치가 있는 존재로 보이도록 자신을 바라보는 위치와의 동일시를 가리킨다. 라캉에 의하면 상징적 동일시는 '다른 사람들이 자신을 바라보는 것처럼, 주체가 자신을 바라보는 지점'과의 동일시이다.[63]

상상적인 시선은 이자적인(duel) 시선인데, 상상적인 것은 그 둘이 서로를 반영하는 운동 속에서 나타나기 때문이다. 보는 것과 보이는 것 사이에는 마치 거울 속에 나타난 또 다른 거울 이미지처럼 계속해서 서로를 참조하고 후퇴하는 운동이 있다.[64] 보는 것(a)과 보이는 것(i(a)) 속에 내포되어 있는 이미지의 순환에서 라캉이 주목하는 것은 바로 그런 거울의 반영 효과를 통해 주체의 단일성, 즉 '육체의 총체적인 형태'가 획득된다는 점이다.[65] 유아는 자신의 몸을 창출하기 위해서 거울 속에 비춰진 외부의 이미지 i(a)를 빌려 온다. 이러한 통일성은 보는 것과 보이는 것(거울상, 이상적 자아)의 동일화를 통해서 얻어지는 것이므로, 내부와 외부의 관계에서 외부와의 동일화가 먼저 선행된다. 동일화를 통해 외부는 내부로 들어와 자리 잡게 되고, 점차 내부는 자신의 개체성을 획득하면서 외부와의 변별력을 갖추게 된다.[66]

---

62) Slavoj Žižek, *The Sublime Object of Ideology*, 『이데올로기의 숭고한 대상』, 이수련 역, 인간사랑, 2001, p.184

63) Jacques Lacan, *Seminar XI*, op. cit., p.179

64) 김상환·홍준기 엮음, op. cit., p.476

65) Jacques Lacan, *É*, op. cit., p.94

66) 김상환·홍준기 엮음, op. cit., p.477

a ——————————————— i(a)

[그림 1-9] 상상적 시선

　상징적 시선은 유아와 거울 이미지 사이에 제3자의 위치가 생겨난 시선이다. 제3자의 위치란 바로 상징적 '타자의 장소(lieu de l'Autre)'를 말한다. 보는 것과 보이는 것 너머에서 무엇인가가 제3자로서 주체의 구성을 조율한다는 것이다. 라캉은 담화의 장소인 타자는 그 거리를 추인하는 삼각 구도 속에 언제나 잠재해 있다고 말한다.[67] 즉 이는 상상적 타자의 거울 이미지 i(a)에 의해 구성된 동일성은 상징적 타자의 시선 I(A)를 통해서 인준될 때만 '나'의 동일성이 온전히 완성된다는 것을 의미한다. 이미지의 질서를 조율하는 것은 상징적 타자, 즉 언어인 제3자의 가능성이다. 주체가 자신의 시선과 이미지 사이의 혼동된 통일성을 통해 통일성을 얻는다면, 그러한 통일성은 외부라는 한계와 그로 인해 발생한 거리를 통해 완성된다. 이 지점에서 라캉은 헤겔의 인정투쟁이라는 개념으로부터 인정욕망이라는 개념을 도출해 낸다. "인간의 욕망은 타자의 욕망 속에서 자신의 의미를 발견한다."[68] 이는 타자가 욕망의 대상의 열쇠를 쥐고 있다는 뜻이 아니라, 무엇보다 주체가 타자에 의해 인정받길 바란다는 뜻이다. 상상적 이미지에 의한 무한한 중첩, 시선의 대등한 교환이 아니라 항상 저 바깥에 남아 있는, 자신이 닿을 수 없는 곳에 있는 시선의 이상(자아이상, I(A))을 충족시키고자 하는 것이 바로 욕망의 실현과정인 것이다.[69]

---

67) Jacques Lacan, É, op. cit., p.678

68) Ibid., p.268

69) 김상환·홍준기 엮음, op. cit., p.479

I(A)

a _____ i(a)

[그림 1-10] 상징적 시선

　이처럼 주체가 형성되는 동일화의 모든 과정에서 주체는 끊임없이 타자의 질문 '체 보이?'에 직면하여, 자신을 타자의 욕망의 대상으로 제시하고, 타자 내의 어떤 기표와 동일시함으로써 자신의 정체성을 환상적으로 구축하게 된다. 다시 말해 환상은 주체를 형성하는 동일화의 동력으로 작동한다.

　이와 같이 타자의 욕망과의 동일시라는 환상의 출발점은 대타자의 완전성에 대한 믿음에서 시작된다. 주체의 환상은 대타자의 불완전성을 스스로 은폐하고 일관된 것으로 경험하게 만든다. 라캉은 대타자의 불완전성, 즉 상징적 질서의 빈 구멍을 대상a가 메우고 있다고 본다. 대상a는 대타자의 빈 곳에 들어가는 환상적인 요소로서 주체의 욕망을 유지시키는 시나리오를 만들어 낸다. 주체가 대타자의 욕망을 인지하고 자발적으로 어떤 역할을 수행하기 위해 구성하는 환상-시나리오는 주체에게 최소한의 정체성을 부여하고 주체의 욕망을 계속 유지할 수 있게 만든다. 그러나 이러한 환상의 논리는 허구적인 자기-인식 구조이기에, 대타자가 결핍되어 있다면 주체 또한 피할 수 없이 그 결핍으로 인해 소외와 결여를 경험하게 된다. 이러한 측면에서 환상은 대타자의 결여를 은폐하고 대타자는 완전하고 일관된 것이라는 물신주의적 믿음을 지탱하는 기능을 하게 된다.

　대타자의 결핍을 메워 완전한 체계로 인식하게 만드는 대상a는 상징계의 궁극적인 불가능성을 체현하다는 점에서 상징계에서 은폐되어야 할 요소이기도 하다. 대상a는 기표체계에 일관성과 정합성을 부여하지만, 기표체계에 근본적으로 동화될 수 없는 잉여물이므로 기표의 논리적인 법칙의 지배에서 벗어나 있다. 이처럼 대상a가 상징계의 논리적 불가능성을 체현하는 모순적인 대상으로 드러나게 되면, 지금까지 완전한 것으로 믿어 왔던 상징적 구조에 대한 환상−구조는 와해되고 말 것이다. 이러한 측면에서 대상a는 상징계에서 적출되어야 할 대상이 된다. 그런 까닭에 라캉은 상징계 밖의 또 다른 세상인 실재계에 대상a를 등록시킨다.

상징계 내에서 대상a는 빈 구멍이자 스크린이다. 그런 까닭에 환상은 "일차적이고 결정적인 것 아주 근본적인 어떤 것을 가리는 스크린"[70]이다. 즉 환상은 "외상적인 장면이 보이는 것을 피하기 위해 영화필름이 어느 지점에서 멈춰지는 것처럼"[71] 외상적인 것에 대한 방어막으로 기능한다. 이러한 환상 개념은 1957년 이후의 라캉 저서에서 중요한 용어로 나타나는데, 환상은 방어의 개념과 다르지 않다. 결국 환상은 궁극적으로 방어기제로 볼 수 있다. 다시 말해 환상은 상징적 질서의 불완전함에 대처해서 주체가 자신을 방어하기 위해 만들어 내는 안정된 시나리오인 것이다. 그러나 환상이 주체와 대타자의 결핍을 숨기는 그 지점에서 이미 결핍은 드러나게 된다. 이 지점에서 환상의 역설적인 기능이 발휘된다. 이러한 점에서 환상은 잊힌 현실, 현실의 작은 요소들, 즉 실재와의 만남을 가능하게 만드는 기능을 가지고 있다.

> 우리는 실재로서 대상의 곁에 있는 은밀한 배경이 현실, 즉 한 조각의 현실로서 현실의 안정화에 필요조건이 된다고 이해하고 있다. 그러나 만일 대상a가 부재한다면, 어떻게 대상a가 여전히 현실을 틀에 짜 맞출 수 있는 것일까? 대상a가

---

70) Jacques Lacan, *Seminar XI*, op. cit., p.60

71) Jacques Lacan, *Le Séminaire Livre IV: La relation d'objet*, Paris: Seuil, 1994, p.119

현실을 틀 짓는 것은 바로 대상a가 현실영역
으로부터 제거되기 때문이다. 이 그림이 표면
에서 빗금 친 네모로 표시된 부분을 빼내면
프레임이라고 부르는 것을 얻게 된다. 이것은
구멍을 위한 프레임일 뿐만 아니라 표면의 나
머지 프레임이다.(그림 1 - 11 참조)
어떠한 창이라도 그러한 프레임을 창출할 수
있을 것이다. 따라서 대상a가 그러한 면의 단
편이며, 그 면을 틀 짓는 것은 현실에서 대상a

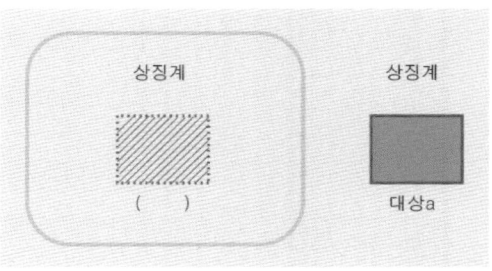

[그림 1-11] '대상a'의 자리

를 빼내는 것이다. 빗금 친 주체로서, 즉 결여의 존재로서 주체는 이 구멍이다. 존
재하는 것으로서 주체는 추출된 조각에 지나지 않는다. 거기서부터 주체와 대상a
의 등치가 나온다.[72)]

    즉 주체와 대상a는 서로 다른 두 실체가 아니라 하나의 동일한 실체의
다른 두 면이다. 주체가 대상a를 통해 자신의 구멍을 인지하게 되는 이러한
불행한 만남을 가리는 스크린이 환상이다. 라캉의 주체 개념은 반복적으로
되돌아오는 대상a와의 만남에서 새롭게 규정된다. "대상a의 기능을 통해서
주체는 자신과 분리된다."[73)] 이때 '분리'는 자아 이상으로서의 '나(I)'와 '대
상a' 간의 분리를 가리킨다. 라캉이 말하는 정신분석작업의 근본적인 주요
동기는 '나(I)'와 '대상a' 간의 거리를 유지하게 함으로써 주체로 하여금
"환상을 통과하게(la traversée de fantasme)"[74)] 하는 데 있다. 이는 주체가 대
타자의 욕망을 요구로 전환시키고 그 요구에 동일시되는 환상을 횡단하는
과정이다. 이 지점은 동일시 과정에 정면으로 대치되는 방향으로, 주체는
이때 자신이 의존하는 대타자로부터 퇴각하여 분열을 겪게 된다. 주체와

---

72) Jacques - Alain Miller, "Montré a Premontré", *Analytica 37*, 1984, pp.28 ~ 29; Slavoj Žižek,
    Looking Away, 『삐딱하게 보기』, 김소연 · 유재희 역, 시각과 언어, 1991, p.191에서 재인용

73) Jacques Lacan, *Seminar XI*, op. cit., p.258

74) Ibid., p.273

대타자의 분리(*séparation*)는 'se parer', 즉 '자신을 산출하는 것', '자신이 굴복했던 기표를 자신이 취하는 것'으로 주체화의 작업이다.[75] 결국 환상을 횡단한다는 것은 타자 속의 결여를 발견하여 소외되었던 자신의 욕망과 향유를 타자로부터 되찾아오는 과정인 것이다. '타자가 자신의 결여를 메우기 위해 나의 무의식 속에 자신의 욕망을 각인시켰으며, 나는 타자의 이러한 요구에 순응해 환상 속에서 나를 타자의 욕망의 대상으로 제공했기 때문에 이러저러한 소외된 욕망을 갖게 되었다.' 이러한 것들을 자각하고 체험하는 과정이 환상의 횡단인 것이다. 결국 주체의 분리가 가능하기 위해서는 주체가 오히려 환상을 더욱 발전시킬 수 있어야 한다. 환상은 분리의 전제조건이기 때문이다.[76] 또한 환상은 이해할 수 없는 무의식의 방향과 의미를 제시해 주는 '조직자'이기 때문이다.[77]

인간 무의식의 환상-시나리오에 대한 분석 작업에서와 마찬가지로, 건축 분야에서의 이러한 환상-시나리오에 대한 탐색작업은 건축행위를 둘러싼 주체-욕망의 심층구조를 드러내게 될 것이며, 건축물이라는 기표를 통해 일어나는 소외와 분리를 넘어설 수 있는 가능성, 즉 대타자의 욕망의 대상으로 전락해 버리는 건축이 진정으로 욕망하는 바를 진단할 수 있는 가능성을 열어 놓을 수 있을 것으로 기대된다.

---

75) 김상환·홍준기 엮음, op. cit., p.79
76) Ibid., p.129
77) Ibid., p.81

제2부

건축은 욕망한다

1. 건축의 욕망구조

라캉의 욕망이론에 의하면 주체의 욕망은 타자의 욕망이고 환상은 욕망을 실현하는 상상적 시나리오이다. 이러한 측면에서 본다면, 건축은 주체가 타자의 욕망에 기초해 상상적으로 구축하는 환상적 대상물, 즉 욕망의 허구화된 대상이다. 또한 무의식의 환상 – 시나리오가 타자의 욕망으로 인해 소외되어 있던 주체의 욕망을 분리시키고 그 의미를 가늠해 볼 수 있는 단서를 제공하는 것이라고 볼 때, 건축의 환상 – 시나리오 역시 타자의 욕망으로 인해 소외되어 있는 건축적 욕망의 실체를 파악할 수 있는 실마리를 던져 준다고 볼 수 있다. 결국 '대타자의 욕망의 대상으로 전락하지 않는 건축의 주체적 욕망이란 무엇인가'라는 질문은 건축적 '환상'과 '징후(symptom)'[1]에 대한 이해의 필요성을 대두시킨다.

정신분석에서 '징후'는 타자의 욕망과 향유 속에서 소외되어 자신을 망각하고 살아가는 주체의 '병리적' 상태가 의식의 표층에 드러나는 것을 의미한다. 무의식 속에서 억압(repression)·부인(disavowal)·배제(foreclosure)[2]

---

1) 일반적으로 정신분석에서 'symptom'은 우리말로 '증상(症狀)'이라고 번역되고, 후기 라캉에서 symptom을 향유적 개념으로 발전시킨 'sinthome'은 '징후 또는 병증'이라고 번역된다. 그러나 여기에서는 symptom을 증상보다는 '징후(徵候)'로 번역해서 사용할 것이다. 그 이유는 본 저서는 정신분석 자체보다는 정신분석적으로 해석되는 건축을 대상으로 하고 있기에 병의 증세를 포함하고 있는 증상이라는 용어보다는 '겉으로 나타나는 낌새'를 의미하는 징후가 더 본문의 맥락과 부합된다고 판단되기 때문이다. 또한 'sinthome'은 '징환(徵還)'으로 번역하여 사용할 것이다. sinthome은 실재계적 특성을 가지고 해독 불가능한 주체의 향유를 의미하며 상징계와 상상계로 돌아와서 실재계·상징계·상상계의 매듭에 네 번째 고리로 첨가되어 끊임없이 원래의 상태로 되돌리도록 위협받는다는 점에서, '불러서 제자리로 돌아가게 한다'는 의미를 가진 '징환'으로 번역하는 것이 더 적합하다고 판단된다.

2) 주체는 타자와의 관계에 대해, 그리고 그가 자기 자신과 타자 속에서 발견하는 결여에 대해 취하는 무의식적·실존적 태도 및 입장에 따라 신경증자나 성도착자 혹은 정신병자가 된다. 라캉은 무의식의 억압·부인·배제 방식에 따라 주체의 병리적 임상구조를 구분하였다. 억압은 신경증과, 부인은 도착증과, 배제는 정신병과 연결된 심리작용으로 본다. 임상구조와 건축적 공간의 연관성에 대한 자세한 논의는 5부에서 이루어질 것이다.

되어 있던 것들이 은유적으로 징후를 드러낸다. 라캉이 징후를 은유[3]로 보는 까닭은 징후는 무의식의 자리에서 주체 자신을 대신해서 간접적으로 드러나기 때문이다. 정신분석은 크게 두 가지의 방향에서 병리적 상태의 주체를 해방하기 위해 실천한다. 첫 번째로는 환상의 횡단을 통해 주체가 자신의 욕망을 타자로부터 되찾아오는 방법이다. 두 번째로는 징후의 메시지를 분석하여 병리현상을 구조화하는 방법이다. 병리현상을 구조적으로 본다는 것은 구조 안에서 개별요소들의 징후를 진단할 수 있는 여지를 제공받는다는 것을 의미한다. 즉 구조는 특정한 위치에 놓이는 요소가 무엇이든지 위치들의 관계를 동일하게 남기기에 요소들의 개별적 특성을 구조적으로 파악할 수 있게 만들기 때문이다. 그러나 이러한 횡단과 구조화 속에서 징후와 환상은 완전히 해소되지 않는다. 원칙적으로 정신분석 치료는 종결되지 못한다. 그럼에도 불구하고 환상과 징후는 이해할 수 없는 무의식의 의미를 가늠할 수 있게 하는 단서를 제공한다는 공통점을 가지고 있기에 정신분석의 중요한 주제이고 이는 건축에서도 마찬가지로 적용된다.

　구체적인 욕망 – 환상 – 징후의 메커니즘은 [그림 2 – 1]의 다이어그램과 같다. 상징계는 기본적으로 완전하지 못하고 빈 구멍과 같은 결핍을 가지고 있다. 공간적 주체들은 이러한 상징계라는 대타자의 결핍을 메우기 위해 욕망을 품게 된다. 이때 욕망의 발생은 결핍을 메우는 환상 스크린을 만들게 되는데, 환상은 완벽하게 결핍을 봉합하지 못하고 그 틈을 보이게 된다. 이때 징후들이 드러나게 된다. 그러나 징후는 환상의 불완전성에서만 드러나는 것은 아니고 대타자의 구조적 불균형을 드러내는 것을 통칭하는 용어이다.

---

3) 무의식은 왜곡과정 없이 순수한 형태로 자신을 실현할 수 없다. 이와 마찬가지로(무의식적) 욕망도 자신을 '순수한 형태'로 실현할 수 없다. 욕망은 필연적으로 은유(징후)를 통해서만 자신을 실현할 수 있다. 김상환·홍준기 엮음, op. cit., p.90

[그림 2-1] 욕망-환상-징후의 메커니즘

　　건축에서 환상과 징후를 구조적으로 분석한다면, 건축에서 왜곡된 무의
식의 의미와 작동방식, 즉 타자적 관계에서 발생되는 건축적 결핍과 그 결
핍을 메우기 위해 작동하는 방식들이 드러날 것이다. '억압된 것'과 '억압
된 것의 회귀'는 구조적으로 볼 때 같은 개념이다.[4] 즉 결핍을 가려 버리는
환상-스크린이 실질적으로는 그 결핍의 존재를 환기시키고, 억눌려 있던
무의식들이 징후를 통해 표층에서 발화되듯이, 건축에서 감추어지고 억눌
려져 있는 것들은 환상과 징후를 통해 회귀한다. 건축은 순수한 부재나 현
전이 아니기에, 이처럼 부정되거나 부재하는 것들의 기반 위에 긍정되거나
현전하는 것들이 함께 드러나는 구조를 가지고 있다. 결국 대타자에 의해
소외된 건축의 방어기제인 환상과 병리적 기제인 징후에 대한 분석은 부재
와 현전의 상관적 구조 속에서 건축적 욕망의 특이성을 드러낼 것이다.

　　결국 건축이라는 물질적 대상은 인간의 욕망을 충족시키고 보이지 않는
것들을 보이는 것으로 만들며 부재하는 것들을 찾아내려는 시도를 통해 구
축되어 왔다. 그러나 역사적으로 살펴볼 때 건축의 구축을 통해 실현하고
자 했던 인간의 모든 욕망은 언제나 완벽하게 충족되지 못했고, 충족되지

4) Ibid., p.120

못한 욕망은 건축 속에서 미끄러져 또 다른 욕망을 남길 뿐이었다. 라캉에 따르면, 언어나 지각에서 스스로를 재현하려는 주체의 모든 시도는 늘 빗나가고 뒤로 남겨진다. 욕망의 목적이 욕망의 실현이 아닌 욕망의 생산이듯 건축적 욕망 또한 끊임없이 새로운 건축을 욕망하게 만든다. 건축적 욕망의 내용들이 건축을 통해 채워지지 않는다는 측면에서 볼 때, 건축은 욕망이라는 무(nothing)를 담는 빈 용기이다. 주체가 건축을 통해 얻고자 하는 충족은 무를 유로 가시화하려는 불가능한 시도에 다름 아니다.

이와 같은 욕망의 끊임없는 미끄러짐과 불일치 속에서도 건축은 언제나 욕망의 대상으로, 욕망의 원인으로, 그리고 환상을 생성해 내는 허구적 대상으로, 그러나 분명히 실재하는 실체로 굳건히 버티고 있다. 건축은 물질적 실체를 가지고 있다는 점에서 문학이나 영상매체와 같은 다른 장르에서의 욕망 구조와는 변별되는 지점을 가진다. 육신의 안식처로서, 권력의 상징으로서, 내적 은밀함을 감추는 표피로서, 영속할 수 없는 인간의 운명을 거스르는 저항의 상징물로서, 그리고 탐미의 대상으로서 건축은 인간의 역사와 더불어 인간 자체를 표상하며 구축되어 왔다. 이처럼 건축이 담아 왔던 욕망의 내용은 많다. 그러나 많다는 것은 결국은 어느 것도 제대로 담을 수 없었다는 의미로도 볼 수 있다. 건축은 담을 수 없는 빈 용기로서 ― 비현존하는 것을 가시화하는 현존으로서 ―항상 그 자리에 서 있다.

건축은 주체가 욕망하는 대상이라는 점에서 그리고 또 다른 욕망을 불러일으키는 원인이라는 점에서 '대상a'이다. 대상a는 상징계에 속하는 듯 보이지만 실제로는 의미작용의 외부에 존재하면서 실재계의 존재를 상징계에 기록하는 기록자이다. 대상a는 주체의 내부에서 만나는 낯선 것이다. 상징계와 주체의 완결한 구조에 끼어들어 구조의 완전성을 와해시키는 이물질이기도 하다. 또한 대상a는 주체의 결핍을 은폐하고 보충하여 환상을 생성시킨다. 환상이란 결핍을 은폐시키는 매끄러운 표피이다. 그러나 대상a라는 이물질이 끼어듦에 따라 사실은 분절된 자국이 남아 있는 표피이다. 즉 환상은 실제로 매끄러운 것이 아니라 매끄러워 보이는 표피이다. 그 표피 아래 존재하는 인공물이 완전무결할 것이라는 오인 속에서 주체의 욕망이 충족되었다는 착각이 일어난다. 이와 같은 대상a의 속성을 통해서 볼 때, 건축과 대상a를 등치시킬 수 있는 이유는 건축 또한 상징계 내에서 상징계의 빈 구멍을 가리는 환상적 표피이기 때문이다. 건축이 상징계 내에서 굳건히 물적 실체를 가지며 현존하고 있다는 사실은 분명하지만, 충족되지 못한 욕망의 찌꺼기와 그 흔적을 남기고 있다는 점에서, 결국은 대타자의 욕망의 산물로서 결핍된 욕망의 존재를 환기시킨다는 점에서 건축은 대상a인 것이다.

건축을 대상a로 볼 때, 건축적 욕망의 구조적 특성은 건축의 대상a적인 특성을 통해서 살펴볼 수 있다. 대상a로 인해 발생하는 환상의 구조적 특성은 건축의 욕망 구조적 특성으로 치환될 수 있다. 따라서 환상이 가지는 환상성의 특성을 크게 두 가지로 구분하여 살펴볼 때, 건축적 욕망의 특성 또한 밝혀진다.

첫 번째로, 환상은 거리에 비례해서 생성되고 유지되는 특성이 있다. 그러나 한편으로 환상은 벌어진 그 거리를 무효화시키는 특성이 있다. 욕망의 충족 불가능성으로 인해 환상은 주체의 자리에서 볼 때 항상 일정한 거리를 두고 작동된다. 예를 들어 현실에서 환상을 만들어 내고 그 환상으로 다가갈 때, 환상이었던 것은 어느새 현실이 되고 또 다른 환상이 생성된다. 거울단계에서 어린 아이는 거울 속의 이상적인 자아를 보고 자신과 동일화시킨다. 주체라는 현실과 거울 속 자아

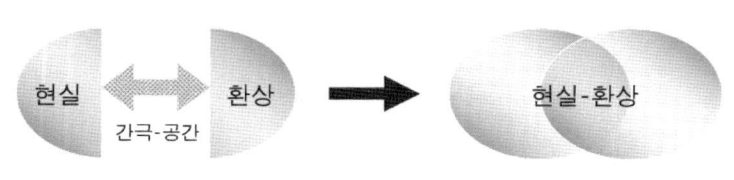

[그림 2-2] 환상의 거리두기 **&** 오염시키기 도식

라는 환상이 분리되어 있다가 주체의 동일화 과정 속에서 통합되고 환상은 사라지는 듯하다. 그러나 이상적 자아와 동일시된 주체는 결핍을 완전히 해소하지 못하고 상징계로 들어서서 또 다른 자아 이상을 만들어 낸다. 결국 현실로 흡수된 환상은 또 다른 환상을 생성해 내며 공간과 시간적 차원에서 환상과 현실의 간격을 일정하게 유지시킨다. 한편 현실에서 환상으로 전환되는 순간에 작동하는 변형적인 힘은 대상들의 간격 사이에서 시각의 급진적인 전환을 일으킨다. 이때 시각의 전환이란 것은 단순히 현실을 환상으로, 환상을 현실로 변형시켰다는 이중 전환 구조에 국한되지 않는다. 문제는 이때의 시각이 현실과 환상이라는 대상들에만 고정되어 있지 않고 대상들 사이의 간극, 즉 주체와 거울 사이의 벌어진 틈인 공백의 공간조차도 대상으로 바라보게 되는 데 있다. 이때의 간극 – 공간은 현실 – 공간과 환상 – 공간의 대립구조를 오염시키고 두 대상의 구분을 불가능하게 만드는 공간의 내부적 분열이다.

예를 들어, 근대 건축가들의 도시에 대한 관점과 알도 로시(Aldo Rossi)의 도시 유형(typology) 작업을 비교해 보면 건축에서 환상과 현실의 거리 사이에서 벌어지는 상황들을 쉽게 이해할 수 있다. 1960년대 이후 유럽을 중심으로 전개된 유형론은 건축의 형태가 더 이상 기능에 의해서 결정되기 어렵다는 판단으로 인해 등장했다. 유형은 일종의 통사론적 생성 규칙처럼 건축의 조합 규칙을 만들어 내는 방법론으로, 알도 로시를 비롯한 유형론자들은 건축을 규정하는 구조 및 요소들을 기존의 도시 속에서 발견하고자 했다. 그들은 유형을 바탕으로 추출된 건축의 각 요소들이 건축 바깥의 무엇을

[그림 2-3] Le Corbusier, Plan Vision for Paris

지시하는 것이 아니라 그들 스스로의 관계만을 참조한다고 생각했다.[5] 이 때 알도 로시가 바라본 도시는 근대 건축가들이 유토피아적인 사회 이념을 실현하기 위한 대상으로 바라보았던 도시가 아니다. 로시에게 있어서 도시는 건축의 자율적 요소를 끄집어내는 대상일 뿐이다. 르 꼬르뷔제(Le Corbusier)의 〈파리 계획안(Plan Vision for Paris, 1925)〉에서도 볼 수 있듯이, 근대 건축가들에게 도시는 현실을 타개할 환상적 대안이었다. 그러나 그들이 유토피아로 도시를 계획하면 할수록 근대의 도시는 획일화된 거대

산업 도시로서 디스토피아가 뒤섞인 채 변질되어 갔다. 그들에게 이상적 도시, 즉 환상은 가까이 갈수록 한 걸음씩 뒤로 멀어지고 오히려 현실 속에서 그들이 꿈꾸던 환상은 오염되어 갔다.

이러한 시대적 추이 속에서 알도 로시는 아예 처음부터 도시에 대한 추상적 환상을 배제한 채, 도시를 건축 유형을 추출해 내고 건축 행위를 구체적으로 규정짓는 잠재론적인 규칙의 장으로 바라보았다. 그의 책 『도시의 건축(*Architecture of the City*)』에는 그의 이러한 생각이 잘 드러나 있다. 그는 도시를 각각의 기억과 같은 여러 단편으로 이루어진 직물로 간주하며 형태의 보편적 이미지를 담은 집합체라고 보았다. 로시는 유추적 도시 속에서 건축적 유형을 찾아내어 역사적 장소의 재현과 재생을 건축을 통해 시도한다.

[그림 2-4] Aldo Rossi, *Architecture of the City* & 스케치, 1979

'건축으로 이해되는 도시'[6]라는 그의 주장 속에서의

---

5) 정인하, 『현대건축과 비표상』, 아카넷, 2006, p.51

6) Aldo Rossi, *The Architecture of the City*, New York: The MIT Press, 1992, p.21

도시는 근대 건축가들이 보았듯이 환상적으로 구현되어야 할 대상 자체는 아니었다. 그에게 있어서 도시는 환상을 측출해내는 대상일 뿐이고, 오히려 그렇게 추출된 유형 속에서 구축된 건축이 환상적 대상이 된다. 그러나 유추된 도시의 유형인 건축은 도시 안에서 오히려 도시와 유리되어 이질적으로 존재하게 된다. 즉 도시를 닮은 건축은 도시를 닮지 않음으로 인해서 도시를 오염시킨다. 도시 안에서 동일한 문맥을 통해 생성된 환상적 대상이라는 공간의 의미는 오히려 공간적 차이를 만들어 내어 다시 기존의 도시라는 공간으로 환원될 수 없게 만든다. 이처럼 건축과 도시의 관계는 환상과 현실, 그리고 그 사이의 간극 속에서 서로를 비추며 전이시키고 오염시키는 내부적 균열의 관계가 된다.

데리다는 이와 같은 공간과 공간의 불가능성을 동시에 지시하는 용어로 '공간내기(spacing)'라는 개념을 사용한다. 공간내기란 공간 속에서 공간의 의미를 만들어 내는 동시에 공간을 열어젖히는 움직임을 의미한다.[7] 공간내기는 공간적 차이를 가능하게 하는 동시에, 그 차이가 다시 공간이라는 개념으로 환원될 수 없도록 한다. 공간 속에서 공간을 열어젖히는 공간내기는 공간이 지배하거나 길들일 수 없는 이타성(alterity)[8]이다.[9] 공간내기는 대상이 이미 공간 속에 들어와 있음을 보여 주고 항상 대상을 향하여 공간을 열어젖힌다. 결국 공간은 차이를 고정시키는 '구조'와 그 구조를 열어젖

---

7) Jaques Derrida, *Of Grammatology*, trans. Gayatri Spivak, Baltimore: The Johns Hopkins UP, 1997, p.69

8) 데리다가 사용하는 이타성(alterity)의 개념은 주체가 존재하기 위해 빚지고 있는 타자성을 지시하는 것으로, 예를 들어 예술 작품은 그 자체만으로는 현존할 수 없다. 작품은 항상 자신이 의미하는 것 이상을 포함하게 되고 이렇게 포함된 이타적 존재들은 수수께끼의 형태로 남아 작품의 완결성에 저항하게 된다. 이처럼 작품 내부로 다시 환원될 수 없는 불가능한 것, 또는 잉여적인 것들을 데리다는 이타적인 특성으로 설명하고 있다. 민승기, "해체론과 예술", 월간미술, http://www.wolganmisool.com/02wolgan/serv/200210/01_special/main07.php, 2007 - 11 - 30 참조

9) Jaques Derrida, *Positions*, trans. Alan Bass, Chicago: The University of Chicago Press, 1981, p.106

혀 다시 차이를 발생시키는 '힘'으로 분열되어 있다. 이때 '구조'는 '공간(space)'의 의미가 발생하는 구조주의적 논의에서의 특성이고, '힘'은 공간이 공간화될 수 없는 방식으로 나타나는 공간의 내부적 분열의 시간성에 초점을 둔 '공간내기(spacing)'로서의 특성이다. 데리다가 '우리 모두 공간을 갖자'[10]라고 했을 때의 공간은 공간 '속'에서 공간으로 환원될 수 없는 공간(non-space)이며 포켓처럼 내부에 존재하는 동시에 내부로 환원될 수 없는 외재성이다.

이처럼 환상은 공간내기의 작동처럼 간극-공간으로 인해 대상(현실)과 분리되는 동시에 분리되지 않는 불가능성을 가지고 있다. 이것이 바로 환상성의 두 번째 특성이다. 환상은 불가능한 것을 극화(劇化)한다. 환상은 말할 수 없는 것을 말하며, 비-의미를 의미화하며, 기표와 기의 간의 간극에 의해 절대 도달할 수 없는 의미화라는 불가능성을 상연하는 시나리오이다. 이러한 환상의 텅 빈 발화 방식으로 인해 환상은 실재가 아닌 오직 그것에 도달하려는 수단들과만 마주치게 한다. 결국 환상은 무(nothing)를 재현하며, 단지 그 자체의 고유한 밀도를 통해서만 무를 인식하게 만든다. 그런 까닭에 환상적 활동은 종종 텅 빈 기표들, 즉 순수한 기표들의 창조로 되돌아가게 된다. 환상적인 것의 '대상' 세계는 기호론적 과잉과 의미론적 공허의 세계이다. 환상적인 것은 크게 두 가지의 방향으로 비-의미화의 영역을 만들어 나간다. 하나는 '이름 없는 사물'을 명료화하여 보이지 않는 것을 시각화하는 것이고, 다른 하나는 '사물 없는 이름'의 놀이를 통해서 단어와 의미 간의 분열을 설정하는 방향이다.[11] 결국 환상적인 것에서 변

---

10) Jaques Derrida, *Glas*, trans. John P. Leavey, Jr. and Richard Rand, Lincoln: University of Nebraska Press, 1986, p.76

11) Rosie Jackson, *Fantasy: The Literature of Subversion*, 『환상성-전복의 문학』, 서강여성문학연구회 역, 문학동네, 2004, p.59

형에 의미를 부여하는 목적론적인 도식이란 존재하지
않는다.

건축 또한 건축이 담으려는 기능, 상징, 문화와 같은
외적 리얼리티가 공간적 통일성을 통해 조직되고 구성
된다는 사실로 인해 오히려 공간이라는 실재가 인공적
으로 구성되었다는 사실을 지워 버린다. 대개 건축을
통해 도달하려는 수단들과만 마주치게 될 뿐이다. 예를
들어, 조셉 팩스톤(Joseph Paxton)의 〈수정궁(The Crystal
Palace, 1851)〉은 산업혁명 시기의 기술과 시대정신의
조형적 등가물이었다. 골조와 유리로만 이루어진 이
건축물은 이후 등장하게 되는 산업시대 건축물의 프로
토타입을 보여 주었다. 수정궁은 일반적으로 시대의
표상이자 새로운 건축의 표준이라고 해석되는데, 이때

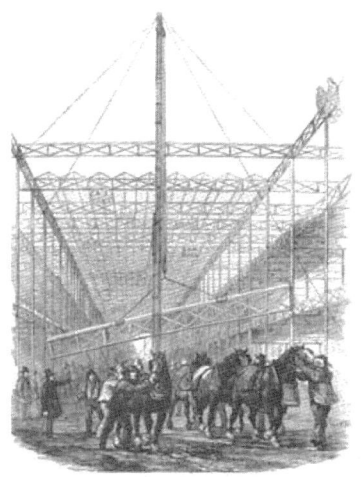

[그림 2-5] **Joseph Paxton, The Crystal Palace**

건축물 자체의 건축적인 의미보다는 시대성이라는 건축 외적 의미들이 더
욱 부각된다. 여기서 수정궁이라는 건축물은 단순히 인공적으로 구성된 물
적 대상이라는 의미를 넘어선 역사와 문화와 같은 상징적 기표들의 과잉이
된다. 결국 수정궁이라는 건물이 함의하고 있는 의미를 어디에 중점을 두
느냐에 따라 수정궁이라는 건축물은 각기 다르게 해석된다. 수정궁이라는
건축물 내부에는 이미 의미화할 수 없거나 건축 자체를 넘어서는 외부적인
것들이 들어와 있다. 이처럼 건축물이 담고 있는 시대적·문화적·상징적
리얼리티는 때로는 건축물 자체를 넘어서는 잉여적인 건축적 환상을 재현
하면서 건축의 내적 텍스트만으로는 설명할 수 없는 외부적인 요소들을 부
각시킨다. 그러나 이러한 건축 외부의 의미화 요소들은 고정되어 있지 않고
각각의 해석 조건에 따라 달라진다. 즉 건축-환상은 자신의 의미화 관습을
전경화(前景化)하여 재현할 뿐이다. '실재적인 것'에 대한 건축적 해석이라는

것은 단지 외적 리얼리티를 왜곡시키거나 변형시킬 수 있다는 상대성을 드러내게 될 뿐이다. 결국 무를 인식하게 하는 건축 고유의 밀도를 통해서 건축은 건축적 기표와 기의 간의 간극 사이에서 한정적인 의미 혹은 절대적인 의미의 '리얼리티'에 도달하는 것이 불가능함을 극화한다.

　건축적 무를 인식하게 만드는 기호론적 과잉과 의미론적 공허의 재현 방식은 근대의 모더니즘 공간 개념에서도 잘 드러난다. 모더니즘 공간은 자아 중심으로 철저히 내재화된, 그러면서 한편으로는 세계의 현실 공간을 구성적으로 지배함으로써 인과성과 역사성을 동시에 포괄하는 초월적12) 공간을 형성한다. 예를 들어 시간표와 같은 근대적 시간 규율 시스템과 공장·학교와 같은 분화된 공간 시스템의 사례에서 볼 수 있듯이, 근대의 시간과 공간은 사람들의 활동과 행위를 통제 가능한 것으로 만들기 위한 것이었다.13) 이러한 통제의 시공간 모듈은 사적 공간과 공적 공간의 구분을 만들고 한편으로는 개인의 내밀성으로, 다른 한편으로는 공공의 외부성으로 개개인의 시선과 위치를 분절시켰다. 특히 자본주의 사회체제에서 물질의 가속화된 이동과 변동으로 인해 공간은 압축되는데, 이때 공간의 밀도와 강도가 높아짐에 따라 공간에 대한 합리적인 관리와 지배는 곧 생산력의 발달 정도를 결정하는 핵심적인 요인이 된다. 결국 외부적으로 압축된 물질적 공간은 내부적으로는 자아 중심으로 압축되어 주관적 감정을 벗어난 초월론적 자아를 합리적으로 구성하게 만든다. 이처럼 모더니즘은 자아 중심의 내재화 방향과 물질 중심의 구성적 초월화의 방향, 즉 생산력 중심의 세계 지배라는 방향의 일치에서 그 정신을 형성하게 된다. 완전히 통일된

---

12) '초월(超越, transcendence)'이란 종교적 논의에서 주로 사용되며 경험이나 인식의 범위를 벗어나 그 바깥 또는 그 위에 위치하는 것을 의미한다. 여기에서 초월성이라는 개념은 내재성과 대비되는 개념으로, 종교적 논의보다는 주체의 내적 의지를 벗어나는 외부 리얼리티의 구성적인 외재적 특성을 나타내기 위해 사용하고 있다.

13) 이진경, 『근대적 시·공간의 탄생』, 푸른숲, 2002, p.296

기계적인 물질 공간의 탄생과 더불어 이와 철저히 짝을 이루면서 포섭하는 순전히 의식적인 정신 공간이 아울러 탄생한 것이다. 이와 같은 내재화와 초월화라는 모더니즘 공간의 두 원리는 근대 건축에서 안과 밖이라는 건축적 동일성의 탐구로 귀결된다. 근대 건축은 나부를 시각화하고 외부를 규정지으며 건축의 동일성이라는 '무'를 끊임없이 현존하려고 시도해 왔다. 언어라는 선행하는 구조 속에서 기호가 임의로 의미를 발생시키듯이, 근대 건축가들이 꿈꾸었던 '건축'이라는 기호 속의 건축은 고정되고 절대적인 리얼리티를 벗어나며 지속적으로 텅 빈 발화만 되풀이하였다. 이러한 텅 빈 발화는 건축적 징후를 드러내기도 한다.

예를 들어 인간이 건축 단위를 결정한다는 르 꼬르뷔제의 '모듈러(modulor)' 개념과 같이 인간중심으로 건축을 시각화하려 했던 근대건축의 건축적 꿈은 포스트모더니스트들에게 비인간적 건축으로 비판받게 되고, 건축에 절대적 진리가 존재한다고 믿었던 미스 반 데어 로에(Mies van der Rohe)의 '구조적 진실'에 대한 탐구는 건축에 작용하는 중력을 표현함으로써 건축 외부에 시선을 돌리게 했지만 결국 건축 외부의 표상 대신에 스스로를 지시하는 자율적 형식 체계로 건축을 인식해야 한다는 자각을 일깨웠다. 르 꼬르뷔제와 미스에게 모듈러와 구조는 주체에게 확고한 근거를 제공한다는 점에서 환상적 대상이다. 또한 이것들은 그들의 무의식 속에서 억눌려져 있던 것들 — 즉 근대라는 시대성을 해석하고 대안을 제시해야 한다는 강박적 무의식 — 을 스스로 내보이는 징후적 기표이기도 한 것이다.

결론적으로, 건축은 철저히 상징계의 부속물이면서 동시에 상징계의 매듭을 끊고 틈내기를 시도하면서 상징계를 오염시키는, 그리고 상징계의 '무'를 숨기는 이율배반적 대상a 자체이기도 하다. 대상a와 결핍된 주체와의 조우에서 환상은 시작된다. 상징 질서를 받아들이므로 대타자의 욕망을 욕망하게 되는 건축적 주체로 인해 건축/대상a는 건축적 환상을 만들어 낸다. 건축―

환상만이 근본적으로는 채울 수 없는 상징계의 빈 공간을 채우고 그 공허를 은폐하고 있다. 건축의 욕망구조는 건축/대상a의 환상적 작동구조에 다름 아니다. 또한 이러한 건축/대상a의 작동방식을 통해 확인하게 된 건축적 욕망구조의 불가능성은 근대건축의 사례에서 보이듯 무의식적 부정을 수반하게 되면서 징후로 연결되기도 한다.

2. 실내건축의 욕망구조

건축과 실내건축은 건축물이라는 동일한 토대위에서 함께 시작되지만, 실내건축은 특히 내부라는 공간에 한정되어 있음으로 인해서 건축과는 유사하면서도 차이가 있는 욕망 패턴들을 가지게 된다. 건축의 욕망구조가 구축 메커니즘 속에서 환상적 대상으로 건축을 인지하고 수용하는 과정 속에서 욕망을 표상하는 은유를 통해 주로 작동하고 있다면, 실내건축의 욕망구조는 다양한 인간의 행태를 담아야 하는 섬세한 실내공간의 특성상 인간 욕망을 충족 · 지연시키는 환유를 통해 주로 작동하고 있다.[14]

실내공간을 채우는 빛, 색채, 재질, 장식물과 같은 요소들은 건축이 제공하는 기본적인 욕구를 넘어선 욕망의 대상들이다. 원시시대 외부의 거친 환경 속에서 주거 건축물은 보호와 안식처라는 기본적인 욕구를 해결해 주는 대상이었다. 그러나 현대의 실내건축은 쉘터의 개념을 넘어선, 즉 욕구

---

14) 건축의 욕망의 수사를 주로 은유로, 실내건축을 환유로 보는 까닭은 일반적으로 건축은 건축물 자체로 외부의 리얼리티(문화 · 역사 · 사회 등)와 같은 다른 것을 지시하려는 상징적 추상성이 강한 반면에, 실내건축은 건축 내부에 속하는 다양한 인접한 것들(공간구성 · 가구 · 색채 · 마감재료 등)로 공간을 채우려는 구상성이 강하게 보이기 때문이다. 그렇다고 건축에 환유가 실내건축에 은유의 수사가 사용되지 않는 것은 아니지만 각 대상의 특수성으로 인해 조금 더 강하게 표현되는 수사가 있다고 판단된다.

이상의 무엇을 요구하고 있다. 건축이 제공하는 것만으로는 충족되지 못하고 남아 있는 욕망으로 인해 다양한 실내공간들이 요구되어 왔고, 그 요구에 따라 디자인되어 왔다. 물론 건축 또한 주거, 공공시설, 상업시설과 같은 용도라는 기본적인 건축적 욕구 이외의 것들, 즉 도시와의 맥락이나 시대와 문화에 대한 이해와 같은 다양한 요구 속에서 욕망의 대상이 되어 왔다. 그러나 건축과 비교해 볼 때 실내건축에서는 훨씬 섬세한 것들이 요구된다. 또한 사용과 용도에 따른 기능을 넘어선, 미적 감수성과 같은 건축적 욕구 이상이 요구되기도 한다. 그러나 이러한 근원적인 공간적 요구는 항상 달성되지 못하고 찌꺼기를 남기게 된다. 이것이 실내건축에서 발생하는 욕망이고, 그러한 욕망을 충족시키기 위해서 디자이너들은 자신의 공간적 환상을 환상적 공간으로 구체화시킨다. 또한 그 공간을 사용하는 수용자들은 환상적 공간을 자신의 환상으로 치환하여 공간을 전용한다. 공간 내에서 환상이 작동하지 않을 때, 즉 환상이라는 스크린이 벗겨지거나 사라질 때, 주체는 공간을 통해 투영하려 했던 주체 자신의 욕망의 실체를 보게 된다. 달성되지 못하고 항상 지연된 채 남아 있는 공간적 욕망의 형체 속에서 언제나 건축이나 실내건축은 디자인이라는 행위를 통해 아름다운 유혹, 그러나 잡히지 않는 미끼인 대상a로서 존재하고 있다.

이와 같은 실내건축의 욕망 특성을 보다 구체적으로 이해하기 위해서는 실내건축에서 생성되는 욕망을 유형별로 살펴볼 필요성이 제기된다. 건축물이라는 동일한 토대 위에서 건축과 실내건축이 함께 시작되지만, 실내건축은 내부라는 공간에 한정됨으로 인해 건축과는 유사하면서도 차이가 있는 욕망 패턴들을 가지게 된다. 구체적인 실내건축의 욕망유형은 '요구-욕구=욕망'이라는 라캉의 욕망 도식에 근거해서 도출될 수 있다. 실내건축에서 주로 다루게 되는 영역을 실내건축을 구성하거나 표현하는 요소들인 공간, 시간, 상징, 미라는 4가지 범주로 구분하여, 각각의 실내건축적 요구와 욕구를 규명하고, 요구에서 욕구를 빼고도 남는 부분을 실내건축의 욕망으로 규정할 것이다. 4가지 범주에 따르면 실내건축은 내밀해질 것, 의식적인 시간을 담는 공간이 될 것, 공간을 통해 욕망을 표상할 수 있어야 할 것, 그리고 미적인 것들을 표현해야 할 것과 같은 욕망적 특수성을 가지게 된다. 이에 따라 실내건축의 욕망유형을 내밀성(內密性, intimacy)·시간성(時間性, the consciousness of time)·상징적 표상(symbolic representation)·미적 표현(aesthetic expression)으로 분류할 수 있다. 실내건축의 욕망유형 도출을 위한 도식은 아래의 [표 2-1]과 같다.

[표 2-1] 실내건축의 욕망유형 도출 도식 (요구-욕구=욕망)

분류	요구	욕구	욕망
공간적 측면	기능 + a	기능을 담는 내부 공간	a=내밀성
시간적 측면	시간 + a	시간을 의식하는 물적 공간	a=시간성
상징적 측면	의미 + a	의미를 표상하는 상징 공간	a=상징적 표상
미적 측면	미 + a	미를 표현하는 미적 공간	a=미적 표현

내밀성

실내건축의 공간적 측면에서의 요구는 기능을 담는 내부 공간에 대한 욕구에서 시작된다. 그러나 단순히 기능이 해결되었다고 해서 공간적 요구가 충족되지는 않는다. 그렇다면 내부라는 공간적 기능의 충족 이후에도 요구하는 것, 그것이 바로 실내건축에서 발생하는 내밀함에 대한 욕망이다. 실내건축을 규정하는 첫 번째 요소인 실외와 실내라는 경계의 문제에서 내부를 향한 욕망인 내밀함의 욕망은 시작된다. 인간은 원초적 내부인 자궁에서부터 공간의 내밀함에 대한 욕구를 가지고 태어나고, 자궁 밖에서조차 그 내밀함을 욕망하며 인위적으로라도 내부를 형성하려고 끊임없이 시도하게 된다. 내부와 외부는 경계 지음 이전에는 동일한 속성을 가진 동질공간이었지만 경계가 형성됨으로 인해 서로 다른 이질적인 대상들로 분리되고, 이때 내부와 외부는 공간적 차이를 가지게 된다.

내밀성(intimacy)이란 드러나지 않는 것, 자신만의 고유한 것, 따라서 자신의 내면에 속한 것이다.[15] 실내건축은 건축의 내면에 속한 것으로, 속성상 공간적인 내밀성을 가진다. 내밀함을 기준으로 공간을 구분할 때 — 특히 안과 밖이라는 경계를 중심으로 공간을 분류할 때 — 도시의 내부로서의 건축, 건축의 내부로서의 실내건축, 실내의 내부로서의 자아에 이르기까지 내밀성은 항상 근접해 있는 공간과의 관계에서 발생하는 상대적인 공간 개념이다. 이러한 상대적 속성 속에서 인간이 지속적으로 공간의 내밀함을 지향하게 되는 이유는 외부 공간의 낯선 두려움으로부터 내부 공간을 형성함으로써 공간을 전유(appropriation)하여 안정감을 취하려는 욕망 때문이다. 이러한 인간의 심리적 현상을 환경심리학에서는 '영역보존'의 개념으로 설명하고 있다. "영역은 한 명 또는 더 많은 개인들에 의해 통제되거나 소유되는 장소이다."[16] 또한 카스텐 해리스(Kastern Harris)에 따르면, "건축은 공간을 길들이는 것이며 공간(space)으로부터 살 만한 장소(place)를 만드는 것"이라 한다.[17] 이처럼 인간은 공간을 구축하는 행위, 즉 공간을 전유·지배하는 행위를 통해 심리적·환경적·공간적 안정감을 구축한다. '공간'에서 '장소'로의 전환, 즉 건축 행위란 공간을 전유하고 지배하여 사회적·물리적 공간을 개인적·심리적 영역으로 전환하려는 일련의 공간 실천인 것이다.

궁극적으로 인간이 행하는 일련의 공간 실천은 상대적 공간들 사이에서

---

15) 이진경, 『근대적 주거공간의 탄생』, 소명출판, 2000, p.231

16) J. D. Fisher, P. A. Bell & A. Baum, *Environmental Psychology*, 『환경심리학』, 차재호 감수/ 이진환·홍기원·정영숙 공역, 학지사, 1997, pp.280~281

17) Kastern Harries, "Building and the terror of time", *Perspecta: the Yale Architectural Journal 19*, 1982, pp.59~69

발생하는 마찰을 최소화하려는 노력이다. 예를 들어, 인간은 지속적으로 새로운 영토 ― 그것이 우주와 같은 미지의 영역일지라도 ― 를 정복하고, 지도를 제작하고, 행정적 공간을 구획하는 등의 공간적 실천을 통해서 이질적인 공간 사이에 발생하는 마찰을 최소화하고 인공적 동질화를 시도한다. 즉 인간은 외부라는 인지 밖의 영역과 내부라는 인지 내의 영역 사이에서 벌어지는 충돌과 괴리감을 최소화하여 외부를 내부화하려는 공간 실천을 끊임없이 되풀이한다. 인문지리학자인 데이비드 하비(David Harvey)는 『포스트모더니티의 조건』에서 이와 같은 거리 마찰이라는 작용이 공간의 지배와 전유를 이해하는 데 중요한 역할을 한다고 주장하였다.[18] 하비가 이야기하는 '거리 마찰'이 최소노력의 원리와 재화적 속성, 즉 거리를 극복하는 데 소요되는 시간이나 비용의 문제로부터 제시된 것이기는 하지만, 이와 같은 개념은 외부 공간의 이질감을 최소한의 노력으로 내부화하려는 인간 욕망의 속성, 즉 시공간을 압축하여 내밀한 영역으로 귀속시키려는 욕망을 표현한 것으로 볼 수도 있다.

하비는 시공간의 압축을 통한 내밀화를 크게 두 가지 경향으로 분류하고 있다. 하나는 철학적·사회적 사유에서 콜라주하는 방식으로, 분절화·분산을 강조하고 이를 다시 유연적 축적을 통해 시공간을 압축하는 경향이다. 이는 모든 상이한 가능성들을 활용하고 일련의 모든 시뮬라크르를 도피, 환상, 기분전환의 환경으로 개발하는 경향이다.

> 우리 주변 어디에나, 즉 광고게시판, 서가, 레코드 표지, 텔레비전 화면에 이러한 축소형 도피 환상이 나타난다. 이것이 (또 다른 리얼리티를 향한 도피 경로를 약

---

18) David Harvey, *The condition of postmodernism*, 『포스트모더니티의 조건』, 구동회·박영민 역, 한울, 2000, pp. 261~263. 데이비드 하비는 '거리는 인간 상호작용에 대한 장벽인 동시에 보호막'이라고 정의하면서, '거리의 마찰'을 통해서 공간적 실천을 설명하고 있다. 하비는 공간적 실천을 '접근성과 거리화(accessibility and distanciation)', '공간의 전유(appropriation of space)', '공간의 지배(domination of space)', '공간의 생산(production of space)'의 네 차원으로 구분하고 있다.

속받게 됨에 따라 사사로운 삶이 방해받는 분열된 존재로서) 우리가 살아가야
하는 방식인 듯하다.[19]

    다른 하나는 위의 경향과는 정반대의 경향이다. 즉 개인이나 집단이 정체
성을 찾고자 하는 것, 또는 부유하는 세계에서 안정적인 정박지를 찾고자 하
는 것으로 요약된다. 이를 하비는 중첩된 공간적 이미지들의 콜라주 속에서
구축되는 '장소정체성(place – identity)'이라고 명명한다. 인간은 누구든지 개
인화된 공간 ― 신체, 방, 가정, 유형의 공동체, 국가 등 ― 을 점유하고 있고,
스스로를 개인화하는 방식을 통해 정체성을 형성하기 때문이다.[20]

    이와 같이 시공간을 내밀한 영역으로 흡수하여 개인화하려는 욕망의 경
향은 근대의 주거 공간 개념에서 프라이버시(privacy)와 공공성(publicity)의
개념을 통해 강화되어 왔다. 내밀성이 개인의 고유성과 프라이버시로, 은밀
한 사적 영역으로 간주되기 시작한 것은 19세기 이후의 일이다. 19세기 이
전까지 내밀성의 개념은 신(God)과의 관계에서 정의되는 것으로, 흔히 대체
되는 친밀성과도 거리가 먼 개념이었다. 이진경은 내밀성의 개념에서 나타
나는 이러한 변환이 개념적 유사성마저 바꾸는 새로운 욕망의 배치, 새로
운 관계에 따른 것이라고 보고 있다. 즉 19세기 가족주의로 귀착된 근대의
새로운 욕망의 배치를 통해 변환된 결과로 내밀성을 분석하고 있다.[21] 19
세기에 형성된 주거공간은 사생활의 욕망이 권리의 형태로 보장받을 수 있
는 절대적인 장이 되고, 사생활은 내밀성과 동일한 외연을 확보하게 된다.
모든 것이 드러나야 하는 공적인 세계와 대비되는 사적인 세계의 최소한을

19) Cohen & Taylor, Escape *attempts: the theory and practiece of resistance to everyday life*, Harmondsworth, 1978; H. McHale, *Postmodernist finction*, London, 1987, p.38; Ibid., p.352에서 재인용

20) Ibid., p.352

21) 이진경, op. cit., p.238

내밀성으로 정의하고 있다. 내밀성은 권리가 동시에 의무를 뜻하게 되는 근대적 자유주의의 원리와 유사하게, '드러내지 않을 권리'면서 동시에 '드러내선 안 되는 의무'를 뜻하는 것이기도 했다.[22)]

이와 같은 내부와 외부에 대한 구분은 근대인이 가지는 내부와 외부 사이의 분열을 의미한다. 즉 '행동하는 나'와 '생각하는 나' 사이, 친밀성과 사회적 존재 사이의 분열을 의미한다. 내부는 문화의 언어, 경험의 언어를 말하고, 외부는 문명화의 언어, 정보의 언어를 말한다. 그러나 내부공간이 프라이버시를 보장할 수 있다는 내밀함의 환상은 이미 공간의 내부적 분열을 통해서 더 이상 내밀하지 않게 되었다. 아돌프 로스(Adolf Loos)의 주택들은 내부와 외부를 엄격하게 구분하여 근대적 내부와 외부의 분열을 강제했지만,[23)] 그의 공간들은 내부에서 내밀한 시선의 통제를 통해 다시 분열되었다.

로스의 몰러 주택(Moller House)에서의 박스석은 방문객(침입자)을 감시하는 공간인 동시에 또 다른 응시의 대상이 되는 공간이다. 대상과 주체는 서로 자리를 바꾸고, 건축은 단지 보는 주체를 수용하기 위한 플랫폼이 아니라 주체를 생산하는 시각 메커니즘으로, 거주자에 앞서서 거주자를 프레임 짓는다.[24)] 꼴로미냐는 내부 공간에서

[그림 2-6] Adolf Loos, Moller House 박스석

---

22) Murard, L. & P. Zylberman, *Le Petit Travilleur infatigable: Villes −usines, habita et intimitésau 19e siècle*, Recherches(2e édition), 1976, p.247

23) 로스는 "주택은 외관으로는 아무것도 말할 필요가 없다. 대신 집의 모든 풍요로움은 그 실내에서 명확해져야 한다."고 하며 내부와 외부를 엄격하게 구분했다. Adolf Loos, "Heimat Kunst" in *Sämliche Schrifen, vol 1*, 1914, p.339; Beatriz Colomina, *Privacy and Publicity*, 『프라이버시와 공공성: 대중매체로서의 근대건축』, 박훈태 · 송영일 역, 문화과학사, 1999, p.287에서 재인용

24) Ibid., p.264

안락함은 두 가지의 대립되는 조건인 내밀함과 통제에 의해 생산된다고 보았다.

이처럼 건축의 가장 내밀한 영역에서도 내길성은 보장받지 못하고 균열된다. 프라이버시와 공공성은 더 이상 물리적 경계로 장소에 고정되어 있지 않다. 이에 현대의 프라이버시 개념은 더 이상 내부 공간 자체를 통해서 확보되지 않고, 외부의 내부화를 통해서 획득된다. 프라이버시가 내부화를 통해 사적인 영역이 된 외부라고 가정한다면, 공공성은 프라이버시화한 모든 것이 외부로 표출되고, 그것을 반영한 것이다. 이것이 꼴로미냐가 근대 건축에서 읽어 냈던 대중매체 시대의 건축적 특성인 것이다. 외부공간의 내부화는 깊이가 파괴되고 외부 환경과 내부의 거리를 줄임으로써 최대화가 된다. 이러한 경계면에서 내부와 외부는 적극적으로 접촉하여 마찰을 일으키며, 상황에 따라 변화 가능한 프라이버시와 공공성을 획득하게 된다.

결국 건축의 내부공간을 통한 내밀함의 추구라는 인간의 원초적 욕망은 시공간의 압축을 통해서 건축 내부로 밀착해 들어오지만, 내밀할 것이라는 환상, 경계의 안과 밖이 확실하게 구분될 것이라는 절대성의 환상은 내부의 균열된 틈으로 인해 분열된다. 중요한 것은 두 영역 사이의 경계조절 과정이다. 지각되는 가시적 공간과 인식되는 비가시적 공간들 사이에서 자아는 끊임없는 공간적 투사와 반영의 피드백을 통해 경계가 조절되는 유연한 내부를 형성하게 된다. 주체는 분열된 존재로 공간 속에서 도피와 환상의 가능성을 탐색하거나, 때로는 안정적인 정박지를 구축하려는 이중적인 성향을 가진다. 결과적으로 현대의 공간들이 가지고 있는 내밀함기 균열됨에 따라 그 균열의 틈을 지속적으로 메워야 할지라도, 인간은 실내건축이 제공할 것으로 기대되는 내밀함의 환상을 버리지 못하고 끝없이 반복적으로 내부공간을 형성하게 될 것이다.

시간성

　실내건축은 공간적 속성 외에도 시간적 속성을 함께 가지고 있다. 공간의 구축은 시간의 구축을 담보로 한다. 이와 같은 시간의 담보는 실내건축이라는 물적 공간에 의식적인 시간성을 요구하고 있다. 물적 공간은 시간적 한계를 극복하고자 영속성이나 찰나성을 욕망하게 된다. 영속성이 영원히 지속될 수 없는 건축물의 내구적 속성을 부정하는 유형의 욕망이라면, 찰나성은 고정되어 있는 건축물의 공간적 속성을 부정하는 유형의 욕망이다. 이처럼 건축물은 의식적인 시간을 요구받고, 그 의식적인 시간들을 담보하지 못함으로써 남게 되는 시간적 속성을 지속적으로 욕망하게 된다. 특히 영원한 삶을 영유하고자 하는 인간의 욕망은 가장 원초적인 욕망 중 하나이다. 그러나 인간의 삶은 유한하여 시간성에 대한 인간의 욕망은 채워지지 못하고 지연된다. 인간의 욕망이 채워지지 못하고 끊임없이 지연된다는 것은 어찌 보면 인간이 도달할 수 없는 것을 욕망한다는 의미와 같다. 그와 같은 측면에서 볼 때 시간성에 대한 욕망유형은 실내건축에서 또한 채워지지 못하고 끝없이 지연되는 대표적인 유형인 것이다.

　건축적으로 볼 때, 시간성은 건축이 구축되는 가장 근원적인 이유 중 하나였다. 바벨탑, 피라미드, 고딕 성당, 뉴턴 기념관, 그리고 현대적인 고층빌딩에 이르기까지 인간의 건축은 간결한 추상적 형상을 통해 영원한 시간을 상징하는 기념비적인 공간을 구축해 왔다. 실내건축에서도 이러한 사례들이 있다. 고딕 성당의 내부는 강한 수직축을 통해 종교적 영속을 약속했고, 미스의 〈벽돌 전원주택 계획안(Brick Country House Project, 1923년)〉에서 보이는 끝없이 연장된 수평선은 근대건축이 열망한 비대상성, 즉 물적인 요소를 통해 물리적인 공허를 만들어 내려는 욕망의 표현이었다. 실재하는 것보다 우선적으로 인지되는 실재하지 않는 공간을 구축하고자 하는 건축가들의 꿈은 결국 실재하지 않기에 영원해져 버리는 공간에 대한 열망에 다름 아니다.

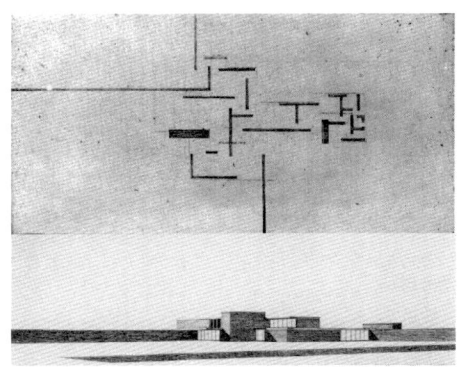

[그림 2-7] Mies van der Rohe, Brick Country House Project, unbuild

그러나 찰나적 사건이나 이미지들이 현실을 가득 채우고 있어서 경험하지 않아도 경험하게 되는 스펙터클한 삶을 살아가고 있는 현대인들에게는[25] 영원이나 지속 가능성보다는 찰나가 더욱 익숙하다. 대부분의 현대 디자이너들은 건축물이나 실내공간이 영구적이길 원하기보다는 현대의 시뮬라크르적인 이미지들을 담아내길 원한다. 폴 비릴리오(Paul Virilio)는 오늘날 건축가의 당면한 문제는 질량(mass)과 에너지, 그리고 정보를 포함하고 있는 새로운 차원으로서 유동적인 물질을 함께 다루는 것이라고 지적했다. 그는 소설가 귀스타브 플로베르(Gustave Flaubert)의 문장을 인용한다. "이미지는 그 이미지의 실제 대상보다 더 중요하다"[26] 이처럼 오늘날 공간 디자인은 영속성보다는 시뮬라크르와 같은 이미지 또는 찰나적 사건에 더욱 집중하고 있다. 그러나 한편으로 '시뮬라크르'와 '숭고'가 현대미학의 동전의 양면과 같은 속성을 보여 주듯, 현대 실내공간에서의 '찰나'와 '영속'이라는 속성 또한 상호 간에 분리되지 않는 유기적 특성을 띠기도 한다.

컴퓨터가 만들어 낸 사이버스페이스는 현실공간과는 비교가 되지 않을 정도로 찰나적이고 가상적이다. 일반적으로 사이버스페이스는 현실세계의 가상적 재현이라는 실재와 재현의 이원론적인 전통에서 존재한다. 그러나 사이

---

25) Guy Debord, *Society of the Spectacle*, 『스펙터클의 사회』, 이경숙 역, 현실문화연구, 1996. 기 드보르는 현대사회를 직접 경험하지 않아도 전문화된 다양한 매개체들에 의존해서 바라보는 것만으로도 경험하는 것으로 느끼게 만드는 스펙터클의 사회로 보았다.

26) Paul Virilio, "Architecutre in the Age of Its Virtual Disappearance", *The Virtual Dimension*, ed. John Beckmannes, Princeton Architectural Press, 1998, p.180

버스페이스는 현실공간과는 별개의 존재론적 가치 또한 함의하고 있다. 사이버스페이스는 가상적 잠재력(virtuality)[27]의 공간으로 존재한다. 사이버스페이스의 비물질적이고 일시적인 가상성은 오히려 현실의 잠재력을 실현하는 공간으로서의 가능성을 부여한다. 사이버스페이스에서 시공간은 찰나적인 동시에 지속적이다. 사이버스페이스의 구조적 특성인 하이퍼텍스트의 비선형적이고 무경계적이며 상호작용적이며 다매체적인 특성 속에서 시공간은 일시적으로 존재하는 동시에 어디서든 언제나 존재할 수 있게 되었다. 특히 사이버스페이스의 시공간적 특성을 다양한 방식으로 실험하고 있는 디지털 건축가들은 사이버스페이스가 가진 다중적인 시간과 공간의 특성을 중첩·왜곡시켜 유동적(liquidizing)인 건축을 선보이고 있다. 아날로그 공간에서의 시간의 흐름은 일정한 방향으로 수렴된다. 그러나 디지털 공간에서 시간의 흐름은 다각적으로 진행된다. 아날로그적 시간의 흐름은 분절되고 복합되고 반복되고 변형됨으로써 디지털적 공간 속을 부유하게 된다. 사이버스페이스에서 시간은 일정했던 흐름이 분절됨에 따라 찰나적 속성이 강해지는가 하면, 다른 한편으로 파편적 찰나가 변형적으로 반복되어 재구성됨에 따라 영속적 속성 또한 발생하게 된다. 링크를 통해 무한히 연결되는 노드는 찰나와 영속이라는 이질적 시공개념을 통일된 속성으로 인지하게 만든다. 또한 원본과 복사본이 구별되지 않는 '복제'의 무한성 또한 사이버스페이스의 시공간을 지속시키는 원동력이 된다. 기계복제시대 이전 예술작품의 일회성 또는

---

27) '버추얼리티(virtuality)'이라는 단어는 철학에서는 주로 '가상성'보다는 '잠재성'으로 해석되는데, '가능성(possibility)'과는 구분된다. 잠재성은 현실적인(actual) 존재는 아니지만, 엄연히 잠재(潛在)해 있는 존재이다. 그 점에서 실재한다(real). 가능성의 외연은 훨씬 넓다. 가능성은 인간이 상상 가능한 모든 것이다. 그러나 인간의 마음/뇌는 세계에 객관적으로 존재하고, 그런 의미에서라면 인간이 상상하는 것들도 객관적으로 존재한다. 이 점에서 가능성이란 인간─주관의 잠재성이다. 가능한 것들은 인간의 노력 여하에 따라 실재화된다(realize). 잠재적인 것들은 실재적인 것들이며, 발견되거나 자연발생적으로 현실화된다. 가능한 것들은 실재하지 않는 것들이며, 인간의 노력 여하에 따라 어떤 부분들이 실재화된다. 이정우, "철학이란 무엇인가", 2003 겨울 철학아카데미 강의록

진정성(aura)에 대한 논란은 일찍이 발터 벤야민(Walter Benjamin)의 진단 속에서 종지부가 지어졌다.[28] 사이버스페이스는 진정성의 논란을 무위시키는 새로운 시공간으로서 변종적인 시간성을 획득하게 된 것이다.

이렇듯 공간 속에서 시간적 초월을 꿈꾸던 영속적 욕망은 과거의 건축적 속성만으로 귀착되지 않고, 현대에 들어서서도 사이버스페이스와 같은 가상적 공간을 중심으로 변이적인 성격을 가지며 추구되고 있음을 확인할 수 있다. 결론적으로 현대 실내건축에서 시간성은 영속과 찰나라는 대립항이 혼재됨으로 인해 시공간의 이분법적 구분이 모호해지는 경향을 보이고 있다. 이와 같은 물질 공간의 찰나적 특성이나 비물질 공간의 영속적 특성과 같은 시공 개념의 혼재는 실내건축의 물적 속성 자체를 모호하게 지각하거나 인지하게 만들려는 공간 표현으로 표출되기도 한다. 결국 실내건축에서 시간성에 대한 욕망유형은 실내건축이라는 존재 – 가치론적 기반을 스스로 부정하거나 모순되게 설정하도록 작동하는 기제로 작용하그 있음을 확인할 수 있다.

상징적 표상

언어에서 기표들의 연속이 어떤 의미를 생산해 내듯이, 실내건축에서도 형태라는 기표들의 연속은 일정한 의미를 표상한다. 실내건축은 의미를 표상하는 상징적 측면을 가지고 있다. 그러나 이와 같은 실내건축적 요구는 상징적 공간에서조차 의미를 고정시킬 수 없다는 점에서 결국 충족되지 못하고 끊임없이 무엇인가를 표상하고자 하는 욕망의 찌꺼기를 남긴다. 실내

---

28) Walter Benjamin, 『발터 벤야민의 문예이론』, 반성완 편역, 민음사, 1983. 벤야민은 "기계복제시대의 예술작품"이라는 소논문에서 영화와 같은 복제과정의 새로운 가능성 속에 배태되어 있는 예술의 질적 변화를 대중들이 어떻게 변화시키고 있는가를 투시적으로 고찰한 바 있다. 벤야민에게 예술은 자기에게 주어진 시대 속에서 갖는 진정성과 사회적 기능의 변화 사이에 조응하는 것이었다. 벤야민은 영화와 같은 복제시대의 예술에서 예술의 진정성 논의는 더 이상 유효할 수 없다고 지적하고 있다.

건축의 의미작용에서 미끄러지지 않고 은유와 환유의 작용을 통해 고정점을 획득하려는 욕망이 바로 표상적 유형이다.

철학이나 예술에서 '표상(representation)'[29]의 문제는 다양한 의미론적 중층성을 가진 문제이다. 인간은 표상활동을 하는 존재로서 세계를 자기 앞의 그림으로 세우면서 스스로 세계의 근거가 되었다. 인간은 수많은 다양한 존재자(多者)를 '자기'라는 하나의 지평(一者) 위에 세울 수 있는 존재이다.[30] 이처럼 인간은 표상을 통해 타자라는 존재자의 차이들을 자아의 동일성으로 귀속시키려는 욕망을 가진 존재이다. 결국 무엇인가를 표상한다는 것은 무엇인가를 자기 동일화(identification)한다는 의미와 같다. 실내건축에서도 무엇인가를 표상해 내려는 특성은 실내건축의 중요한 욕망표현 방식 중 하나이고, 표상하려는 대상과 표상하는 방식에 대한 이해는 실내건축의 정체성(identity)을 밝히는 데 중요한 단서를 제공하고 있다.

특히 건축가들의 공간 표상 과정은 가장 기본적인 설계 작업의 진행 프로세스로, 표상은 건축적 공간을 창조하는 직접적인 방법론과 깊은 연관을 가지고 있다. 미스 반 데어 로에의 재료 물성, 르 꼬르뷔제의 모듈, 까를로 스까르빠(Carlo Scarpa)의 디테일, 루이스 칸(Louis Kahn)의 빛, 피터 아이젠만의 다이어그램, 렘 콜하스(Rem Koolhaas)의 거대성 개념 등에서 볼 수 있듯이, 건축가나 디자이너들에게는 건축 공간을 통해서 표상하고자 하는 대상들과 그 구체적 방법론이 존재한다. 이때 표상하고자 하는 대상이 바로 디자이너 개개인의 공간적 환상이다. 그 대상은 때로는 물질적인 재료이기

---

29) 표상(表象)이라는 단어는 영어의 'representation', 프랑스어의 'réprésentation', 그리고 독일어의 'vorstellen'을 번역한 것으로, 현재 '표상' 외에도 '재현(再現)'으로도 번역되어 사용되고 있다. 주로 '표상'은 인식론이나 철학적 논의에서 사용되고 있고, '재현'은 예술이나 문화이론 등에서 사용되고 있다. 본문에서 굳이 표상이라는 단어를 선택하여 사용한 이유는 철학적 논의에 조금 더 연관성을 부여하기 위해서이다.

30) 서동욱, 『차이와 타자』, 문학과 지성사, 2003, p.9

도 하고, 때로는 비물질적이거나 추상적인 형식 또는 개념이기도 하다. 이와 같은 표상대상들을 통해서 확인할 수 있는 것은 건축가들이 자신의 표상대상을 통해 일종의 건축적 이데아를 꿈꾸고 있다는 점이다. 각기 대상과 방식은 다르지만 그들은 각자의 관점에서 건축이 가지고 있는 기본 원리를 설정하고 그것을 건축물이라는 공간을 통해서 표현하고 있다. 그러나 건축가들이 설정한 건축적 이데아는 욕망이란 것이 충족되지 못하고 늘 지연되듯이 달성되지 못한다. 그 이유는 그들이 건축을 통해 표상할 수 있으리라 욕망한 건축적 이데아의 환상은 발신자와 수신자의 불일치, 기표와 기의의 미끄러짐처럼 공간 수용자들 ― 사람, 시대, 문화, 자본 등을 포괄하는 개념 ― 에 의해 디자이너의 발신 의지와는 차이를 지닌 변종적 수신 의미로 재현됨으로 인해서 깨어지기 때문이다. 그럼에도 불구하고 디자이너들은 마치 충족될 수 없는 욕망을 위해 환상 시나리오를 계속 수정하여 작성하듯이, 끊임없이 디자인을 통한 커뮤니케이션을 시도한다.

현대에 들어서서 이와 같이 불일치되고 동일화되지 못하는 표상 개념의 문제점들을 지적하는 움직임이 철학이나 예술, 그리고 건축 분야 등에서 제기되고 있다. 일명 '비 ― 표상(non ― representation)' 개념인데, 비표상은 문자 그대로 표상하지 않거나 재현하지 않는다는 것을 의미한다. 표상은 그동안 서구의 근대문명에서 인간중심주의, 즉 '코기토'로 대표되는 동일성 개념이었다. 인간은 자신을 중심으로 세계를 브편적으로 인식 가능하다고 보았고, 이러한 동일성에 바탕을 둔 주체 개념은 서구 근대문명을 관통하는 인식 체계였다. 주체와 동일성, 그리고 표상은 근대성(modernity)의 핵심 개념이다. 그러나 근대를 규정지었던 거대담론들이 붕괴된 이후, 후기 구조주의 철학을 중심으로 주체와 표상 개념을 폐기하게 되는데, 그들이 표상 개념에 문제를 제기하는 부분은 크게 세 가지이다. 우선 표상은 눈앞의 현실에서 펼쳐지는 무수한 차이들을 동일성에 종속시키는 주체의 의식 활동이라는 점이다. 질 들뢰즈(Gilles Deleuze)는 표상이란 현실 속에서 잡다하게 나타나는 것들을 거머쥐어서 동일한 하나의 지평에 귀속시키는 의식 활동이라고 보았다.[31] 두 번째로, 표상으로 대표되는 근대 사유 체계는 늘 주어진 문제를 해결하는 프로젝트로 이해되었다는 점이다. 이와 같은 결정론적 사고는 끝이 닫혀진 체계로, 목표와 일치하지 않는 다양한 차이들의 잠재성이 제한되거나 무시된다. 세 번째로, 표상은 늘 지금의 현존하는 의식, 즉 현전(presence)을 중심으로 이루어진다. 레비나스(E. Levinas)는 현재라는 지향성이 재현활동을 숨기며, 그럼으로 '타자'를 현전으로, 현전에 귀속된 것으로 만든다고 하였다.[32] 이처럼 표상적 사유는 지향적 대상화와 일치되어야 하는 현재적 시간화의 과정이 내포되는 시간적 특성을 지님으로써, 의식의 동일성을 확보하고 이렇게 확보된 동일성을 통해 현실을 구축하는 결정론적인 모델로 자리 잡게 된다.

표상이 동일성을 바탕으로 구축된 것이라면, 비표상은 세계의 표상 가능성을 부정한 상태에서 차이가 동일성에 포섭되지 않는 생성적 차이의 가능성을 열어 놓는 개념이다. 이때 차이란 개념적 차이, 즉 동일성을 전제한 차이가 아니라 상위의 어떤 개념도 전제하지 않는 차이 자체이다. 비표상은 차이 자체의 반복(répétition)이다. 또한 비표상 개념의 핵심은 표상활동을 통해 타자가 나의 의식에 귀속되는 것이 아니라 오히려 타자의 '이타성(alterity)'과 대면할 때 우리의 주체성이 발생할 수 있다는 데 있다. 즉 타자와의 만남이 주체성의 성립에 선행한다. 이처럼 비표상적 사유에서 주로 모색되는 핵심적인 사항으로는 우선 표상될 수 없는 것으로부터의 자극을 통한 사유의 수동적 발생, 즉 '사유의 익명성' 문제와 세계란 처음부터 표상

---

31) Gilles Deleuze, *Différence et répétition*, 『차이와 반복』, 김상환 역, 민음사, 2004, p.79
32) E. Levinas, *Le temps et l'autre*, Paris: PUF, 1983, pp.8~9; 서동욱, op. cit., p.10에서 재인용

활동의 동일성에 종속될 수 없는 파편적 조각들의 모음일 수도 있다는 '동일성의 부재'의 문제가 있다.[33]

이와 같은 비표상 개념은 현대 건축가들의 작업에도 많은 영향을 미치고 있다. 서구에서 건축은 오랫동안 인간중심주의의 하위 분야로 간주되어 왔다. 르네상스 이후 모든 건축적 가치의 중심에는 인간이 위치했고, 오더(order), 비례, 파사드(facade), 그리드(grid), 투시도적 공간 배열, 구축성, 형상의 배경, 유형과 같은 건축이론들은 건축을 셸터로서, 그리고 제2의 자연으로서 표상하면서 만들어졌다. 건축의 동일성은 바로 이 지점에서 등장하였다. 그러나 비표상 건축을 주장하는 건축가들은 더 이상 인간, 자연, 기계처럼 건축 외부의 무엇인가를 표상하려 하지 않는다. 대신 계속해서 차이를 생성시킬 수 있는 다양한 방법들을 강구하고 있다.[34] 예를 들어 일부 건축가들에게 있어서 건축은 자율적 형식 체계로서 현실 속에서 스스로를 조직해 나가는 대상 - 주체이다. 이러한 건축 생성을 위해 건축가들은 아무런 근거나 바탕 없이 시작하는 새로운 설계 방식을 제안한다. 그리고 자기 지시성, 텍스트, 랜드스케이프, 주름, 기계, 다이어그램 등의 개념을 동원하여 건축의 자율적인 생성 원리를 효과적으로 드러내려 한다.[35] 그러나 이와 같은 접근방식 역시 건축의 '자율성'이라는 또 다른 존재론적 함의를 가진 건축적 이데아를 이미 표상하고 있다는 점에서 완전한 비표상적 접근으로 보기는 힘들다. 결국 모든 건축 행위는 접근하는 방법론상의 차이일 뿐 광의적 의미에서는 표상 활동, 즉 환상의 구축이다.

이처럼 비표상을 지향하지만 결국 또 다른 표상을 표상하게 되는 공간 디자인의 모순적 사례 중 하나로 살라와 라베(Serge Salat & Francoise

---

33) Ibid., p.18

34) 정인하, 『현대건축과 비표상』, 아카넷, 2006, p.12

35) Ibid., p.13

Labbé)가 디자인한 '윤회하는 입방체(Vanishing Cubes)'36)를 들 수 있다. 이 작품의 불어 원제는 '입방체의 변신(*Metamorphose de Cube*)'으로, 파리의 퐁피두센터와 밀라노 트리엔날레(*X VIII Milan Triennale*), 도쿄를 거쳐 1992년 서울 예술의 전당에서 전시되었던 작품이다. 이 작품은 프랙탈 기하학의 건축 공간적 표현으로, 르네상스 투시도적 재현 공간을 해체하고 들뢰즈의 '주름' 이론을 바탕으로 후기구조주의 사회의 새로운 예술적 패러다임인 '무한성과 복잡성'을 표현하려 했다. 이렇듯 비표상적 주제를 공간을 통해 표현하려 했던 디자이너들의 의도는 이 작품을 전시한 공간 계획에서부터 드러난다. 이 작품의 전시 공간에서 "관찰자의 위치는 시선과 주시되는 대상 사이의 관계가 점점 더 어지럽게 진행됨에 따라 끊임없이 중심으로부터 멀어지도록" 계획되었다.37) 이는 부분이 전체를 반복하고 있는 프랙탈의 자기 유사성 구조를 표현한 것이다. 그러나 아무리 공간 속에서 복잡한 형태를 만들어 낸다고 해도 프랙탈 기하학의 형태들은 엄격한 동일률의 반복으로 이루어지는 대칭적인 구조를 벗어날 수 없게 된다. 문제는 이러한 재귀적 반복구조로 인해 그들이 해체하려고 했던 르네상스식 투시도의 입방체적 그리드에서 결국은 벗어날 수 없다는 데 있다. 이 작품에서 '점증하는 차원과 복잡성을 띠는 공간 속으로', 즉 3차원을 넘어서는 공간 속으로 공간을 투사하는 장치인 거울은 많은 점을 시사한다. 작가들의 주장대로 윤회하는 입방체의 가상공간(virtual space)이 4차원을 투영하는 3차원 공간으로 긴장 상태 속에서 3차원과 4차원을 떠다니는 간(間, 사이) 차원성에 속한다고 할지라도, 살라와 라베가 만든 공간은 1, 2, 3차원에서 일어나는 유사 조작들로 미루어 짐작할 수 있는 가정된 공간일 뿐이다. 그들이 디자인

36) 봉일범, 『잠재성의 차원』, 시공사, 2005, pp.122~130 참조

37) Serge Salat & Francoise Labbé, *Vanishing Cubes*, 『윤회하는 입방체』, 정은미 역, Seoul Arts Center, 1992

한 공간은 결국 가상을 보여 주기 위해 동원된 일종의 표상 공간일 뿐이다. 마주 보는 거울 속에는 그것이 허상이든 잠재적인 것이든, 2차원이든 3차원이든, 공간은 존재하지 않는다. 그들이 거울을 통해 표현하려 했던 비표상적 개념들은 결국 거울 속으로 사라지고, 남아 있는 공간들은 여전히 물리적 공간의 속박에서 벗어나지 못한 표상 공간으로 존재할 뿐이다. 결국 거울 면에서 살라와 라베가 표현하고자 했던 비표상 공간은 신기루처럼 잡히지 않는 그들의 공간적 환상일 뿐이었다.

이처럼 표상 공간의 표상 불가능성과 비표상 공간의 표상성이라는 특성은 상징적 표상 욕망이 내포하고 있는 불가능성과 자기부정성을 보여 주고 있다. 결국 공간을 디자인한다는 것은 공간 디자인을 통해 표상할 수 있다고 가정되는 공간, 즉 환상적 공간을 만들어 낸다는 의미와 동일하다. 디자인이라는 행위는 디자인하려는 대상을 표상 작용에 내재되어 있는 동일성의 논리 내부로 끝없이 재귀하게 만드는 행위이다. 그것이 비표상을 지향한다고 할지라도, 디자인 또는 구축 작업은 공간 속에서 공간을 통해서 공간을 표상하려는 인간의 욕망 속에서 끝없이 되풀이되는 강박적인 행위에 다름 아니다.

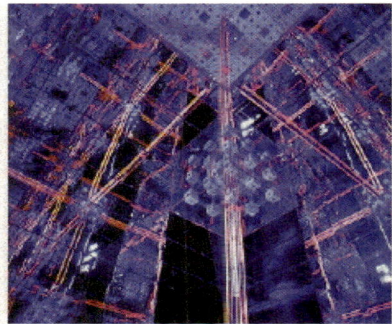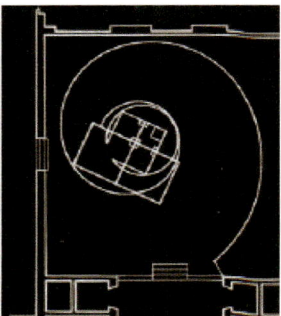

[그림 2-8] Serge Salat & Francoise Labbé, Metamorphose de Cube

미적 표현

실내건축은 공간을 통해 기능을 해결하고, 시간성을 담고, 형태를 통해 의미를 표상하는 것 외에도 미적인 측면이 충족될 것을 요구한다. 그러나 실내건축에서 미적 요구는 미 개념의 상대성으로 인해 미에 대한 합의를 못하고 지속적인 미의 표현만 되풀이하게 된다. 특히, 현대에 들어서서 미의 상대적인 측면이 더욱 부각되면서, 실내건축에서는 미에 대한 '합의'보다는 미로 추정되거나 대체할 수 있다고 가정되는 무엇인가를 끊임없이 '표현'하는 데 집중하고 있다. 결국 미적 요구는 '미'라는 목적어는 생략한 채 '표현'이라는 서술어에만 집중하게 되는데, 이는 '미＋a'라는 요구에서 '미'가 빠지고 남게 되는 'a', 즉 '표현'이 이런 측면에서 실내건축의 욕망유형이 될 수 있음을 시사한다.

'표현(expression)'은 '표상/재현(representation)'과 더불어 예술사에서 지속적으로 논의되는 주요 개념이다. 일반적으로 표현에 중심을 둔 '표현주의(expressionism)'와 같은 사조의 예술적 경향은 객관적 사실보다는 사물이나 사건에 의해 야기되는 주관적인 감정과 반응에 주목한다. 이러한 예술은 예술가의 내부를 문제 삼는다는 점에서 외부 사물을 대상으로 하는 예술과 구별된다.[38] 내밀성이 주로 외부에서 내부로 시선을 돌리는 욕망유형이라면 표현성은 내부에서 외부로 표출되는 유형이다. 미적 표현이 실내건축의 욕망유형이 될 수 있는 이유 또한 실내에서 실외로 또는 주체라는 내부에서 공간이라는 외부로 향하는 시선이 내밀한 시선과 함께 공존하기 때문이다.

미적 표현이 외부 대상 없이, 즉 외부를 모방(imitation)하지 않고 순전히 주체의 내부를 표현하려는 욕망이라는 점에서 실내건축의 미적 표현은 크게 두 가지 측면에서 고찰될 수 있다. 첫 번째로, 경험(외부에 대한 모방) 없이 순수

---

38) 인상주의나 전통적인 사실주의의 계열의 예술과는 그 출발과 대상에서부터 대립된다.

한 내부의 정신(순수 관념상)이 존재할 수 있는가의 문제로서, 경험에 의한 것이 아니라면 그 기원은 어디에 있는가에 대한 질문이 제기된다. 즉 작품 원상의 초월성이라고 하는 형이상학적 문제가 내포된다. 실내건축에서 이와 같은 문제는 주로 공간을 생성하는 주체의 내적 표현 문제로 초점이 맞춰진다. 공간 디자이너들에게 디자인의 원상/이데아는 존재하는지, 그리고 존재한다면 디자이너들이 꿈꾸게 되는 공간적 이데아라는 욕망은 왜 발생하고 어떻게 구현되는지에 대해 질문하게 된다. 두 번째로, 미적 표현에서는 모방에 반하는 반모방 개념이 중요해지는데 이로 인해 상상력이 강조되거나 정상적인 것이 거부되는 등 과감한 가치전도와 자의적인 왜곡과 과장이 가능해진다. 이러한 측면은 실내건축에서도 미적 판단의 주관성 문제를 중요하게 부각시킨다.

원상이 존재한다는 가정하에 디자이너들의 공간적 욕망의 원형을 근대건축의 예를 들어 살펴본다면, 근대건축은 순수한 형태에 대한 욕망을 품었고, 기하학적인 환상위에서 수직 수평의 반듯한 형태들을 생산해 냈다고 할 수 있다. 그러나 현실 공간에서 완벽한 수직 수평의 기하학적 형태는 사실상 불가능하다. 건축가들의 내적 욕망은 실제 공간에서 표현되었으나 사실상은 표현되지 못하거나, 표현될 수 없었지만 표현되는 등 원상과 모상은 결코 완벽하게 일치되지 못하고 미끄러지며 욕망의 환유 작용을 되풀이한다. 볼 수 없는 비가시적인 것을 가시적인 것으로 제시하고자 하는 이러한 미적 표현의 특성은 '아는 것/느끼는 것'으로 '존재하는 것'을 규정하고 제한해 버리는 욕망의 속성을 잘 보여 주고 있다. 예를 들어 칸트 이후 '미(객관)'에서 '미적 판단(주관)'으로 미적 범주가 확장되면서 현대예술에서는 미와 숭고, 미와 추가 함께 공존하게 되었다. 실내건축에서도 미(형태)와 선(기능)을 동일시하며 굿디자인에 대한 논의가 지속적으로 이루어져 왔다. 이것은 균질적이고 기능적인 공간이 우선인지, 비균질적이고 상대적인 공간이 우선시되는지에 따라 판단은 유보될 수 있다. 또한 같은 공간일지라

[표 2-2] 실내건축 욕망유형의 욕망특성

욕망유형	공간유형	공간생성 특성	욕망특성
내밀성	1) 내밀한 공간 2) 통제되는 공간 3) 해체된 장소/정체성을 가지는 장소	1) 내밀하면서 내밀하지 않은 공간 생성 2) 통제되면서 통제되지 않는 공간 생성 3) 해체 – 정체성이 모호해지는 공간 생성	· 자기부정 · 모호
시간성	1) 기념비적 공간 2) 사이버스페이스	1) 물질 공간의 찰나성 2) 비물질 공간의 영속성	· 자기부정 · 모순
상징적 표상	1) 표상적 공간 2) 비표상적 공간	1) 표상 공간의 표상 불가능성 2) 비표상 공간의 표상성	· 불가능성 · 자기부정
미적 표현	1) 표현주의적 공간 2) 반모방적 공간	1) 내적 표현에 대한 판단기준의 모호성 2) 순수한 창조 불가능성	· 모호 · 불가능성

도 수용자의 심적 판단에 따라 공간은 전혀 다르게 전용될 수 있다.

결국 미적 표현의 욕망을 통해 생성되는 공간의 생성 특성은 내적 표현에 대한 판단기준의 모호함과 순수한 창조의 불가능성으로 볼 수 있다. 이처럼 실내에서 무엇인가를 표현하려는 욕망은 다양한 존재론적, 인식론적 지형을 드러내는데, 이 지형은 주로 환상과 닿아 있다. 주체의 내적 원상이 존재할 것이라는 환상, 그 원상을 실제 공간에서 표현할 수 있다는 환상, 그렇게 표현된 공간이 의도를 벗어나지 않고 수용될 것이라는 환상 등이 있다. 그러나 이러한 것들이 환상이라는 점에서 이미 미적 표현은 주체의 결핍을 드러내고 욕망의 작동 원리를 가시화한다.

부정성의 욕망구조

실내건축의 욕망유형인 내밀성, 시간성, 상징적 표상, 미적 표현을 통해 실내건축의 욕망구조를 도출하기 위해서는 각각의 욕망유형에서 보이는 구체적인 공간 유형과 공간생성의 특성을 살펴볼 필요성이 제기된다. 그 이유는 공간의 생성을 조건 짓는 공간의 구조적 측면을 통해 실내건축적 욕망구조의 내적 특성이 드러나기 때문이다. 즉 각각의 욕망 유형에서 생성해 내는 공간 유형과 그러한 유형을 만들어 내는 공간 생성의 작동방식은 욕망의 특성을 가시화한다.

[표 2 - 2]에서 실내건축의 욕망 특성은 주르 자기부정, 모호, 불가능성 등과 같은 부정적 특성을 보이고 있다. 예를 들어, 내밀한 동시에 내밀하지 않다는 것은 자기를 부정하는 것이고, 해체성과 정체성이 모호해지는 공간의 생성은 모호성의 특성을 보이고 있다. 또한 표상 공간의 비표상적 특성이나 비표상 공간의 표상적 특성 등은 불가능성의 특성을 보이고 있다. 이러한 자기부정, 모호, 불가능성과 같은 부정적인 특성에 의거해 볼 때, 실내건축의 욕망구조는 부정성(否定性, negativity)의 특성을 가지고 있다고 볼 수 있다.

이와 같이 실내건축 공간에서 내적 욕망유형이 부정성의 구조를 띄게 되는 가장 큰 이유는 욕망의 환유적 특성 때문이다. 욕망은 공허한 제스처를 반복하는데, 이는 강요된 선택구조를 만들고 유지하면서 한편으로는 일종의 허위 개방을 유지하기 때문이다. 내밀성을 욕망하면서도 동시에 내밀하지 않음을 함께 욕망한다는 것은 내밀함이라는 선택 가능한 구조를 유지하면서도 이를 전복시킬 수 있는 가능성을 열어 놓는다는 것을 의미한다. 즉 욕망이 충족에 목적이 있는 것이 아니라 욕망을 재생산하는 것에 목적이 있다는 점에 주목해 볼 때, 욕망은 실패할 것이 기대되는 동일한 제스처를 끊임없이 반복해서 다시 욕망할 수 있는 가능성을 열어 놓는 개연성의 구조를 띄고 있다. 이때 이러한 개연성을 확보하기 위해 가장 쉽게 사용할 수 있는 방법론이 바로 부정성이다.

철학이나 예술에서 부정성은 동일성에 의해 규정되는 체계에 대한 역설적 상호 지시 관계를 가지며 총체적 연관에 사로잡혀 있는 기존의 지배체제를 부정하는 계기를 제공한다. 아도르노(Theodor W. Adorno)는 "사회가 부정성을 산출하면 할수록 예술적 세계도 그에 대해 더욱더 부정적이 된다.

확연한 부정성 없이 예술작품에서 진리내용이란 존재하지 않는다."고 하였다.[39) 아도르노는 부정의 끝없는 과정을 통해서 기존 세계의 완강한 자기 보존의 강제적 틀을 깨뜨리는 능력이 예술에 있다고 보았다. 이처럼 부정의 구조는 동일성의 구조에 균열을 일으키는 강력한 힘으로 작용할 수 있다. 그러나 라캉의 욕망이론에서 부정은 오히려 전복과 저항을 설정해야 한다는 작위성의 문제로, 즉 이항 대립 구조가 가지는 봉쇄적 성격으로 두드러진다.

실내건축에서 작위적이고 봉쇄적인 부정성의 특성이 두드러지는 예로 '투명성(transparence)'에 대한 논의를 들 수 있다. 투명성은 근대뿐 아니라 현대에 이르기까지 실외와 실내의 공간적 차이를 동질화시킬 수 있다는 대표적인 공간적 환상이다. 그러나 투명하다는 것은 한편으로는 투명하지 못한 것들을 부정하기 위해 사용하는 개념이라고 볼 수 있다. 건축은 내·외부라는 경계지음에 의해 성립되는 대상이고, 이러한 내부와 외부의 차이는 건축이라는 경계를 통해서 두드러진다. 그러나 투명성은 마치 건축이라는 경계가 없는 듯 가정하는 것이고 내부와 외부를 동일성의 시선으로 보겠다는 가정에 의거해 성립되는 특성이다. 결국, 투명하지 않기에 투명함을 추구하게 되는 것이다.

이처럼 대립구조 내부에서 작위적이고 봉쇄적인 부정성이 반복되는 욕망의 환유적 특성이 실내건축의 욕망유형들을 통해서도 확인되고 있다. 결국 실내건축의 욕망유형에서 두드러진 부정성의 구조적 특징은 라캉의 욕망 생성 메커니즘인 욕망의 재생산 구조의 실내건축적 변용으로 볼 수 있을 것이다.

39) 문병호, 『아도르노의 사회이론과 예술이론』, 문학과 지성사, 1993, p.152

제3부

건축은 환상이다

1. 환상의 공간화

공간과 관련된 환상은 크게 '공간적 환상'과 '환상적 공간', 그리고 '공간
-환상'의 세 가지 범주로 구분될 수 있다. 공간적 환상이란 공간을 경험하
는 '주체'에 초점을 맞춘 환상 생성을 의미하고, 환상적 공간이란 '공간'이
라는 물리적 환경에 초점을 맞춰 생성된 환상을 의미한다. 그러나 공간에
서의 주체와 객체(공간)의 작용은 정확하게 분리되지 않는다. 둘은 항상 상
호 연관성을 맺으며 작용하고 있다. 이에 공간적 환상과 환상적 공간을 포
괄하는 동시에 둘 사이의 관계를 교란시키는 개념으로서, 이 둘의 상호 연
관성에 초점을 맞춘 용어를 따로 지시하여 '공간-환상'이라고 지칭하여 사
용할 것이다. 이와 같은 세 가지 공간에서의 환상 유형은 라캉의 상상계·
상징계·실재계라는 세 가지 질서 체계의 특성과도 부합되기에 함께 설명
될 필요성이 제기되고 있다.

상상계: 공간적 환상

대상을 실재라고 믿고 다가서는 과정이 상상계라면, 그 대상을 얻자마자
그것이 허구임을 깨닫는 순간이 상징계이고, 그럼에도 불구하고 여전히 욕
망이 남아서 다음 대상을 찾아 나서는 단계가 실재계이다. 상상계적 주체
는 대상이 나의 욕망을 완벽히 충족시킬 것이라고 믿는다. 여기서 '믿는다'
는 의미는 실제 충족시킬지 충족시키지 못할지 알 수 없으나 대상과 자신
의 욕망을 동일화시킨다는 의미이다. 이때의 동일화는 상징적 시선의 타자
는 아직 개입되지 않고, 오로지 주체와 대상 ― 주체가 설정한 이미지 또는
이상적 자아 ― 사이의 2자적 관계에서만 형성되는 동일화이다. 유아가 거
울 속에 비친 자신의 이상적인 이미지를 자신이라고 믿고 동일화시키듯이 상

상계적 주체는 이미 내재되어 있는 불일치와 분열에 의해 설혹 동일화가 깨지더라도, 이를 극복하고 통일성과 전체성을 다시 찾고자 한다. 영원한 자기 찾기, 자기 통일의 신화를 수립하기 위해 끊임없이 사본(寫本)과 유사물의 사례를 융합시키는 과정을 반복한다.

 '공간적 환상'을 상상계적 질서 속에서 살펴볼 수 있는 이유도 바로 공간적 환상이 '주체'와 '공간/대상'의 2자적 관계에서 발생하는 '동일화' 환상이라는 점에서 비롯된다. 주체가 공간이라는 거울에 자신을 비추어 주체와 공간이 결합된 이상적 이미지를 구축할 때 공간적 환상은 발생한다. 아직 상징적 질서, 즉 그 이상적 이미지에 대한 판단 작용이 시작되기 전 단계의 환상을 의미한다. 예를 들어, 디즈니랜드와 같은 테마파크 공간은 공간적 환상의 속성을 실제 공간에 그대로 대입한 대표적인 사례이다. 디즈니랜드라는 공간 속에서 우리는 동화 속 공주님과 왕자님을 만나거나 놀이기구를 타거나 퍼레이드를 구경하거나 하는 등의 일상성과는 동떨어진 다채로운 경험을 하게 된다. 일상성에서 빗겨나 있다는 것은, 디즈니랜드가 사회적, 윤리적 가치 기준과 같은 상징적 가치판단 체계의 잣대에 적용되지 않는 특수한 공간이라는 것을 의미한다. 디즈니랜드 속에서 우리는 그저 어린 시절 꿈꾸었던 공간적 환상과 얼마나 부합되는지만 판단하면 된다.

 공간적 환상은 크게 두 가지 측면에서 그 특성을 살펴볼 수 있다. 먼저 살펴볼 측면은 주체형성 이전의 유아시기를 제외하고 주체형성 이후에 나타나는 공간적 환상은 향수적이라는 점이다. 즉 공간적 환상은 회귀적 시간성을 가지고 있다. 공간적 환상에서 기억은 실재보다 우선시된다. 과거는 실제적으로 현재적 욕망의 구축물로 스크린적인 기억이다. 기억들과 욕망들은 뒤섞이게 된다. 즉 과거는 그 당시가 아닌 오히려 기억을 상기해 내는 시기의 상태를 드러낸다. 기억은 출현하는 것이 아니라 회상하는 그 시기에 형성된다. 정신분석에서 초기 정체성의 형성 인자로 공간의 함축을 가지고 공간적 기억들에 주의를 기울이는 이유가 여기에 있다.

또 다른 측면은 공간적 환상은 상징계 밖에서 자체의 폐쇄적인 지형을 갖고 있다는 점이다. 공간적 환상은 일종의 유토피아적인 공간성으로, 유토피아는 시간을 벗어나서 공간에서만 존재하는 지형성을 가지고 있다. 즉 공간적 환상은 상징계의 억압적 작동이 배제된 채 상징계와는 다른 영역에서 자체의 완결성을 가지며 구축된다. 예를 들어, 대중적인 판타지 소설·영화 등에 주로 등장하는 '중간계(Middle – earth)'[1]처럼 공간적 환상의 공간 지형은 상징계 외부에 위치하기도 하고, 사드(Marquis de Sade) 이후의 문학적 환상물들 속에서 발견되듯 상징계 내부에서 상징계의 작동이 무화되는 지점의 공간적 지형을 갖기도 한다.[2] 이들은 모두 실제로 규정되는 상징적 질서에 포획되거나 한정되지 않으려는 욕망을 표현하고 있으며, 상징계에 포섭되지 않는 지형을 전유하고 있다. 이러한 욕망의 표현은 상상계로의 복귀가 불가능하다는 것을 암시하는 한편, 동시에 현실이라는 상징적 질서망의 단단함을 도드라지게 보이도록 만드는 역할을 수행하고 있다. 다시 말해 상징적 질서에 포섭된 상상계적 욕망은 상상계적 의미에서는 이미 오염된 것이고, 또한 상상계의 폐쇄적 특성으로 인해 원형 그대로의 회귀라는 것은 불가능해진다. 이와 같은 문학적 공간적 환상의 지형은 상징계와 분리됨으로써 상상계와 상징계의 경계를 더욱 선명하게 부각시킨다고 볼

---

1) 톨킨(J. R. R. Tolkien)이 소설 『반지의 제왕』에서 사용한 새로운 판타지적 공간 개념으로, 톨킨 이후에 등장한 판타지 문학의 공간적 지형에 많은 영향을 미친 개념이다. 톨킨은 고대 유럽의 수많은 전승과 설화를 바탕으로 중간계의 지리·역사·종족·문화·언어를 창조해 냈다.

2) 루이스 캐럴(본명: Charles Lutwidge Dodgson)이나 톨킨의 작품과 같은 대개의 문학적 환상물들이 위반의 충동을 중화시키는 것에 반해, 사드의 문학작품은 욕망의 극단적 지점을 끝까지 밀고 나가 주체의 욕망을 만족시키지 않고 영원히 욕망하는 상태로 남아 있게 만든다. Rosie Jackson, *Fantasy: The Literature of Subversion*, 『환상성 – 전복의 문학』, 서강여성문학연구회 역, 문학동네, 2004, p.19. 이처럼 욕망·충동의 실존적인 불편함을 대면시키는 사드 문학의 내적 시선은 결과적으로 내부적 전복을 일으키게 된다. 즉 내부에서 내부를 전복시키는 방법론으로, 상징계 내부에서 상징계의 작동을 멈추게 만드는 지형과 동일하다고 볼 수 있다.

수 있다.

   문학 장르에서의 공간적 환상이 주로 상징계로의 진입을 지연시키려는 지점에서 발생한다고 한다면, 물리적 환경을 구축하는 건축과 같은 분야에서의 공간적 환상은 상징적 질서 체계로의 편입을 유도하는 지점에서 주로 발생한다. 3차원적 공간을 실제로 다루는 건축가나 실내디자이너와 같은 사람들은 공간적 욕망을 단순히 '개인적 욕망(공간적 환상)'의 차원으로 남겨 두지 않고, 개인의 욕망을 상징적 질서와의 조율을 통해 '사회적 욕망(환상적 공간)'으로 환원시키는 능력이 발달된 사람들이다. 이들에게 공간은 구축되어야 하는 존재, 즉 문화·사회·역사·법규와 같은 상징의 그물망에 포획되어야 하는 존재이다. 물론 여기에도 상상계로의 복귀를 시도하는 움직임들이 존재하기는 한다. 애초에 지어지지 않을 건축을 디자인하는 행위에는 구축이라는 상징 질서를 해체하겠다는 의도가 전제되어 있다. 그러나 결과론적으로 구축을 위해서든 구축하지 않기 위해서든, 건축분야에서의 공간적 환상은 '환상적 공간', 즉 상징 질서에 부합되어 만들어지는 실제의 물리적 공간과의 상관성에 초점을 맞추어 살펴볼 것을 요구하고 있다.

상징계: 환상적 공간

   앞서 언급되었듯이 공간이라는 물리적 환경에 초점을 맞춰 생성된 환상을 의미하는 '환상적 공간'은 구축이라는 상징의 그물망 속에서만 생성된다. 달리 표현해 본다면, 건축은 구축이라는 논리 아래에서는 상징계에 복속될 수밖에 없다. 비록 건축이 공간적 환상의 유희, 즉 상상계로의 복귀(비구축)와 상징계로의 표출(구축) 사이에서 발생하는 유희 속에서 방황한다고 할지라도, 건축은 언제나 '구축'을 전제한다는 점에서 상징 질서에 종속될 수밖에 없다.[3]

이러한 상징 질서는 크게 내적 구조와 외적 구조로 구분된다. 상징계는 언어에서부터 법, 규범, 윤리에 이르는 모든 사회적 체계를 포함하는 보편적 질서의 세계이다. 이러한 측면에서 상징 질서는 외적 리얼리티를 가진 외적 구조이다. 다른 한편으로, 우리는 태어나기도 전에 상징계에 기입된다. 이름이 정해지고, 가족이나 사회경제적 집단, 젠더, 인종 등에 소속되기 때문이다. 우리가 상징계로 본격적으로 진입하기 위해서는, 즉 상상계에서는 형성되지 못하는 자아를 형성하기 위해서는 상상계적 욕망을 포기하고 희생해야 한다. 라캉은 이와 같이 희생을 발생시키는 상징계의 억압 구조가 구조 자체로 이미 주체의 무의식에 형성되어 있다고 본다.[4] 이처럼 상징 질서는 이미 내적 리얼리티를 가진 내적 구조이기도 하다.

선험적(a priori)으로 기입되는 내적 상징적 질서라는 측면에서 인간과 공간의 개념을 살펴본다면, 인간은 애초부터 공간적 존재이며 어떤 방식으로든 공간과의 연관 속에서 존재하고 있다. 인간에게 공간은 이미 기입되어 내재화가 되어 버린 상징 질서인 것이다. 이렇게 내재화되어 있는 상징 구조가 외재화될 때, 즉 실제 공간으로 구축될 때, 굳이 외부에서 주어지지 않더라도 적용하게 되는 내면의 구축원리가 존재한다. 이를 체르니코프 (Iakov Georgievich Chenikhov)는 '내면으로부터 발현되는 자연스러운 행위의 동력이자 직관과 같은 것'으로 보았다.[5]

이처럼 건축가들은 공간을 생성할 때 외부적 조건 외에도 건축가 내부에서 스스로 억압하고 통제하는 일종의 검열적인 상징 시스템을 작동시킨다. 장 누벨(Jean Nouvel)은 장 보드리야르(Jean Baudrillard)와의 대담에서 프랑스에

---

3) 비구축 또한 결국은 구축이라는 항이 존재할 때 생성될 수 있는 부정성의 개념이므로, 여기서의 구축은 비구축을 내포하고 있는 포괄적인 의미의 개념이다.

4) 김상환·홍준기 엮음, 『라캉의 재탄생』, 창작과 비평사, 2005, p.121

5) 봉일범, 『구축실험실』, 시공사, 2001, p.124

건물을 세우는 건축가는 '프랑스의 건물을 결열하는 사람'이라고 지칭했다.

> "프랑스에 건물을 세우는 건축가는 '프랑스의 건물을 검열하는 사람'으로 불릴
> 수 있을 것입니다. ……우리는 어디에서 자유로운 공간과 이러한 구속을 넘어서
> 는 방법을 발견할 수 있을까요? 나로서는 여러 가지 것들을 유기적으로 연결하
> 는 가운데, 특히 미리 생각을 표명하는 가운데 그러한 방법을 찾아내었습니다.
> 그렇다면 여기서 '개념(concept)'이라는 단어를 사용해야 할까요? 아니면 사용
> 하지 말아야 할까요? 나는 너무 일찍 그 말을 사용했습니다."[6]

 장 누벨의 이와 같은 고백은 건축이라는 구축 작용 일반의 구조적 특성
을 드러냄과 동시에 구축된 공간과 구축되지 않는 공간을 함께 아울러서
'환상적 공간'으로 명명할 수 있는 근거를 제시하고 있다. 우선, 장 누벨이
이야기하는 자유로운 공간은 상상계적 공간 환상을 의미하고, 구속은 상징
계적 통제 시스템을 의미한다. 이 둘의 대립적인 모순 작용이 바로 구축의
일반적 특성이다. 이 둘 사이에 대립되는 모순을 극복할 수 있는 방법, 그
것을 디즈니랜드처럼 대립된 항으로 방치하지 않고 유기적으로 연결할 수
있는 방법에 대한 모색을 건축가들은 끊임없이 욕망해 왔다. 건축의 역사
는 어떻게 보면 이러한 대립 모순을 극복하려는 욕망 표출의 역사일 것이
다. 그러나 그 답은 결코 절대적이거나 고정되어 있지 않다. 상징(symbol)·
구조(structure)·공간(space)·질서(order)·유형(type)·개념(concept) 등 시대
마다 문화마다 다양하게 건축적 대안들이 제시되어 왔다. 여기서 확인할 수
있는 것은 그 답의 적합성 판단 여부가 아니라 상대성, 즉 결코 일치되거나
통일될 수 없는 부재한 것을 찾으려는 시도 자체가 이미 '환상적인 것(the
fantastic)'이라는 점이다. 이러한 측면에서 장 누벨의 '개념(concept)'은 장

---

6) Jean Baudrillard & Jean Nouvel, *Les Objets Singuliers: Architecture et Philosophie*, 『특이한 대상: 건축과
 철학』, 배영달 역, 동문선, 2003, p.17

누벨이 공간을 생성하는 데 있어서 사용하는 환상적 장치인 것이다.

결국 환상적 공간을 이해하기 위해서는 이처럼 건축의 결핍 지점을 메우려는 다양한 건축적 시도들, 즉 환상적인 것들을 생성해 내는 메커니즘을 살펴볼 것이 요구된다. 이러한 메커니즘은 건축이라는 구축행위의 발생 배경이 되는 건축적 욕망의 작용이 원인이 되어 시작될 것이고, 실제로 공간을 구성하고 결정하는 공간적 장치들 ― 공간 구성의 원리 또는 공간 구성의 요소 등 ― 을 통해 작동될 것이다. 그렇다면 구축된 모든 공간을 환상적 공간이라고 볼 수도 있지만, 메커니즘이 있다는 것은 '의도'를 가진 생성이라는 측면이 더 부각된다. 즉 공간을 계획하고 종합적으로 조절하여 '디자인'한다는 측면에서 접근할 때 공간의 환상적인 속성은 더욱 두드러질 것이다. 이러한 측면에서 본다면 환상적 공간은 우리 주위에서 쉽게 접할 수 있는 일상적인 건축물들보다는 건축가나 디자이너의 디자인 의도가 분명한 공간 작품들 속에서 더욱 쉽게 발견할 수 있는 환상적인 대상으로 볼 수 있다.

실재계: 공간 – 환상

디자인 의도가 표현된 '환상적 공간'은 환상의 오인 작동 방식에 의거해서 볼 때, 이미 환상적이지 않을 수 있다는 전제를 항상 내포하고 있다. 여기서 환상적 공간이 환상적이지 않을 수 있다는 전제란, 환상은 언제든지 깨어져서 새로운 환상으로 대치되거나 횡단될 수 있는 가능성을 가지고 있다는 것을 의미한다. 대타자(상징계)의 완전성에 대한 믿음, 즉 대타자와 주체의 동일시 과정에 의해서 환상이 생겨나지만, 대타자의 결핍을 발견하는 순간 환상은 와해된다. 공간적 환상을 상징적 질서와의 조율을 통해, 즉 상징적 질서와의 동일화를 통해 환상적 공간으로 구축하지만, 공간적 환상과 환

상적 공간의 불일치를 발견하는 순간, 또는 상징적 질서가 조그마한 변수에
도 달라질 수 있다는 상징계의 결핍을 발견하는 순간 이미 구축된 환상적 공
간은 더 이상 환상적인 공간으로 남아 있지 못한다. 결국 환상적 공간은 다
른 환상적 공간으로 끊임없이 대체된다. 이러한 불일치와 미끄러짐을 일으키
며 상징계 내부에서 상징적 질서를 교란시켜 상징계의 논리를 불가능하게 만
드는 것을 라캉은 실재계라고 부르고 있다. 실재계는 상상계와 상징계의 사
이 또는 상징계 내부에 기입된 상징계의 또 다른 얼굴이다.

　이러한 실재계의 작용방식을 잘 보여 주는 건축적 사례로, 자하 하디드
(Zaha Hadid)의 〈비트라 전시관(Vitra Chair Museum, 1994)〉을 들 수 있다.
이 작품은 건축에서의 구축과 비구축의 문제를 통해 건축적 실재계의 작동
방식을 보여 주고 있다. 비트라 전시관은 처음에는 소방서로 계획된 건축
물이었다. 그러나 중간에 용도가 가구 전시장으로 바뀌었다. 이처럼 중간에
용도가 바뀌었어도 디자인이 변경되지 않
을 수 있었던 까닭은 애초에 이 건축물의
프로그램이 공장이나 창고와 같은 탄력 있
는 대규모 공간 구성을 가지고 있기 때문
이었다.[7] 이 작품에서 하디드의 '내부로
빨아들이기(sucking in)'라는 디자인 콘셉트
는 기존의 기능과는 또 다른 새로운 건물
기능의 모순적인 삽입 ─ 소방서에서 전시
장이라는 전혀 다른 기능의 전도 ─ 까지도
흡수하는 듯 보인다.

[그림 3-1] Zaha Hadid, Vitra Chair Museum

　건축에서 기능의 수용은 일종의 상징계적 질서의 수용이다. 그러나 비트

---

7) http://www.0lll.com/lud/pages/architecture/archgallery/hadid_vitra/pages/vitra_01.htm, 2007 - 09 - 10

라 전시관의 경우처럼, 아예 이러한 질서를 수용하지 않거나 모두 수용하는 경우는 일종의 상징적 질서에 대한 교란이다. 해체주의 건축가들이 주로 사용하는 이러한 교란은 기능뿐 아니라 건축이라는 상징적 구축 기반 자체를 재고하게 만든다. 초기의 하디드를 흔히 '종이 건축가(paper architect)'라고 불리게 한, 그녀의 다소점 투시도들은 건축의 구축을 해체하는 강력한 회화적 요소였다. 그러나 그러한 비구축적 요소가 구축되었을 때에도, 즉 상징 질서에 편입된 후에도 여전히 해체적 힘을 가진 채 남아 있는가에 대해서는 논란의 여지가 많다. 하디드가 건축물의 구축 논리라는 상징적 질서를 해체하기 위해 디자인을 전개했다고 할지라도, 사실상 건축물은 구축된 상태로 중력을 버틴 채 존재하고 있다. 그럼에도 불구하고 하디드의 작업은 '비구축의 구축'과 '구축의 비구축'을 재고하고 있다는 점에서도 이미 상징적 질서 내에서 그 질서를 교란시키는 실재계적 특성을 가지고 있다.

결과적으로 〈비트라 전시관〉은 크게 두 가지 측면에서 실재계적 교란에 직면하게 만든다. 우선, 비구축이라는 공간적 환상과 구축이라는 환상적 공간 사이에는 메울 수 없는 간극이 존재한다는 점을 가시화하고 있다. 이는 상징계 내부의 분열이라기보다는 상상계와 상징계 사이의 불일치에서 오는 불가능한 것으로서의 실재계의 작용이다. 다음으로, 이 작품에서 구축된 환상적 공간은 구축되었음에도 불구하고 기능의 전도를 수용할 만큼 여전히 비구축적 가능성을 열어 놓고 있다는 점에서 완전한 구축, 즉 상징계로 완전히 복속되지 않는 특성이 남아 있다. 이는 구축이라는 상징계 내부의 불완전성과 분열을 드러내는 실재계의 작용이다.

이처럼 공간적 환상과 환상적 공간 사이에서, 그리고 환

[그림 3-2] Zaha Hadid, The Peak, 1983

상적 공간 내부에서 환상적 속성을 무효화시키는 환상적인 것을 '공간–환상'이라고 명명할 것이다. 공간–환상은 구조 내부에서 구조를 교란시켜서 형식적인 구조로 환원될 수 없게 만드는 이타적 특성(alterity), 즉 특이성(singularity)을 가지고 있다.[8] 대개의 경우 공간적 환상(상상계)과 환상적 공간(상징계) 사이에서 발생하는 특성을 특수성이라고 보고, 환상적 공간(상징계) 내부에서 발생하는 특성을 보편성이라고 볼 때,[9] 공간의 환상적 지형 속에서 특수성과 보편성 모두에 속하면서도 둘 중 어디에도 포섭되지 않고 서로를 오염시키는 특이성의 지형, 그 사이 공간이 바로 공간–환상이다. 아래의 콥 힘멜블라우(Coop Himmelblau)의 인용문은 일종의 공간–환상에 대한 건축적 수사라고 볼 수도 있을 것이다.

> "우리는 동요하는 모든 것을 배제하는 건축을 원하지 않는다. 우리는 건축이 조금 더 동요하길 원한다. ……건축은 동굴과 같고, 불같이 뜨겁고, 매끄럽고, 단단하고, 각지고, 야수적이고, 둥글고, 외설적이고, 드발적이고, 몽환적이고, 유혹적이고, 역겹고, 축축하고, 건조하고, 맥박 치듯이 진동해야 한다."[10]

---

8) 구조는 이타적 존재들로 인해 완결되지 못하고 불가능한 것으로 남게 된다. 특이성의 가장 큰 특성을 대립구조를 불가능하게 만드는 질적 특성이라고 볼 때, 특이성은 내부의 이타성으로 인해 형식적인 구조로 환원되지 못한다. 그런 까닭에 이타성과 특이성은 동질적인 개념으로 볼 수 있다. 공간–환상은 건축이라는 상징계적 구조에 균열을 가하여 그 구조를 완결되지 못하게 만드는 이타적 존재이기에 이타적 특이성을 가지고 있다고 볼 수 있을 것이다.

9) 본 저서에서 주로 공간적 환상과 환상적 공간 사이의 특성을 특수성으로, 환상적 공간들 사이의 특성을 보편성으로 보는 까닭은 다음과 같다. 공간적 환상과 환상적 공간은 각각의 특수한 영역들의 특성이 비교되는 까닭에 둘 사이의 보편적 특성보다는 특수한 특성들이 부딪히게 된다. 이에 반해 환상적 공간들 사이에서는 동일한 상징계적 영역 내에서의 특성들이 특수한 요소들 사이의 간극을 메워서 보편화시키려는 특성이 강하기에 보편적 특성이 두드러진다. 그렇다고 해서 공간적 환상과 환상적 공간 사이에는 특수성만 존재하고 환상적 공간들 사이에는 보편성만 존재하는 것은 아니다. 단지 조금 더 두드러지는 특성을 중심으로 언급하고 있는 것이다.

10) Coop Himmelblau, "Architecture must blaze", *The Power of the City*, Ed. Robert Hahn & Doris Knecht, Darmstadt: Verlag der Georg Büchner Buchhandlung, 1988, p.95

결국 공간-환상에 대한 탐구는 건축 또는 실내건축의 특이성에 대한 탐구와 동일하다. 동요하고 진동하는 것들, 고정되지 않는 것들이 바로 현대의 실내공간을 규정함과 동시에 규정할 수 없게 만드는 특이성을 형성하고 있다.

2. 실내공간의 환상장치

실내공간에서 환상을 만들어 내어 '환상적 공간'으로 변모시키는 메커니즘은 여러 방향에서 모색해 볼 수 있으나, 여기에서는 공간을 구성하는 원리보다는 공간을 구성하는 요소에 초점을 맞추어 살펴볼 것이다. 그 까닭은 상징 · 구조 · 질서 · 유형 · 개념 등과 같은 구성 원리는 서술하는 입장 차이에 따라 해석이 판이해지는 경우가 많아 분석이 모호해지기 쉬우나, 실제 공간을 구성하는 요소들이 실내공간을 생성하는 방식에 대한 분석은 조금 더 선명하게 공간에서 환상을 생성하는 메커니즘을 드러낼 것으로 기대되기 때문이다.

실내공간을 구성하는 다양한 구성 요소들 중에서도 특히 세 가지의 기법을 중심으로 환상의 생성 메커니즘을 살펴보고자 한다. 이 요소들은 실내공간의 구성 요소인 동시에 생성 메커니즘으로 작동하기에 환상의 생성 메커니즘 또한 선명히 드러낼 것으로 기대된다. 실내공간의 3가지 환상 생성장치로는 실내공간의 깊이감과 시점을 조절하는 원근법적 요소, 실내공간의 경계면을 조절하는 스크린적 요소, 실내공간의 배치를 조절하는 미장센적 요소가 있다. 이러한 공간 장치적 요소들은 각 요소마다의 공간적 환상을 실제로 공간화시켜 환상적 공간으로 변모시키는 작용을 한다. 이때 생성된 환상적 공간의 생성 요소는 이미 건축이라는 구축의 원리(상징계의 논리)에 포섭된 공간 자체이기 때문에 환상적 공간으로 분류될 수 있다. 결국 환상을 생성하는 장치라는 환상적 공간(1)과 생성된 실제의 환상적 공간(2)과의 사이에서 발생하는 공간–환상의 작동방식을 살펴볼 수 있게 된다.

원근법

실내공간에서 원근법(遠近法, perspective)은 단순히 공간을 재현하는 2차적 도구에 그치지 않고, 특히 실내공간에서는 공간 자체를 생성하는 기법으로도 사용되고 있다. 여기서 깊이와 시점에 초점을 맞춘 '원근법'과 드로잉과 작도법을 지칭하는 '투시법'의 용어적 차이에 근거해서 볼 때, 건축의 2차적 재현도구이기보다는 건축의 1차적 표상도구로 사용되는 경우에는 원근법이라는 용어로 통일하는 것이 더 적합할 것이다.[11]

원근법이 실내공간을 형성하는 중요한 표상도구임은 공간의 깊이와의 관계에서 두드러진다. 실내건축에서 깊이감을 생성하는 고전적인 수법은 열주들을 늘어놓는 것이었다. 동일한 패턴을 가진 수직 기둥들이 늘어선 중세 성당 네이브의 깊이감은 시선이 하나의 소실점에서 모아지며 수직성과 수평성의 균형을 통해 형성된다. 이러한 1소점 공간은 장축형 성당 건축 내부에서 가장 전형적으로 사용되었는데, 교회의 권위를 공간 속에서 하나로 모아 주는 건축적 장치였다. 그러나 바로크시기를 거치면서 이러한 공간의 깊이감은 상당부분 왜곡된 시점으로 변하기 시작했다. 실내건축 내부에서 공간을 조망하는 자리이자 고딕성당에서는 멈춰 서서 빨려드는 듯 보이는 깊이감을 가진 내부의 네이브를 바라보게 되는 자리, 즉 투시도에서 시점의 자리가 더 이상

---

11) 1차적 표상도구와 2차적 재현도구의 구분은 다음과 같다. 1차적 표상도구는 건축공간을 형성하는 데 사용되는 생성도구를 가리키는 것으로 개념(concept)·형상(form)·구조(structure)·공간을 구성하는 기법(technique) 등을 아울러서 지칭한다. 2차적 재현도구는 실제 건축공간을 드로잉이나 모형으로 재현하는 경우를 지칭한다.

[그림 3-3] 클뤼니 수도원, 부르
고뉴, 1088~1130

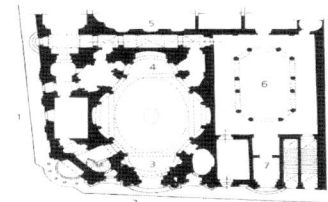

[그림 3-4] 보로미니, 성 카를로 알레
콰트로 폰타네 교회당, 로마, 1633

고정될 수 없게 된다. 보로미니(Francesco Borromini)의 건축물에
서 주로 보이는 타원형의 평면은 내부 공간에서 주체가 공간을
조망하는 자리를 고정시키지 않고 흘려 버리게 만든다. 공간
을 조망하게 하는 경우와 공간을 경험하게 하는 경우에 원근
법은 공간 내부에서 각기 다른 작동 방식을 가지고 있다.

원근법적인 공간 경험에 대해 연구한 제임스 깁슨(James
Gibson)은 『시각 세계의 지각(*The Perception of the Visual
World*)』에서 13종류에 달하는 원근법의 변화를 서술하면서
[표 3-1]과 같이 인간의 감각의 변화와 그에 따른 원근법
의 변화를 분류하고 설명하였다.[12] 깁슨의 분류를 실내 공
간의 원근법에 적용시켜 보면, 크게 두 가지의 항목으
로 분류가 된다. 시점에 중심을 두는 경향과 윤곽에
중심을 두는 경향으로 나누어 볼 수 있다. 시점에 따
르는 공간의 원근적 표현은 주로 공간 내에서의 사람
의 위치와 움직임, 그리고 시야의 높낮이 등에 변화를
주는 방식이고, 윤곽을 통해서 공간의 원근감을 조절
하는 경우는 주로 실내 마감재의 종류나 질감·색채 또
는 빛을 통해서 변화를 주는 방식이다.

위의 중세와 바로크 성당에서 사용된 원근법은 시점
의 차이에 의한 것으로 건축의 내부 공간에서 가장 일
반적으로 사용하는 원근법이다. 이러한 방식은 현대 실
내디자인에서도 여전히 사용되고 있는데, 공간의 연속적

---

12) James Gibson, *The Perception of the Visual World*, Greenwood Pub Group, N.e. of 1950 Ed edition,
1974

[표 3-1] 깁슨의 13 종류 원근법 분류표

원근법의 종류	원근법적 표현
위치에 따른 원근법	– 텍스처에 의한 원근법 – 크기에 의한 원근법 – 선형 원근법
시차에 의한 원근법	– 두 눈에 의한 원근법 – 이동에 의한 원근법
관찰자의 위치나 움직임에 따르지 않는 원근법	– 공기에 의한 원근법 – 희미함을 주는 원근법 – 시야의 상대적인 상승 – 텍스처나 선 간격의 변화 – 이중상의 양적 변화 – 움직임의 속도변화
윤곽의 깊이에 따른 원근법	– 윤곽의 완전함이나 연속성 – 빛과 그림자의 변화

인 깊이감은 그대로 둔 채 시점을 교묘하게 조금씩 틀어서 원근감을 강조하는 경우도 있고, 완전히 틀어서 원근감을 해체하는 경우도 있다. 전자의 사례로는 아심토트(Asymptote)가 디자인한 알레시(Alessi) 사의 뉴욕 소호에 위치한 〈알레시 플래그십 숍(Alessi flagship shop, 2006)〉이 있다. 후자의 사례로는 유엔 스튜디오(UN Studio)의 벤 반 베어켈(Ben van Berkel)과 카롤리네 보스(Caroline Bos)가 디자인한 〈홀리데이 홈(Holiday Home, 2006)〉이 있다. 아심토트의 작품이 공간의 원근감을 최대한 이용한 사례라면, 벤 반 베어켈의 작품은 공간의 불연속적인 면을 통해 공간의 원근감을 해체한 사례이다. 홀리데이 홈은 사람이 서 있는 위치에 따라 서로 다른 공간 경험을 하게 되고, 하나의 소점으로 모이지 않는 다소점(多消點)의 공간으로 계획되었다. 특히 이와 같은 불연속적인 면을 이용한 원근감 해체의 건축적 프로토타입은 미로 공간이다. 미로의 내부공간은 한정된 범위의 시야만을 갖게 되는 특정한 유형의 공간으로, 감각에 의존해야 하는 즉각적인 경험의 공간이다. 즉 미로를 제작하기 위한 도면이 있고, 그에 따라 미로를 구축한다. 그러나 제

[그림 3-5] Asymptote, Alessi flagship shop, New York

작된 미로를 재현도구로 다시 표상하는 것은 불가능해진다. 이처럼 원근감이 해체된 공간의 개념적 추상성은 건축공간의 환원불가능성, 즉 비표상성에 대한 건축적 욕망 표현에 다름 아니다. 이와 같이 표현하면서도 표현하지 않으려는 실내공간의 은폐적 특성은 욕망이 표현되면서도 표현되지 않는 것처럼 보이는 환상의 속성과 일치한다.

한편 현대 실내공간에서는 공간의 시점이 아닌 재료의 종류나 색채를 통해 윤곽을 조절하여 원근적 표현을 하는 사례들도 많이 등장하고 있다. 이때 윤곽 조절은 크게 두 가지 경향으로 표현된다. 하나는 내부공간의 표피 면에서 공간의 환영(illusion)적 확장을 통해 깊이감을 생성하는 경우와 다른 하나는 실재의 3차원적 깊이감을 2차원적 환영으로 돌리는 경우이다. 첫 번째 사례들은 물리적인 경계가 분명히 있는 공간임에도 가시적으로는 공간이 끝없이 확장된다. 커스튼 기어(Kersten Geers)가 앤트워프에 디자인한 오피스의 내부 공간은 조명이 매입된 벽체들로 인해서 그 경계가 불확실해진다. 시각적으로는 조명 효과로 인해 마치 유리처럼 보이는 벽면 저 너머에 있는 소실점을 향해 공간이 수렴되는 듯이 보이지만, 실제로는 거울면의 반사로 인해 맞은편 벽면이 보이면서 생성된 착시 효과이다. 이처럼 공간의 경계가 모호해지고 확장될 때, 공간을 경험하는 주체는 가시적인 공간 너머의 비가시적인 공간까지 인지

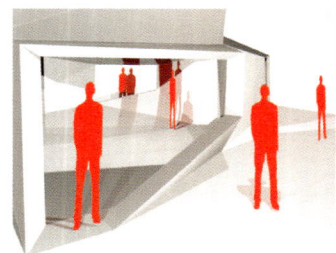

[그림 3-6] Ben van Berkel and Caroline Bos, Holiday Home

하게 된다. 주로 실재하는 영역을 넘어서 보이지 않는 영역까지 확장될 때 공간에서 환상적인 것들이 발생한다. 두 번째 사례들은 주로 3차원을 2차원으로 환원하면서 생기는 환영적 효과에 주목한다. 웹디자인 대행사인 '픽셀파크(Pixelpark)'의 계열사인 〈ZLU 오피스〉의 복도 디자인은 전형적인 3차원의 깊이를 가진 공간에 2D적인 시각적 조작을 통해 공간을 분리시킴으로써 원근감을 교란시키는 사례이다. 1.2m 높이에서 그래픽적인 색채와 조명을 통해 시각적으로 분절시킨 벽과 바닥의 디자인은 하나의 공간을 마치 두 개의 별개의 공간처럼 지각하게 만든다. 디자이너인 파비안 호프만(Fabian Hofmann)은 이 공간을 디자인할 때 공간 내에서 투시법적 게임을 연관시켜 보자 했고, 실제 이 공간을 지나가는 사람들은 움직임의 환영을 통해서 감정의 이완을 느끼며 새로운 영감과 아이디어를 회복하게 된다고 하였다.[13] 이와는 조금 다르지만 일러스트레이션으로 3차원적 공간에서 2D적 환영을 만들어 내는 사례들도 있다. 두 사례에서 보이는 것처럼 3차원 공간의 일부에 도입된 그림 효과들은 공간의 3차원적 속성을 걷어 내고 2D적 속성을 강조하여 공간을 낯설지만 새롭게 지각하게 만든다.

이처럼 실내공간에서 원근법은 공간의 깊이 조절을 통해 공간의 환상성을 끄집어내는 중요한 환상 생성장치로 볼 수 있다. 실내공간이 필연적으로 가지게 되는 3차원의 속성을 더 강조하여 욕망하거나 그 속성을 부정하여 욕망하는 경우에 원근법은 실내공간적 욕망을 대리하는 환상적 생성장치로 작용하고 있다. 고정시점을 가지면서 전통적인 공간의 깊이감을 표현하는 사례가 없지는 않지만, 최근의 경향은 주로 전형적인 원근감을 변형시키는 실내 공간 사례들이 많이 등장하고 있다. 그 까닭은 전형적인 유클리드 기하학적인 원근법주의가 일종의 서구적 동일성과 표상성의 사고와

---

13) Owen Dunne, "Pixel Pop", *Frame 21*, 2001, p.82

동일시되기 때문이다. 비표상적, 비동일적 사고는 현대의 우연적이고 유희적인 감성과 맞아떨어지면서 현대 디자인의 경향을 주도하게 된다. 이러한 미적 감성은 공간의 환상적인 표현을 통해 그 특성이 배가되게 된다.

[그림 3-7] Kersten Geers, Antwerp Office

[그림 3-8] Fabian Hofmann, ZLU Office

[그림 3-9] Gerard Maynard, Garden Ⅸ

[표 3-2] 원근법을 이용한 환상적 공간 사례

	시점에 따른 공간표현 (위치, 시차, 움직임 등)		윤곽에 따른 공간표현 (텍스처, 색, 빛 등)		공간의 환상적 특성
원근감 강조		· 고정시점 · 깊이감 생성		· 평면 → 깊이	· 공간의 깊이에 대한 환영 생성 · 동질성
원근감 해체		· 다시점 · 운동감 생성		· 깊이 → 평면	· 공간의 깊이를 은폐 · 비동질성

스크린

'스크린(screen)'의 사전적인 정의로는 '가리다, 감싸다, 거르다, 차단하다, 영사하다' 등의 의미가 있다. 실내공간에서 환상을 만들어 내는 건축적 장치로 스크린을 들 수 있는 가장 주된 이유는, 실내건축이란 외피로 둘러싸인 내밀한 공간 자체이기 때문이다. 실내공간을 둘러싸고 있는 모든 면(바닥, 천장, 벽)은 실내와 실외의 경계로 내부를 외부로부터 가리거나 감싸고, 외부적 요소를 거르거나 차단하며, 때로는 내부를 향해 영사 또는 투사하기도 한다. 결국 실내라는 공간은 스크린적 의미의 경계를 통해서 형성된다. 이때 스크린의 속성 자체는 환상의 속성과 동일하다. 환상이 욕망을 감추거나 거르거나 투사하는 방식과 마찬가지로, 스크린은 공간을 감싸 외부를 차단시켜서 스크린 자체의 속성을 투사하기도 하고, 외부의 요소들을 끌고 들어와서 투영하기도 한다. 이것이 바로 실내공간에서의 스크린적인 요소가 환상적 공간을 생성하는 주요 장치일 수밖에 없는 이유인 것이다.

이처럼 공간 스크린[14]이 가지고 있는 기본적인 환상 속성은 공간의 표피로 경계를 지으면서 발생하게 되는데, 이때 내부와 외부는 비록 처음에는 서로 동질적인 속성을 가졌을지라도 경계가 형성됨으로 인해 서로 다른 이질적인 대상들로 분리된다. 결국 스크린의 작용으로 인해 공간적 차이가 생성되는 것이다. 이때 발생할 수 있는 가장 대표적인 공간적 환상은 두 공간의 차이를 동질화시킬 수 있다는 '투명성(transparence)'의 혼상이다. 투명성은 근대뿐 아니라 현대에 이르기까지 항상 건축 공간에 대한 논의의 중심에 서 있는 공간 경계에 대한 환상 개념이다.

---

14) 영화에서 주로 사용되는 스크린의 일반적인 의미와 구별하기 위해, 주로 공간에서 환상의 생성 장치로 사용될 때는 '공간 스크린'이라고 지칭할 것이다.

모더니티에는 투명성의 신화가 끊이지 않고 이어진다. 자아의 자연에 대한 투명성, 자아의 타자에 대한 투명성, 자아들의 사회에 대한 투명성, 이 모든 것들은 제레미 밴담으로부터 르 꼬르뷔제에 이르기까지 구축은 아닐지라도, 건물 재료의 보편적인 투명성에 의해 공간적인 관입과 편재하는 빛과 공기의 흐름 그리고 물리적인 움직임을 재현하고 있다.15)

안토니 비들러는 모더니티의 투명성의 신화가 거주라는 고대 예술의 종말을 고하는 것이 아니라, 불투명성, 즉 낯선 두려움(uncanny)16)을 드러내는 신호탄이라고 보았다. 절대적인 투명성에는 정반대의 속성인 불투명성이 내재되어 있다. 투명성은 너무도 쉽게 불투명함이나 반사의 성질로 변하기에 문자 그대로의 투명성은 신화, 즉 환상일 수밖에 없다. 유리가 아무리 투명하다고 할지라도, 그리고 시각적으로는 하나의 공간으로 인지된다고 할지라도, 유리가 경계면을 형성하고 있는 이상 유리는 투명한 베일을 쓴 스크린일 뿐이다.

도미니크 페로(Dominique Perrault)의 〈프랑스 국립 도서관(French National Library, 1989)〉과 아이 엠 페이(I. M. Pei)의 〈루브르 박물관 피라미드(Pyramide du Louvre, 1989)〉 사례는 건축에서 투명성의 환상이 어떻게 작동되는지를 잘 보여 준다. 우선 국립 도서관의 경우 완전히 투명하게 계획되었던 초기 계획안은 책을 보호해야 한다는 도서관 기능에 대한 상식적 수준의 문제제기에 의해서 수정되어야 했다. 페로는 책들이 마치 스스로에 대한 상징처럼 세계를 향해

---

15) Anthony Vidler, *The Architectural Uncanny*, MIT Press, 1992, p.217

16) 'uncanny'라는 용어는 프로이트가 1919년 출판한 미학 관련 글 "언캐니(The Uncanny)"에서부터 사용되기 시작했다. 이 글에서 프로이트는 미학의 반대 측면, 즉 괴기함·공포·두려움을 일으키는 대상에 대해서도 연구해야 한다고 주장했다. 언캐니는 '친근한', '집 같은(homely)', '낯익은'과 같은 뜻을 가진 '캐니(canny)'의 반대 의미를 가진 듯 보이지만, 때로는 친숙함의 대상인 집이 이방인에게는 비밀을 간직한 괴기한 대상이 될 수도 있다. 이런 측면에서 본다면, 프로이트가 주장하는 언캐니는 원래 친숙한 것이었다가 억압되어 다시 나타나면서 낯설고 두려운 존재로 느껴지는 것, 즉 억압된 것들의 귀환이 일으키는 낯선 두려움을 의미한다고 볼 수 있다.

노출되어 있는 모습을 표현하고 싶어 했다. 결국 해법은 일광으로부터 서가를 보호하는 벽들을 넘어 인공적으로 조명되는 가책을 두어 투명성을 '위장'하든가, 아니면 거울 이미지, 즉 반사성을 수용하든가의 두 가지뿐이었다.[17] 그렇다면 여기서 우선 질문할 수 있는 것은 '왜 투명성이 전체 프로젝트의 콘셉트에서 최우선적 조건이 되어야 했는가'이다. 도서관의 기본적인 기능을 배제하면서까지 투명성을 수용하려 했던 그 의도에 대한 파악은 근대건축에서부터 이어져 온 투명성 논의의 핵심을 이해할 수 있게 할 것이다. 다음 사례로 아이 엠 페이의 루브르 박물관 피라미드는 담당 유리 제조회사였던 생 고뱅(Saint - Gobain)사의 모든 연구들에도 불구하고, 페이가 의도했던 문자 그대로의 투명성은 얻지 못하고 단지 유리로 만든 피라미드로 남게 되었다.[18] 이것은 1914년에 지어진 브루노 타우트(Bruno Taut)의 〈유리 산업관(Glass Block Pavilion)〉보다 결코 더 투명하지 않았다. 이 두 작품은 키치적 도방이 범람하며 투명성의 종말을 고했던 포스트모던 시기를 거쳐 현대에 다시 투명성이 부활했음을 상징하는 사례들이다. 비들러는 두 사례 모두 프랑스의 국가적 프로젝트임을 상기시키면서, 이 프로젝트들의 규모와 성격을 볼 때 투명성이 '새로운 기념비'라는 정확한 효과를 상정하고 사용되었다고 보았다. 즉 국가라는 무게와 부피를 표현하면서도 실제로는 문자 그대로 사라져서 보이지 않는 낯선 개념의 공적인 기념비성을 의도했다는 것이다.[19] 여기서 투명성은 기념비성과 등가의 관계를 형성하게 되고, 이는 공간 스크린에서 투명성이 내포하고 있던 차이를 환원시키

---

17) Ibid., p.219

18) Ibid., p.220

19) Ibid., p.220. 비들러는 이러한 기념비성의 재현이라는 시도와는 다른 측면, 즉 모더니즘의 기술적이고 이데올로기적인 유산을 부정하지는 않으면서 그 전제들을 문제시하는 입장에서의 시도 중 하나로 프랑스 국립 도서관 현상 설계에 함께 참여했었던 렘 콜하스의 유리 입방체를 들고 있다. 비들러에 의하면 렘 콜하스의 유리 입방체는 투명성에 대한 확증이자 동시에 복합적인 비판이라는 것이다. 여기서 투명성은 반투명으로, 즉 어둠과 고호성으로 전환되어 절대적인 투명성 속에 내재되어 있는 정반대의 속성들을 드러내고 있다고 보았다.

[그림 3-10] Dominique Perrault, French National Library [그림 3-11] I. M. Pei, Pyramide du Louvre
(왼쪽사진: 초기 계획 모형)

는 동질성의 욕망과 같은 맥락에서의 발현인 것이다.

투명성의 논의를 통해서 알 수 있듯이, 공간 스크린은 물리적이며 감각적인 경계 외에도 현상적이며 인식적인 경계를 포괄하고 있다. 주체의 지각 작용이나 인식 작용에 의해서 생성되는 가시적인 것들과 비가시적인 것들이 각각의 인식 경계와 지각 경계의 접촉면에서 환상적인 것들을 발생시킨다. 환상문학 비평가인 로지 잭슨(Rosie Jackson)은 환상적인 것들이 발생하는 장소 또는 공간과 관련된 개념으로 '점근축(漸近軸, paraxis)'의 영역을 사용하고 있다.[20] 점근축은 광학에서 사용되고 있는 기술적인 용어로 빛이 굴절된 이후에 한 지점에서 다시 모이는 것처럼 보이는 카메라 렌즈 너머의 텅 빈 공간을 의미한다. 이 영역에서 대상과 이미지는 충돌하는 것처럼 보이지만, 사실 대상도 재구성된 이미지도 남아 있지 않다. 잭슨은 아무것도 존재하지 않는 그 공간, 그러나 실재의 그림자가 드리워지고 실재 그 자체와 긴밀

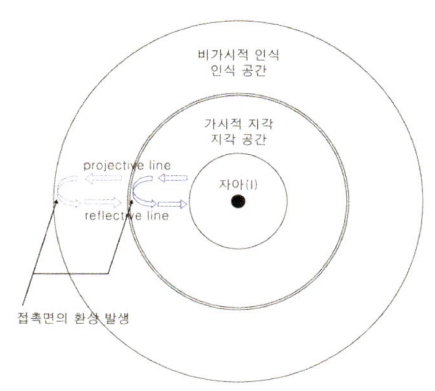

[그림 3-12] 공간 스크린의 환상 생성

20) Rosie Jackson, op. cit., p.31

하게 관련되어 있는 그 영역을 환상문학의 지형으로 설정한다.[21]

잭슨의 점근축 개념은 문학적인 공간 비유이긴 하지만, 실제 건축 공간에서도 충분히 적용 가능하다. 렌즈 또는 거울면의 점근축의 영역을 공간 스크린으로 본다면, 스크린을 통해서 일어나는 스크린 안과 밖의 다양한 작용방식은 가시적 지각과 비가시적 인식의 경계면 사이에 일어나는 접촉면의 다양한 환상 수용 방식과 일치한다. 공간 스크린의 작동 유형은 크게 3가지로 나눌 수 있다.

첫 번째 유형은 스크린 안과 밖의 관계에 초점을 맞추는 방식으로 투명성의 환상이 이 유형에 속한다. 이것은 스크린의 경계 지음을 부정하는 방식으로, 내부 공간과 외부 공간의 차이를 흡수하려는 유형이다. 여기에는 외부를 내부와 동질적으로 놓고 외부를 완전히 흡수하려는 '투과(penetration)' 형식과 외부를 걸러서 일부만 수용하는 '투영(filtration)' 형식이 있다. 투영 형식은 외부와 스크린, 내부 각각의 차이가 내부 공간 안에서 하나로 겹쳐짐으로 인해 스

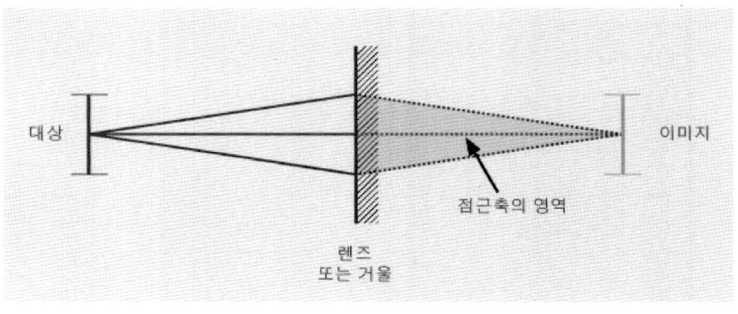

[그림 3-13] 로지 잭슨의 점근축 영역 도식

---

21) 실재적이면서 비실재적인 환상 영역을 표상하는 이 비유적 공간을 통해 잭슨은 환상성의 본질을 밝힌다. 환상성은 있음과 없음 사이에서, 실재와 비실재 사이에서, 의식과 무의식 사이에서 떠도는 유령과도 같다. 환상의 영역은 현실 너머에 존재하는 공간이 아니라 현실 이면에 감춰진 틈새 공간이다. 그리고 이 틈새 공간은 현실에서 소외되고 억압된 존재들이 현실 질서를 위반하면서 출몰하는 곳이기도 하다. 이 틈새 공간에서 안전한 일상의 배후가 폭로된다. 익숙한 세계를 낯설고 변형된 세계로 바꾸는 전복의 시학이 펼쳐진다. 억압된 욕망들이 표면으로 떠올라 지배 문화의 질서를 교란시킨다. 환상문학은 현실 사회질서가 의존하고 있는 단일한 의미 구조를 해체함으로써 문화적 안정성의 뿌리를 흔들어 놓는 기능을 한다.

크린의 경계가 사라지는 듯 보이는 투과와는 달리 오히려 스크린의 경계적 속성이 강조된다. 두 형식 모두 안과 밖의 대상들이 상호-참조(cross-reference)한다는 점에서 공통적인 특성을 띤다.

두 번째 유형은 스크린의 내부에서 내부 스스로를 다시 참조하는 자기-참조(self-reference) 유형이다. 이 유형도 앞선 상호-참조형과 마찬가지로 스크린의 경계를 부정하기도 하고 경계가 강조되기도 하는데, 주로 내부의 동질성을 내부의 논리

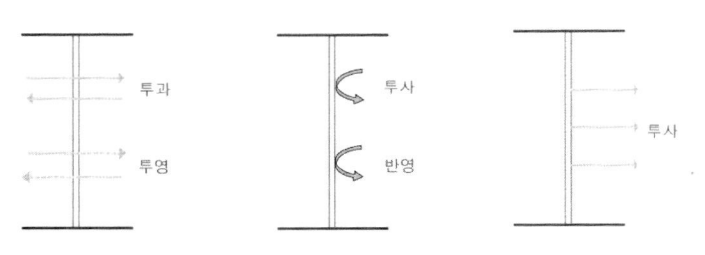

[그림 3-14] 공간 스크린의 작동 유형

로 확장시키고자 할 때 사용된다. 공간에서는 주로 거울이 가지고 있는 반사적 성질이 이용되는데, 이때의 반사성은 대상이 이미지를 통해 완벽하게 재현될 수 있다는 표상 욕망의 환상 표현 특성이기도 하다. 여기에도 두 가지의 작동 형식이 있다. 하나는 '반사(reflection)' 형식으로 반사하는 대상의 정확한 재현을 통해 공간에서는 주로 끝없는 자기참조의 확장을 발생시킨다. 이때 경계는 실재와 허상의 동질화를 통해 공간 속에서 사라지고 지워진다. 다른 하나는 반사율에 변화를 주어서 상을 왜곡시키는 '반영(reflexion)'으로, 이때 생성되는 왜곡상은 자기를 참조하지만 결국은 자기를 부정하게 되는, 즉 비표상성 욕망의 상징적 표현이기도 하다. 동일한 상을 생성해 내는 반사와는 달리 왜곡된 상에 의해 오히려 스크린의 물적 속성이 두드러지고 경계가 강조되는 특성이 있다.

마지막으로, 세 번째 유형은 스크린의 경계적 성질을 그대로 수용하는 형식이다. 이때 스크린의 물성은 주로 불투명하게 드러난다. 스크린이 불투

명해짐으로 인해서 공간 스크린은 스크린 밖의 인자들을 전혀 참조하지 않는 폐쇄성을 띠게 되고, 그저 스크린 자체의 특성을 공간 내부로 '투사(projection)'시킬 뿐이다. 이러한 스크린의 투사 형식은 내부 공간에 대한 조절-통제 욕망을 드러내는 공간적 환상 장치이다. 공간에서 이러한 투사 형식의 고전적 사용은 주로 창과 같은 개구부에서는 커튼이라는 베일 장치를 통해 이루어졌다. 커튼은 창이라는 스크린 뒤에 배치된 이중 스크린으로

[그림 3-15] Rem Koolhaas, Trés Grande Bibliothéque 계획안

가변적인 공간 숨김 장치이다. 이러한 장치는 마치 무대의 막처럼 임의적으로 공간의 개폐를 조절할 수 있다는 공간적 환상을 주게 되는데, 그러나 커튼 뒤에는 여전히 제1의 스크린인 벽체가 존재한다. 투사 형식의 최근 경향에서도 이러한 환상은 여전히 존재하고 있다. 이것은 상호작용식 스크린의 사용에서 많이 볼 수 있는데, 여기서 주로 사용되는 자기감응 스크린은 차단된 외부를 대신하여 스스로 반응하고 투사하여 내부를 조절 또는 통제하게 된다. 이러한 스크린의 자기 조절 작용은 공간적 대상을 임의적으로 조절하고 통제하는 욕망의 작동방식과 유사하다.

위와 같은 스크린의 작동 유형이 실제 실내공간에서 사용되는 구체적인 사례들의 특성을 살펴보면 다음의 [표 3-3]과 같다. 이러한 스크린의 작동을 통해서 생성되는 공간의 환상 속성을 실내건축의 욕망 유형에 근거해서 정리해 보면 크게 표상성과 부정성으로 두드러짐을 확인할 수 있다. 표상성은 외부-스크린-내부의 관계, 내부-스크린-내부의 관계, 스크린-내부의 관계에서 서로의 차이를 지우는 동일화 작용에서 두드러지고, 부정성은 스크린 자체의 경계적 속성이나 물성을 부정하거나 강조하는 공간의 작동 방식에서 두드러지게 표현되고 있다. 특히 스크린의 경계가 부정될 때

는 표상성과 맞물려 상이한 공간들이 하나의 지각 안에서 존재론적 연속성을 생성하게 되고, 스크린의 경계가 강조될 때는 분리된 지각으로 인해 개별적 차이들이 두드러지게 되는 존재론적 불연속성이 생성된다.

앞선 투명성 논의로 돌아가서 스크린의 공간 작용적 의미를 살펴볼 때, 렘 콜하스(Rem Koolhaas)의 프랑스 국립 도서관 현상설계 계획안에 대해서 비들러가 서술한 내용은 의미심장하다.

> 주체는 더 이상 무한한 이성의 형언할 수 없는 공간(*l'espace indicible*)에서 자신을 잃어버리거나, 그 자신의 반사라는 나르시시즘 속에서 자신을 발견하지도 않는다. 오히려 주체는 지식과 은폐 사이의 난해한 순간에 불안하게 멈춰 서게 된다. 내부 공간의 2차원적인 환영(*simulacrum*)에 불과한 외부의 표면 앞에 모든 의도와 목적을 가진 채 남겨져 있을 때, 주체는 조밀함과 무정형이라는 이질적인 경험 속으로 빠져들게 된다.22)

공간의 3차원성이 무정형적인 조밀함으로 인해 모호하고 평면화되는 상태, 즉 투명성이 반투명성으로 전환되어 어둠과 모호성으로 대치되는 상태 속에서 주체는 자기 동일성을 상실하게 만드는 낯설고 두려운 효과들 속에 던져지게 된다. 콜하스의 표면이 만드는 부드러운 공간과의 대면 속에서 주체는 거울과 같은 기능주의 내부공간의 환영이 아니라, 새로운 투명함, 즉 생물학적 내부처럼 모호하게 비춰지는 새롭게 형식화된 내부와 외부의 조건에 마주치게 된다.23) 이처럼 스크린의 미묘한 차이와 작동으로 인해 공간과 공간의 작용에서 자칫 사라져 버릴 수도 있었던 주체와 주체의 경험은 다시 공간 속에서 환기된다.

22) Anthony Vidler, op. cit., p.221
23) Ibid., p.225

[표 3-3] 스크린의 작동 유형에 따른 실내공간 사례 분석

		스크린 작동유형	공간적 특성	환상 특성
상호 참조형	투과	 · Mies, Fansworth House	· 유리면의 물성이 지각 적으로 인지되지 못함 · 시각적으로 내외부가 하나 로 통합되어 상호작용함	· 내부와 외부의 차이를 동질화할 수 있다는 환 상 발생 · 스크린의 경계성이 부 정됨
	투영	 · Jun Aoki, Louis Vuitton · Herzog & de Meuron, Dominus Winery	· 스크린 프레임의 모듈 이나 패턴으로 인해 외 부 인자들이 실내에 걸 러져 유입 · 시각적으로 내외부가 완전히 통합되지 않고 일부만 투영됨	· 외부-스크린-내부 각 각의 차이가 두드러짐 · 스크린의 경계적 속성 이 도리어 강조됨
자기 참조형	반사	 · Hilton McConnico, Hermes Gallery · 최치호, 페이퍼테이너 풀무원	· 거울의 정반사를 이용 해 내부 공간의 속성이 거울면에서 끝없이 확 장됨 · 시각적으로 실재와 허 상이 구분이 되지 않고 하나로 통합되어 상호 작용함	· 실재와 허상의 차이를 동질화하고 재현할 수 있다는 표상적 환상이 발생 · 스크린의 물적 속성이 공간 속으로 사라지고 경계가 지워짐
	반영	 · Messe Bauer & Co, Euroshop 2002 Fair Booth · Herzog & de Meuron, Blue Lagoon	· 거울의 반사각을 조절 하거나 반사면 상태에 변화를 주어 왜곡된 상 을 얻음 · 시각적으로 실재와 허 상의 차이가 구별됨	· 자기를 참조하면서 동 시에 부정하는 비표상 적 환상이 발생 · 왜곡된 상에 의해 스크 린의 물적 속성이 두 러지고 경계가 강조됨

폐쇄형	투사	 · Shigeru Ban, Curtain Wall House · Concrete, Clinic Singapore	· 커튼월: 이중 스크린으로 공간의 개폐 여부를 조절 · 자기감응스크린: 차단된 외부를 대신하여 스스로의 인자를 내부로 투사하여 내부공간을 조절함	· 스크린의 물적 속성이 내부로 투사됨 · 내부공간에 대한 조절-통제 환상이 생성됨

미장센

　공간 이미지를 '재현'한다는 것은 이미지를 생성하는 주체(영화감독 또는 건축가)가 기존에 가지고 있던 다른 이미지들을 일정의 '의도'를 가지고 새롭게 배치하거나 편집한다는 것을 의미한다. 특히 영화에서는 이러한 작가의 의도적 영상 배치 구도를 '미장센(mise en scéne)'이라고 부른다. 프랑스어 미장센은 본래는 '연출하다', '무대 위의 배치' 또는 '장면의 무대화(putting into the scene)'라는 뜻의 연극용어였다.[24] 연극을 무대에 상연하기 위해서는 희곡에는 명시되어 있지 않은 등장인물의 동작이나 무대배경 및 소품, 조명 등에 관한 세부사항을 종합하여 극본의 내용을 통일적이고 효과적인 형상으로 만들어야 하는데, 연출가는 이런 세부사항들, 즉 희곡의 각 장면 또는 국면의 미장센을 결정하게 된다. 그런 의미에서 미장센은 '무대 안에서 연출자의 의도로 만들어지는 모든 배치 구도'를 의미하기도 한다.

　미장센은 연극에서 시작된 용어이지만, 전후에 프랑스 영화 평론가들에 의해 영화비평 용어로 사용되기 시작했다. 특히, 누벨바그(Nouvelle Vague)

---

24) 이 용어는 1820년경부터 연극상연을 위한 인원이나 재료의 총체(總體)를 나타내는 데 사용되었으나 1835년경부터는 무대표현의 각종 방법을 종합 통일하는 조작과 기능을 가리키게 되었다. 19세기 말부터는 무대 표현상의 개성적 예술 활동을 총체적으로 가리키는 용어로 사용되었다.

의 감독들이 영화를 미학적으로 실천하게 되면서 적극적으로 사용되고 일반화되었다.25) 몽타주(montage)26)가 한 화면과 다음 화면 간의 병치에 따르는 관계성, 즉 추상적 개념을 중시하는 데 반해서, 미장센은 한 화면의 내부에 등장하는 동시다발적인 영상정보를 중시한다. 이에 미장센은 관객의 수용 여부에 따라 열려 있는 해석이 가능한 반면, 몽타주는 의도가 전제된 편집화면으로 인해 관객의 선택 여부가 한정되게 된다. 따라서 미장센은 화면의 길이가 긴 장시간이나 먼 거리에서의 촬영이 우선시되고 한 쇼트가 한 신이나 시퀀스의 구실을 하게 되며, 이에 따라 연속적이며 유동적인 카메라 움직임이 수반된다. 또한 이처럼 화면 내의 리얼리즘이 중시됨에 따라 화면의 층위가 두터워지면서 전심(deep space)27) 초점을 선호하게 되고, 이들 제 요소를 박진감 있게 느끼도록 하기 위해 기존의 조형적 요소가 중요하게 취급된다.

　미장센은 심도(depth)와 구도(composition), 즉 공간과 배치라는 상호작용에 의해 주로 결정되는데, 우선 미장센의 공간적 장치로서의 의미를 살펴본다면, 영화 촬영 시의 미장센적인 3차원의 공간구성은 영화 상연 시에는 2차원으로 환원된다. 그러나 2차원 안에서 3차원의 가상은 여전히 남아 있다. 깊이의 부재 속에서 깊이가 생성되고, 공간의 부재 속에서 공간이 현존하게 되는

---

25) 미장센은 <카이에 뒤 시네마(Cahiers du Cinéma)>지의 트뤼포(Francois Truffaut)와 바쟁(Andre Bazin)에 의해 몽타주 이론에 반하는 미학적 개념으로 개진된 후, 영화의 공간적 측면과 이에 따른 리얼리즘의 미학을 상징하는 용어로 정착되었다. 50년대 중반 영화이론 진영은 앙드레 바쟁의 길게 찍기에 기반을 둔 미장센 영화예술과 세르게이 아이젠슈타인(Sergei M. Eisenstein)의 몽타주 이론으로 양분되어 있었다.

26) 몽타주(montage)는 원래 불어의 'monter', 즉 '조립하다'는 뜻으로 사용된 건축용어였다. 이것을 영화예술에 적용시켜 '편집'의 의미로 사용한 감독이 러시아의 아이젠슈타인이다. 몽타주란 영상 언어의 기본으로 쇼트와 쇼트를 결합시켜 의미(meaning)를 전달하는 것을 말한다.

27) 영화에서 심도는 카메라 렌즈에 따라 서로 다르게 나타나며, 인물에 관한 정보라든가 인물들 간의 관계를 드러내는 데 자주 사용된다. 특정한 부분에 초점을 맞추는 편심(shallow space)에 비해 전심(deep space)은 화면 내의 거의 모든 부분에 초점이 맞추어지므로 화면이 선명하게 보인다. 전심 초점은 많은 정보량을 관객에게 줌으로써 영화 속의 내러티브 등에 대한 이해를 돕는다.

가상적 환영이 발생한다. 3차원(실재) - 2차원(영상) - 3차원(가상)의 순환 고리 속에서 앞선 실재의 3차원뿐 아니라 뒤의 가상의 3차원도 2차원 속에서 현존하고 있다. 이때 미장센은 '영화적 공간'이라는 '환상적 공간'을 만들어 내는 공간 생성 장치로 작동한다.

다음으로 미장센은 의도적인 배치(配置)를 통해, 가시적인 내러티브 (narrative)[28] 이면에서 비가시적인 내러티브를 생성한다. 등장인물의 대사 속에서는 구체적으로 지시되지 않은 이야기 속 이야기를 미장센은 '대리보충 (supplément)'[29]해서 설명한다. 미장센을 통해 작가가 의도하는 영화의 총체적인 내러티브가 완성된다. 청각적으로 들리지 않는 이야기를 시각적으로 들려준다는 측면에서도 역시 미장센은 가상적 환영의 장치, 즉 환상의 장치가 된다. 특히 미장센을 환상의 장치로 단정 지을 수 있는 근거는 바로 커뮤니케이션의 불완전성, 즉 수신자와 발신자의 상호 교감이 완벽하게 부합되기 힘들다는 측면, 라캉식으로 표현하면 의미작용의 끝없는 미끄러짐 때문이다. 가시적 내러티브 외부에서 의미를 고정시키는 고정점(point de caption)의 역할을 미장센이 하지만, 미장센이라는 기표위에 얹어지는 관객들의 의미 고정은 항상 불안정하고 일시적이다.

이처럼 기표(미장센)와 기의(의미해석)의 의미작용은 소쉬르의 주장과는 달리 결코 견고하지 않다. 미장센과 대사를 동등한 내러티브 구성요소라고

---

28) 내러티브는 일련의 사건이 가지는 서사성을 말한다. '이야기(story)'와는 조금 다른 의미로 쓰이는 내러티브는 언어로 기술이 불가능한 '모든 종류의 서사성 전부를 포함하는 이야기'의 개념이다. 종래의 '이야기'는 시와 소설로 대표되는 문자언어로 표현되어 왔지만, 현대에 이르러서는 다양한 장르에 걸쳐 표현되고 있다. 영화·만화·음악·춤 등 모든 수단의 표현방식에서 전하고자 하는 일종의 이야기가 있다면, 그 전달 과정에서 사용되는 기호(언어, 문자, 음향, 동작 등이 보편적·관습적·특정적으로 기호화된 모든 종류의 전달 표현 양식)의 종류에 상관없이 그것을 지칭하는 것이 '내러티브'라는 용어.

29) 대리보충(supplément)은 데리다의 초기 작업에서 중요한 역할을 수행한 개념인데, 보충해야 할 대상, 즉 기원이나 현전의 결핍과 불완전성을 드러낸다. 그런 의미에서 데리다에게 대리보충은 존재나 구조, 또는 언어나 기타의 다른 모든 체계에서 작동하는 논리를 보여 주는 개념이다.

볼 때, 특히 미장센이 더욱 불안정한 의미작용을 하게 되는 이유는 시각기호와 언어기호라는 매체적 차이 때문일 것이다. 대리보충이 보충해야 할 대상의 결핍과 불완전성을 드러내듯이, 영화적 내러티브를 대리보충하고 있는 미장센은 영화의 존재론적 결핍과 불완전성을 드러낸다. 그와 같이 결핍되어 있는 구멍을 결핍되어 있지 않은 것처럼 가리는 작업이 바로 환상의 작업이고, 그런 의미에서 볼 때 미장센은 영화의 환상적 지형을 생성해 내는 중요한 장치가 된다.

이와 같은 미장센의 환상 생성 장치적 속성은 비단 영화에만 국한되지는 않는다. 앞서 살펴본 영화에서의 미장센적 속성을 실내건축의 환상 장치적 속성으로 대체해 볼 수 있는 이유는 다음과 같다.

첫째, 미장센의 '연출하다'는 의미는 실내건축에서의 '디자인하다'는 의미와 동일한 외연을 가진다. 무대의 세밀한 부분까지의 종합적인 계획으로 무대를 장면화하는 미장센의 용어적 개념은 디자인(design)의 라틴어 어원인 '데시그나레(*designare*)'의 '지시하다, 의미하다'와 상통한다. 데시그나레는 '*de*(to separate) + *signare*(sign or symbol)'의 합성어로 기존의 기호를 분리하여 새로운 기호를 지시한다는 의미이다. 미장센에서 개별적인 사물들이 하나의 장면으로 종합적인 의미를 생성해 내듯이 — 즉 영상 속 공간을 채우고 있는 사물들이 사물 그 자체로의 자신임을 멈추고 '종합적인 기호로 작용'을 시작하듯이 — 실내건축에서도 그 안어 존재하는 공간‐사물들은 그 존재의 자체적 의미 외에도 새로운 기호로서 작용한다. 즉 실내건축에서 디자인이라는 행위는 새로운 기호를 연출해 내는 행위로 볼 수 있다.

둘째, 미장센은 근본적으로 공간으로 표현하는 '공간적 장치'라는 점에서 실내건축의 공간 개념과 부합될 수 있다. 미장센의 개념이 연극(3차원)에서 시작되어 영화(2차원)적으로 변용되고 다시 실내건축(3차원)에서 사용될 때는, 미장센이 처음부터 가지고 있었던 공간적 의미의 속성으로 환원될 수 있다. 이러한 측면에서 미장센은 실내공간의 공간적 장치일 수 있다.

　마지막으로, 미장센은 연출가가 무대에서 발생시키고자 의도한 커뮤니케이션을 위해 구성되는 배치라는 점에서, 즉 공간을 세팅하는 주체의 의도에 포커스가 맞춰진다는 측면에서 실내건축과 상관성을 가진다. 여기서 실내 디자이너가 만들어 내는 의도적 커뮤니케이션이란 공간과 수용자 사이에 발생되길 기대하는 커뮤니케이션이다. 예를 들어, 필립 스탁(Philippe Starck)은 초기 작품에서부터 지금까지 일관되게 연극 무대와 같은 드라마틱한 공간 디자인을 통해 커뮤니케이션을 시도하고 있다. 〈카페 코스트 (Cafe Costes, 1984)〉의 계단 디자인은 이러한 특성을 잘 보여 주는데, 이 계단을 경험하는 사람 — 특히 계단에서 내려오는 사람 — 은 마치 영화 속의 주인공처럼 주목받는 경험을 하게 된다. 이때가 바로 스탁이 의도한 '공간적 환상'이 '환상적 공간 장치'를 통해 수용자에게 '전이(transfer)'되어 수용자의 '공간적 환상'이 발생하게 되는 순간이다. 일종의 동일화

[그림 3-16] **Philippe Starck, Cafe Costes**

(identification) 작용인데, 디자이너의 '상상적 동일화'가 수용자의 '상징적 동일화'로 변모되고 교집합을 형성하는 순간이다. 라캉의 분석에 의거하여, '주체가 상정한 이미지를 통해 일어나는 변형'을 동일화로 보았을 때, 디자이너의 상상적 동일화란 '우리가 그렇게 되고 싶은 것(what we would like to be)'과의 동일화, 즉 자신이 디자인한 공간적 환상과의 나르시즘적 일치를 의미한다. 반면에 수용자의 상징적 동일화란 '다른 사람들이 자신을 바라보는 것처럼, 주체가 자신을 바라보는 지점'에서의 동일화로, 즉 계단을 내려오는 순간 타인들에게 주목받고 사랑받을 가치가 있도록 보이는 지점에서 자신을 다시 바라보게 되는 동일화를 의미한다. 그러나 계단을 다 내려와서 테이블에 앉는 순간 그러한

환상과 동일화는 사라지고, 계단을 다시 바라보며 자신이 경험했던 공간적 환상을 자각하며 거리를 두고 판단하게 된다. 이러한 메타 커뮤니케이션[30]적인 판단 작용은 공간과 외부적인 요인들(문화, 정치, 사회, 예술 등)과의 상호 맥락에서 주로 발생하지만, 이처럼 의도된 공간적 배치를 가진 경우에는 한 공간 내에서도 중첩되어 발생할 수 있다.

영화에서 미장센을 구성하고 미장센의 의미를 만들어 내는 요소들을 실내건축적 요소로 적용해 보면 다음의 [표 3 - 4]로 정리될 수 있다. 여기서 프레임·아이콘·앵글·쇼트·움직임과 같이 미장센의 공간을 구성하는 요소들은 실내건축에서 경계·모티브(오브제)·축·동선과 같은 시지각적 장치 요소들로 대치될 수 있고, 균형·심도·구조·형식과 같이 미장센의 공간적 의미를 만들어 내는 요소들은 실내건축에서도 공간–환상을 조작하여 의미를 만들어 내는 의식적 장치 요소들로 대치될 수 있다. 즉 실내건축에서 미장센을 통해 생성되는 공간–환상의 사례들은 크게 공간을 구성하는 측면인 시지각적 사례들과 공간의 의미를 생성하는 측면인 의식적 사례들로 구분될 수 있다.

---

30) 메타 커뮤니케이션(meta communication)은 커뮤니케이션 중에 메시지를 구성하는 기호를 기호로 인식하여 메시지가 자동적으로 명시하는 것으로부터 메시지가 신뢰할 만한 것인지, 그 가치는 무엇이며, 그리고 그 메시지가 함축하고 있는 의미는 무엇인지에 눈을 돌리는 행위이다.

[표 3-4] 영화와 실내건축의 미장센적 특성

		영화	실내건축
미장센의 공간구성 요소	프레임	· 화면 영역의 경계 · 영화 프레임 속 프레임	· 실내공간의 경계 · 공간 내 공간의 경계
	아이콘	· 시각적 모티브 (의상, 배경, 조명) · 스타일 (색채, 질감)	· 가구, 소품, 마감재, 조명 · 색채, 질감
	앵글	· 카메라의 촬영 각도 · eye/worm/bird level	· 시각적 view, level, hight · 수평/상승(계단)/하강(램프)
	쇼트	· 영화표현의 최소단위 · 앵글, 지속시간 효과연출	· 공간표현 최소단위: 실, 가구 · 디자인 포인트에 따라 연출
	움직임	· 카메라/인물의 움직임	· 동선, 공간 경험
미장센의 공간적 의미	균형	· 균형 잡힌 화면 · 의도적인 불균형 화면	· 균형 잡힌 공간 · 의도적인 불균형 공간
	심도	· 편심 공간: 부분 강조 · 전심 공간: 전체 강조	· 편심 공간: 오브제 공간 · 전심 공간: 깊이 중심 공간
	구도	· 스크린을 구성하는 명암, 형태, 질감, 패턴 조직 · 지배적인 대조 – 시선유도, 요소분리	· 3차원 공간을 구성하는 다양한 오브제들의 조직 · 지배적인 대조 – 시선유도, 요소분리
	형식	· 열린 형식: 자발성, 직접성, 우연성, 시각적 모 호함, 프레임 너머와 연속성 · 닫힌 형식: 정확한 배치, 효과, 대조 시각적 균 형, 프레임 너머와 단절, 화면정보량 많아짐	· 열린 공간: 자발성, 직접성, 우연성, 시각적 모호함, 외부 공간과 연속성 강화 · 닫힌 공간: 정확한 배치, 효과, 대조 시각적 균형, 외부와 불연속성 강조, 내부에서만 정보 를 읽음

　　구체적인 시지각적 실내건축의 사례로는 필립 스탁의 작품을, 영화 사례
로는 왕가위(王家衛)의 작품을 들 수 있다. 그 까닭은 필립 스탁의 작품들
은 주로 무대의 스테이지와 같은 공간 연출을 선호한다는 측면에서 강한
시지각적 공간 특성을 보이고 있기 때문이다. 왕가위의 작품들 또한 현란
한 카메라 연출 기법과 다양한 영상 프레임의 조작을 통해 강력한 시지각
적 이미지를 영화에서 표현하고 있기에 시지각적 미장센 공간을 살펴볼 수
있는 사례로 적합하다. 의식적 장치 사례로는 파비오 노벰브레(Fabio
Novembre)와 데이비드 린치(David Lynch)의 작품을 들 수 있다. 노벰브레
와 린치는 서로 활동하는 영역은 다르지만 현실이라는 차원과 환상이라는

차원을 현실 공간 내부에서 직접적으로 혼재시키는 의식적 미장센 공간을 주로 사용하고 있다는 공통점을 가지고 있다.

먼저 시지각적 미장센 공간의 특성을 살펴보면 다음과 같다. 영화에서 미장센은 공간의 3차원적 깊이라는 환영을 생성해 낸다. 여기서 원근법이라는 일반화된 시각의 척도는 공간 생성의 기본 구성법이다. 가깝고 먼 것에 대한 객관적인 척도는 영상이라는 2차원을 3차원적 공간으로 지각하게 만든다. 그러나 현대 회화가 시각보다는 촉각으로 감지되는 공간을 주로 선호하게 되면서[31], 원경의 구조는 파괴된다. 현대의 공간적 지각은 마치 망원 렌즈로 사물을 보는 것과 같이 영역의 경계가 구분 없이 혼합되는 공간감을 선호한다.

먼 것이 가까워지면서(클로즈업되면서) 사물들의 경계는 혼재되고 서로 충돌하고 상호 침투가 일어나게 된다. 작은 사물들이 거대한 규모의 사물이 되거나 전체의 이미지가 부분으로 축소되는 등의 원경 파괴 방식은 보다 강력한 프레그넌스(prégnance; 지각, 기억에 대한 강한 호소력)를 생성하게 된다.[32] 또한 영역의 경계가 흐릿해지거나 공간적 프레임 안에서만 벌어지던 상황이 프레임 밖으로 확장되면 이전에 뚜렷했던 공간적 경계는 어느새 사라지게 된다. 때로는 환영적 시각이 겹쳐지면서 사라지기도 한다. 한편으로 애초에 원근법적 시지각은 공간에서 움직임을 제한한다. 원근법은 고정시점으로 바라보아야만 의도했던 공간 그대로를 인지하게 되는 시각체계이다. 조금만 시점을 이동시켜도 공간은 의도를 벗어난 형태로 지각된다. 영화에서 시선의 이동은 관객이 아닌 카메라에 위임된다. 객석에 앉은 관객은 카메라의 시선이 잡는 장면과 움직임에 수동적으로 반응하게 된

---

31) 후기 인상파를 시작으로 현대 회화는 원근법을 붕괴시키고 상호 침투적인 지각 표현에 치중해 왔다.

32) 파스칼 보니체, 『영화와 회화』, 홍지화 역, 동문선, 2003, p.60

다. 이때 카메라가 원근적 시지각을 벗어나는 움직임을 보이게 되면, 그동안 관객들이 가지고 있던 깊이의 공간감 또는 실제의 공간감이라는 공간적 환각은 너무나 쉽게 붕괴된다.

이처럼 원근법적 시지각 체계가 미장센 공간을 구성하는 기본적인 척도인 것은 분명하지만 현대에 들어서 이러한 시각의 척도는 변화되었고, 식별의 조작을 통해서 새로운 비-원근적 척도들이 영화와 건축에서 결정적 공간들을 장면화하는 수법들에 자주 사용되고 있다. 그 대표적인 방법으로는 경계 재설정하기, 오브제 강조하기, 공간과 주체의 위상(位相) 변화시키기 등이 있다.

우선, 경계 재설정하기 기법은 경계의 의도적 조절을 통해 미장센적 의미들을 제시한다. 예를 들어 왕가위의 〈춘광사설(春光乍洩, 1997)〉에서 세 명의 주인공은 하나의 프레임 안에서 엇갈리게 배치된다. 이러한 구도는 화면의 경계를 확장하는 듯 보이나 오히려 확장되려는 경계에서 대상들을 부분적으로 절단시킴으로써 인물들 간의 심리적 단절을 은유적으로 표현하고 있다. 즉 경계의 확장가능성이 단절을 초래하게 된다. 스탁의 〈테아트리즈 레스토랑 (Restaurant Teatriz, 1990)〉에서 사용된 커튼은 내부보다 더 내밀한 내부라는 경계를 형성한다. 그러나 커튼이라는 유동적인 재료로 인해 경계는 언제든 해체될 수 있다. 이러한 사례들을 통해서 알 수 있는 것은 장면화라는 미장센의 배치에서 경계는 언제나 의도적으로 조절될 수 있다는 점이다. 이러한 경계의 유동성은 공간의 확장이나 압축을 마음대로 조절할 수 있다는 공간적 환상을 생성하게 된다.

오브제를 강조하는 시지각 미장센의 영화 사례를 보면,

[그림 3-17] 왕가위, 춘광사설/P. Starck, Restaurant Teatriz

〈2046(2004)〉에서 클로즈업된 펜 끝은 주인공 양조위(梁朝偉)의 마음을 표현하는 은유적 오브제이다. 주인공은 해피엔딩으로 소설의 결말을 쓰지 못함으로 인해 미세한 떨림 속에서 한참을 펜을 멈춘 채 있다. 펜과 종이라는 단순한 구성으로 이루어진 이 장면적 미장센은 현재를 잠식시키는 2046이라는 과거와 살아가고는 있지만 그 어느 것에도 의미를 부여할 수 없는 2047이라는 현재 사이에서 멈춰 버린 채 있는, 그저 그 어느 것도 선택하지 못하고 멈춰만 있는 양조위의 심리 상쾌를 오브제의 상징화를 통해서 표현하고 있다. 펜 끝은 1시간, 10시간, 100시간, 1000시간 동안 계속해서 멈춰 있다. 시간이 아무리 흘러도 버릴 수 없는 것 단 하나로 인해 그 무수한 시간들은 잠식당하고 현재는 펜 끝에서 흘러만 간다. 이처럼 영화에서 클로즈업은 먼 것을 가깝게,

[그림 3-18] 왕가위, **2046/P.**
Starck, Hotel St. Martin Lane

작은 것을 크게, 일상적인 것을 비일상적인 이미지로 변모시켜 상징적이고 은유적인 차원에서 의미의 프레그넌스를 만들어 낸다. 〈세인트 마틴 레인 호텔(Hotel St. Martin Lane, 19990)〉에서도 보편적인 스케일 단위가 클로즈업됨으로써 일상적인 사물이 비일상적인 사물로 변모되었다. 이처럼 강력하게 시각적으로 변형된 오브제는 공간에 충격을 던져 주며 상징성과 더불어 낯선 소격효과를 일으키기도 한다.

공간과 주체의 시지각적 위상 변화를 통해 미장센을 구성하는 사례로서, 〈화양연화(花樣年華, 2000)〉에서 주인공 장만옥(張曼玉)이 벽에 기대어 있는 장면은 배치를 통한 위상 변화의 지점을 잘 보여 준다. 이 장면은 2소점 원근 구도로 화면을 분할하여 주인공을 한쪽 화면에만 배치시킨다. 주인공은 조명이 있는 환한 곳이 아닌 그림자가 진 어두운 곳에 서 있다. 이

[그림 3-19] 왕가위, 화양연화/P.
Starck, Hudson Hotel

때의 장면 미장센은 주체의 심리와 공간 '사이'의 거리 두기로 인해 발생하는 위상 변화를 표현하고 있다. 즉 공간의 분할을 통해서 공간은 그 자체의 깊이적 존재감을 두 배로 가지게 된다. 그러나 주체가 그 공간에 분명히 있음에도 불구하고 공간을 벗어난 심리상태를 보여줌으로 인해서 주체가 공간에서 괴리되는 현상이 발생하게 된다. 이러한 심리적 괴리 현상은 실내건축 사례에서도 발견된다. 〈허드슨 호텔(Hudson Hotel, 2000)〉의 로비는 천장과 바닥이 강조됨에 따라 공간의 깊이가 사라지게 되는데, 이처럼 깊이와 중심이 해체되면서 공간 속에서 주체의 움직임과 위상에는 왜곡이 발생하게 된다. 즉 이 공간 안에 있는 주체는 분명 공간 안에 있음에도 불구하고 공간과 괴리된 채 공간 속을 부유하는 듯 보이게 된다. 이때 주체와 공간은 각기 다른 객체로 분리된다.

위에서 살펴본 미장센 공간 사례들은 주로 일상적 시지각 체계에 충격을 줌으로써 공간과 주체를 낯설게 보이게 만드는 소격효과, 즉 거리 두기에 치중하고 있다. 이와 같은 공간을 통한 심리적인 거리 두기는 공간 속의 인간이라는 존재 위상을 전복시키고 전경(前景) 속으로 또는 전경 밖으로 주체를 소외시키는 효과를 낳는다. 이처럼 주체가 탈배치된 미장센적 공간들은 그동안 공간을 전유(專有)하는 것에만 익숙했던 주체에게 새로운 공간의 전유 방식에 대해 모색하게 만드는 계기를 제공하고 있다. 이러한 측면에서 본다면 미장센 공간은 단순한 시각적 효과가 아닌 주체의 심적·의식적 측면에 작용하는 공간-환상 장치로 볼 수도 있을 것이다. 그러나 여기에서 이야기하는 의식적 측면은 항상 무의식을 전제해야만 형성되는 것이다. 빅토르 위고(Victor Hugo)의 "형태는 표면으로 올라온 내용이다(Form is contents appearing on the surface)"라는 표현은 사물 또는 의식되는 것들의 표면을 뚫고 돌발적으로 인지되는 무의식의 기표들에 대한 은유로도 볼 수 있다.[33]

대개의 경우 현대의 시각은 고전적인(원근법적인) 재현을 거부하고 주로 왜곡되고 뒤틀어진 렌즈로 바라본 세상 이미지를 선호한다. 이처럼 도려내지고 뒤집혀진 이미지의 재현 속에서는 과잉의 공백이라는 무의식적 차원들이 발견된다. 영화나 실내건축에서 결정적 장면으로 공간을 각인시키는 미장센 공간은 대부분 움직임이 최소화된 장면 – 이미지로 의식에 기록된다. 한번 찍혀진 사진의 순간은 절대 돌이켜지지 않듯이, 즉 사진에 담기는 것은 결국 현재에는 부재한 순간이듯이, 미장센 공간이 장면화하는 내용들은 순간적으로 각인되어 주체의 심연에 흔적을 남기는 이미지들이다. 현존하지만 사실상은 부재한 심상들이다. 즉 미장센 공간에 담기는 과잉적 내용들은 과도해서 오히려 무심해지는 무의식적 공백의 차원을 표출하게 된다. 이처럼 주체는 미장센 공간을 통해서 주체가 의식하고 있다고 믿지만, 실제로는 의식하지 못하는 무의식적 재현의 공간으로 들어서게 된다. 이때 미장센 공간을 구성하는 (의식적) 의미들이 (두의식적) 의미들을 획득하게 된다.

미장센의 균형 · 심도 · 구조 · 형식 등의 의미 생성 요소들은 무의식적 의미들이 의식적으로 재현된 것들로 볼 수 있다. 무의식이 의식의 표면에서 감지되는 재현 방식으로는 크게 무의식적 공백을 재현하는 방식과 흔적을 재현하는 방식, 그리고 변화된 지점을 재현하는 방식으로 구분될 수 있다. 미장센 공간의 시지각 수법인 경계의 재설정이 공간의 경계가 사라지면서 비어 가는 공백을 무의식적으로 조절하기 위해 발생한 것이라면, 오

---

33) 정신분석에서는 이러한 무의식의 기표들을 '징후(symptom)'라고 표현한다.

[그림 3-20] D. Lynch, Twin Peaks/P. Novembre, 100 Piazze(Campidoglio Square)

브제를 강조하는 수법은 무의식적 형상들을 응축하거나 연상하여 의미의 흔적을 남기기 위해 사용하는 기법이다. 또한 위상의 변화는 무의식이 의식으로 변화하는 지점에서 가시적 변화를 일으키는 것들을 표현한 것으로 볼 수 있다.

공백을 재현하는 사례로 〈트윈픽스(Twin Peaks, 1992)〉의 붉은 커튼 방을 들 수 있다. 이 방은 숲 속의 오두막집이라는 현실 공간 안에 위치하지만 한편으로는 인간의 위태로운 욕망의 실재와 맞닥뜨리게 되는 텅 빈 공간인 초현실적 공간이기도 하다. 비어 있음으로 인해서 이 방에선 환영이나 유령과 같이 낯선 불편함을 일으키는 존재들이 출몰한다. 공백의 재현은 낯선 것과의 조우를 야기한다. 노벰브레가 이탈리아의 유명한 100개의 광장을 모티브로 삼아 디자인한 트레이들 또한 공백을 공간적으로 재현한 사례이다. 이 작품은 비움과 채움이라는 이중적 기능을 동시에 가지고 있는 광장이라는 공간을 상징적으로 표현함과 동시에, 운반하는 장치라는 특성상 비어 있게 되지만 결국은 미지의 것들로 계속 채워지게 되는 트레이의 공백의 특성을 상징적으로 재현하고 있다. 공백의 재현 공간은 채움과 사라짐의 과잉적 재현으로 인해 이중적인 낯선 것들이 출몰하는 공간이 된다.

흔적이 재현되는 대표적인 장소적 기호로는 데이비드 린치의 영화에 자주 등장하는 도로(주로 하이웨이, 또는 드라이브로 지칭됨)를 주시해 볼 수 있다. 린치의 도로는 현실과 환상, 그리고 무의식이 혼재되어 있는 공간이다. 도로는 머물지 않고 스쳐 지나가기에 흔적으로만 기억되는 공간적 장소성을 가진다. 영화 〈로스트 하이웨이(Lost Highway, 1996)〉는 캄캄한 밤

고속도로에서 시작한다. 이 장면은 특정한 고정 장소가 아닌 아무데서나 시작해도 상관없다는 탈장소적인 미장센인 동시에 인간의 탈주 욕망을 아슬아슬한 흔적으로 가시화한 흔적의 미장센이다. 흔적들의 가시화는 실내 건축에서는 고정된 공간이지만 고정시키지 않는 방식으로 나타난다. 노벰브레의 〈디비나 디스코(Divina Disco, 2001)〉의 벽과 천정은 보이지 않는 성적 환상의 흔적들이 머물다 사라지는 장소이다. 디스코텍이라는 잠시 머무는 유희의 장소에서 공간이 부여해 주는 섹슈얼리티 환상의 흔적들이 과거와 현재라는 시간의 교차 속에서 공간에 혼재된 흔적을 남긴다.

변모되는 지점에서의 재현은 현실과 환상이 교차되는 공간적 장치를 통해서 주로 표현된다. 〈멀홀랜드 드라이브(Mulholland Drive, 2001〉에서 리타와 베티라는 두 여주인공은 현실과 환상(꿈)에서 서로 교차되는 이중적 정체성을 가진 인물(들)이다. 두 주인공은 서로 다른 인물인 동시에 같은 인물이다. 이러한 이중적 정체성을 표현하기 위한 공간 장치로 영화에서는 두 개의 거울이 겹쳐진 미장센을 보여 준다. 공간에서 거울은 실상과 허상을 공존시키는 장치이다. 주로 현실과 환상이 서로 혼재되어 변모를 일으키는 점근축의 영역을 가시화하기 위한 장치로 사용된다. 특히 이중 거울 장치의 미장센은 왜곡의 왜곡을 통해 현실이라 여겨졌던 논리적 이성이 환상이 되고 다시 환상이 변질된 현실을 생성하는 모습을 상징적으로 표현한 것이다. 감독이 영화 속에서 상정한 이중의 퍼즐은 거울표면에서 물신화된다. 여성의 신체라는 물신 기호는 반사의 반사를 통해 완결되지 않고 끝없이 지연되고 미끄러지면서 변모의 순간만을 반복하게 된다. 이러한 미장센 장치들은 주로 도착적 기호로 물신화되는데

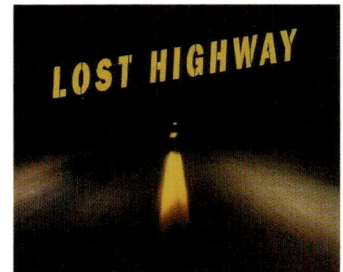

[그림 3-21] D. Lynch, Lost Highway/P. Novembre, Divina Disco

[그림 3-22] D. Lynch, Mulholland Drive/P. Novembre, Anna Molinari

이와 같은 도착적 장치 미장센을 가장 잘 사용하는 디자이너가 바로 노벰브레이다. 〈안나 몰리나리 블루마린 (Anna Molinari Blumarine, 1994)〉에서 여성의 다리를 형상화한 개구부는 노골적인 도착 기호이다. 여성 신체의 물신화 장치는 노출과 관음이라는 시각충동의 대상으로 공간을 변모시켜 주체의 성적 환상이 현실 공간에서 교차되게 만든다. 특히 개구부라는 통과 장치적 공간은 마치 거울면에서 이중의 점근축 영역이 형성되듯이 안과 밖의 경계면을 형성하면서 현실(의식)과 환상(무의식)이 교차되고 머무는 변모의 지점을 상징하게 된다.

위에서 살펴보았듯이, 노벰브레나 린치의 작품들에서 사용되고 있는 미장센 공간 장치들은 주로 의식적 측면에서 작동하는 공간-환상을 만들어 낸다. 직접적으로 초현실적인 공간이나 텅 빈 공간을 상징적으로 표현함으로써 오히려 상징의 과잉이 실재(the real)의 공백임을 표현하기도 하고, 현실 공간 안에 환상이나 기억과 같은 무의식적 흔적들의 찰나적 교차를 표현하기도 하고, 그러한 흔적들이 혼재되고 서로의 영역을 침범하여 상이한 것들이 서로 변모되는 지점을 표현하기도 한다. 이와 같은 무의식의 직접적인(의식적인) 재현 방식에서 두드러져 보이는 특징은 현실이 환상처럼 구성되고 표현됨에 따라 현실이라는 실체가 더더욱 알 수 없는 무엇이 되어 버린다는 점이다. 여기서 환상의 공간은 현실의 이면을 보여 주는 거울이고, 또한 감추고 싶은 인간의 욕망을 직면하게 하여 실재를 드러내는 초현실적 공간이다. 결국 이러한 측면에서도 미장센 공간은 인간이 공간을 통해서 욕망하는 것들을 대리하거나 표출하는 공간-환상적 장치인 것이다.

 제4부

실내건축의 공간 - 환상

실내건축이 가지고 있지 못한 것들로 인해 욕망이 발생하고, 그 결핍된 것들을 메우기 위해 공간–환상이 생성되었다는 전제하에서 살펴보면, 현대 실내건축의 보편적이거나 특수한 경향 또는 건축가나 디자이너들의 사고 유형은 공간–환상의 유형을 도출할 수 있는 근거가 될 수 있다. 그 까닭은 건축공간을 다룸에 있어서 서로 다른 경향이나 사유를 보인다는 것은 각기 디자이너 자신이 디자인을 위해 설정한 전선(戰線)이 다르다는 것이고, 전선이 다르다는 것은 디자인을 통해 해결해야 한다고 설정하는 문제가 다르다는 것이다. 또한 설정하는 문제가 다르다는 것은 욕망하는 지점이 다르다는 것이고, 이는 결국 실내건축이 가지고 있는 결핍을 다르게 인식하고 있으며 그에 상응하는 대응방향이 각기 다르다는 것을 의미하기 때문이다.

그렇다면 여기서 현대 실내건축이 집중하거나 또는 천착하는 문제를 분류한다면, 이는 공간–환상이 건축적 결핍이나 한계를 대하는 방식의 분류로 확장 가능할 것이다. 그러나 이러한 논의를 전개하기 위한 전제인 실내건축의 경향이나 사고 유형의 분류가 실질적으로 실내건축만의 논의 범주 내에서만은 구체화되기 힘들기에 건축의 범주로 확대해야 한다는 문제가 발생한다. 욕망유형에서는 건축과 변별될 수 있었던 실내건축만의 특수성이 경향 유형에서는 큰 차이를 보이지 않는다. 그 이유로 들 수 있는 것은 우선 실내건축이라는 영역이 건축과 분리되어 독립적으로 존재할 수 없다는 점에서 건축의 영향을 직간접적으로 크게 받기 때문이다. 이보다 더 중요한 지점은 건축이라는 형상적 실체의 생성이 주로 논리의 구조를 따른다면, 실내건축의 형상적 실체는 굳이 논리로 설명하지 않아도 인지되는 직관적 구조를 건축보다는 더 많이 가지고 있기 때문이다.[1] 결국 사고 유형을 도출하기 위한 전제인 논리적 범주가 건축에 비하면 실내건축은 뚜렷이 변별해 내기가 쉽지 않게 된다. 그런 까닭에 여기에서는 현대 실내건축의 경향 또는 사고유형을 우선 건축을 전제로 분류하여 기술하고, 건축과는 차이를 보이는 실내건축적인 특수성을 따로 언급하는 방식으로 글을 진행할 것이다.

　　최근에 주목을 받고 있는 현대건축의 사고 유형은 다음과 같다. 경계적 사고, 연속성의 사고, 다이어그램적 사고[2], 표면의 구축 문제, 사건과 강도의 문제, 그리고 감각의 논리 등이 있다. 이와 같은 분류는 실내건축의 욕망유형을 통해 도출되었다. 내밀성 욕망은 주로 내·외부의 경계의 문제에 초점을 맞추는 사고유형으로, 그리고 시간성 욕망은 건축의 일시성과 더불어 분할 불가능한 연속적인 흐름에 천착하는 사고유형으로 전개되고 있다. 상징적 표상 욕망은 현대건축의 비표상도구로 부각되고 있는 다이어그램적인 사고유형과 더불어 현대건축에서 인터페이스적 기능이 강화되면서 주요 구축 요소로 등장하고 있는 표면의 문제로 전개되고 있다. 또한 미적 표현은 표면의 문제와 더불어 건축의 내재·외재적 요소들이 사건과 강도를 통해 표현되는 문제로 전개되고 있다. 마지막으로 부정성이라는 욕망 구조의 특성은 개념화할 수 없는 개념 또는 논리화할 수 없는 논리인 감각의 논리로 전개되고 있다.

---

1) 건축은 실내건축보다 많은 제한적 조건을 가지고 있다. 건축은 중력에 저항하는 구조체로 서 있어야 하고, 용도에 맞는 기능을 담아야 하고, 오랜 시간을 견디는 내구성을 가져야 하고, 상징적 의미체계 또는 미적 표현을 담아야 한다. 이에 반해 실내건축은 건축이 구축해 놓은 구조체를 이용하면 되고, 건축이 제공하고 있는 기능을 강화하면 되고, 내구성 또한 건축에 비하면 용이하게 접근할 수 있다. 이처럼 논리의 구조를 따라가야 하는 지점에서 실내건축은 건축에 비해 자유로우며, 직관의 구조를 따라가야 하는 지점인 의미와 미적 표현에서는 건축보다 더욱 자유로워질 수 있다.

2) '다이어그램적 사고'라는 현대건축의 사고 유형은 고전적인 다이어그램이나 기능적 다이어그램의 사용과는 다른 의미의 용법을 가지고 있다. 즉 다이어그램을 사용하는 자체에 초점을 맞추는 것이 아니라 다이어그램적으로 사고하는 사고 유형에 초점을 맞추고 있는 것이다.

이와 같은 사고·경향 유형들은 구체적인 공간 – 환상의 작동방식에서 각기 은폐, 왜곡, 표출 유형으로 분류된다. 여기에서 사고 유형(경계적 사고/연속성의 사고/다이어그램적 사고)이 주로 은폐 유형으로, 경향 유형(표면의 텍토닉 경향/사건과 강도의 문제)이 왜곡 유형으로 분류되는 이유는 다음과 같다. 우선 은폐 유형은 주로 건축이나 실내건축이 가지고 있는 한계 내지는 태생적 결핍을 인정하지 않고 숨기는 유형이기에, '경향'적 측면보다는 '사고'적 측면이 더 강하게 나타난다. 건축적 사고라는 것은 단순히 추세나 흐름을 따라가는 것이 아니라 특정한 패러다임의 경향을 보이는 것으로, 구조화된 세계관과 해석이 뒤따른다. 건축적 사고에 따라 건축적 개념·원리·방법·법칙·의도 등에 대한 선택은 달라지며, 디자인 문제 해결을 위한 구체적인 원칙과 도구로서 건축적 사고는 그 역할을 수행하게 된다. 즉 사고 유형에서는 건축의 모순 또는 한계를 각기 자신의 방법론으로 해결하고 있다고 생각한다. 그러나 대개의 경우 이것은 욕망의 환유적 특성과 마찬가지로 지연되고 있을 뿐이다. 이러한 측면에서 사고 유형은 은폐적 특성을 보이고 있다. 이에 반해 왜곡 유형은 결핍을 인정하고 각각의 방법론을 제시하지만, 결국은 그것이 결핍을 왜곡해서 드러내게 되는 유형이다. 그러므로 굳이 패러다임이 요구되기보다는 다양한 경향과 방법론이 제시되는 유형이다. 마지막으로 표출유형은 한계와 결핍을 있는 그대로 인정하고 드러내는 방식이므로 굳이 사고나 경향과는 무관한 일종의 (비)논리의 영역이다. 이에 따로 분류하였다.

1. 상상계: 은폐유형

부정성

공간-환상은 실내건축의 불가능성과 분열을 감추거나 드러낸다. 공간-환상의 은폐 유형은 실내건축의 결핍을 숨기는 방식으로, 그 작동 유형으로는 실내건축적 속성 자체를 부정하여 은폐하는 '부정성' 사례와 실내건축의 불가능한 지점을 은폐하는 '불가능성'의 사례가 있다. 부정성은 경계적 사고와 연속성의 사고에서 주로 보이고, 불가능성은 다이어그램적 사고에서 두드러지게 표현된다.

우선, 부정성의 사례를 통해 공간-환상의 은폐 유형을 살펴보면, 부정성은 욕망의 환유적 특성 때문에 주로 발생한다. 욕망은 충족되지 않고 끊임없이 환유되는 일종의 공허한 제스처를 반복한다. 이때 욕망은 강요된 선택구조를 만들고 유지하는 한편 동시에 일종의 허위 개방을 허용한다. 즉 충족이 아니라 재생산하는 데 욕망의 목적이 있다는 점을 주목해 볼 때, 욕망은 실패할 것이 기대되는 동일한 제스처를 끊임없이 반복해서 다시 욕망할 수 있는 가능성을 열어 놓는 개연성의 구조를 띄고 있다. 이때 이러한 개연성을 확보하기 위한 가장 적절한 방법론이 부정성이다. 부정성은 일반적으로 동일성의 구조를 균열시키는 강력한 힘으로 작용할 수 있지만, 라캉의 욕망이론에서 부정은 오히려 전복과 저항을 설정해야 한다는 작위성의 문제로, 즉 이항 대립 구조가 가지는 봉쇄적 성격으로 두드러진다.

이와 같은 부정성이 현대건축에서 경계적 사고와 연속성의 사고에서 두드러지게 표현되고 있다는 점은 주목할 만한 지점이다. 그 까닭은 건축에서 경계와 연속성의 문제는 건축이라는 대상의 본질을 규정하는 문제이기 때문이다. 경계 지음을 통해 비로소 건축이라는 대상이 생성된다. 또한 그 경계 지음으로 인해 건축이라는 대상은 외부와 연속선상에 놓이지 못하고 단절된다. 경계를 통해 경계를 부정하는 사고유형은 건축이라는 대상이 가진 본질을 부정하는 것이고, 이는 건축이 경계 지음으로 인해 발생할 수밖에 없는 건축적 한계를 인정하지 않는 사고 유형이다. 즉 경계 없는 건축 또는 경계가 있으나 다르게 경계 지을 수 있는 건축이라는 공간－환상이 작동하고 있다고 볼 수 있다.

가즈요 세지마(Kazuyo Sejima)의 〈숲 속의 빌라(Villa in The Forest, 1994)〉는 이와 같은 경계적 사고에서 부정성의 작위적 설정이 두드러지는 사례이다. 이 주택은 두 개의 원통이 내부에서 겹쳐진 형태의 평면을 가지고 있다. 두 겹의 원통형 벽면이라는 이중의 경계를 사용함으로써, 이 주택은 건축의 경계 지음을 긍정하고 이를 통해 가장 건축적인 내밀함을 지향하고 있는 듯

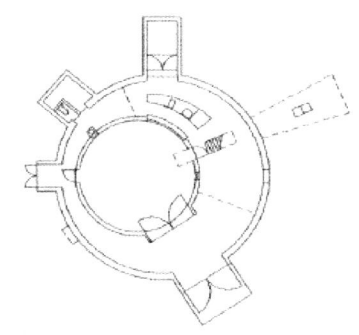

보인다. 그러나 사실상 안쪽 원통 내부의 공간은 창공을 향해 열려 있는 공간으로, 내부화된 망원경처럼 열린 하늘(외부)을 내부화함으로써, 경계의 속성을 해체하는 요소를 의도적으로 내부에 삽입하고 있다. 결국 이 주택은 내밀하고 고립된 사적 공간을 경계의 강화를 통해 표현하면서도 그에 반하는 외재성을 함께 공간 안에서 담고 있다. 이와 같은 내부화와 외부화라는 이항 대립적 배치는 내부의 내부를 외부화하는 경계조절을 통해 '내부적'이라는 사적 공간의 전형성을 부정하며 건축적 경계의 모순 지점을 드러내어 경계 지음의 전복의 가능성을 여는 듯 보인다. 그러나 여기서 먼저 성립되어야 할 기본적인 전제는 내부와 외부가 서로의 경계적 속성에 저항하는 대립항의 관계이어야 한다는

[그림 4-1] **Kazuyo Sejima, Villa in The Forest**

것이다. 결국 이러한 경계조절은 대립적 부정 관계의 작

위성을 기반으로 성립된다. 그러나 내부의 부정항이 외부라는 식의 대립 구조적 설정은 오히려 전복의 가능성을 작위적 범위 안에서만 허용함으로 인해 결국 전복적이지 않게 만든다. 나아가서 내부화된 외부, 외부화된 내부처럼 서로의 차이를 무화시켜 동질성으로 귀속되게 만드는 봉쇄적인 특성의 부정성이 반복될 수 있다. 이처럼 경계조절을 통해 내부와 외부를 동일성으로 묶어서 고립시키는 공간 구성 전략은 경계로 인해 발생하는 건축적 차이를 배제하여 그 차이를 은폐하려는 공간-환상의 징후를 드러내고 있다.

다음의 사례는 경계 조절 은폐 유형의 실내건축적 사례로서, 건축과는 차이가 있는 지점을 중심으로 살펴볼 것이다. 우선, 카슨 만(Casson Mann)이 디자인한 2002년 원자력 에너지 박람회의 출입구 〈웰컴 윙(Welcome Wing, 2002)〉은 앞서 분석한 '숲 속의 빌라'와의 상응적 관점에서 분석 가능하다. '숲 속의 빌라'가 건축의 외부와 내부라는 경계면에서 발생하는 외·내부 경계조절의 작위적 부정성을 드러내고 있다면, '웰컴 윙'은 내부와 내부의 내부 사이의 경계면에서 발생하는 경계조절의 부정적 은폐 경향을 드러내고 있다 더불어 이와 유사한 사례로 클라인 다이담(Klein Dytham)의 〈블룸버그 ICE(Bloomberg ICE, 2002)〉를 함께 들 수 있다. 이 두 사례는 모두 자기감응 스크린이라는 내부 표피의 경계 조절 장치를 디자인의 핵심으로 사용하는 사례들로, 현대 실내공간의 상호작용적인 특성을 잘 보여 준다. 이 사례들에서 내부 표피의 매체적인 표현은 공간의 고정된 물성을 해체하는 동시에 표피에 흐르는 정보와 이미지를 통해 내부 공간의 성격을 지속적으로 변화시키고 있다.

[그림 4-2] **Casson Mann, Welcome Wing**

[그림 4-3] **Klein Dytham, Bloomberg ICE**

이와 같은 경계의 물성을 통한 경계의 부정방식은 건축 사례에서 보인 경계의 중첩을 통한 경계의 부정방식과는 분명 차이를 보인다.

내부 공간을 규정하는 최종 경계면은 어떤 방식으로든 물성을 가지게 된다. 실내건축의 내밀한 욕망 특성에 근거해서 보면, 실내건축은 건축의 내부에서 더 깊은 내부를 공간으로 형성하기 힘들어질 때 그 최종 경계면에 집중하여 이러한 욕망을 충족시키려는 경향을 보인다. 공간 너머의 공간이라고도 볼 수 있는 이러한 공간들에 대한 생성 욕망은 일종의 지각 너머, 현상 너머와 같은 간(間, 사이) 차원에서 공간을 확대재생산하려는 욕망으로 볼 수 있다. 즉 내밀하면서 동시에 내밀하지 않을 수 있는 공간, 내부이면서 외부일 수 있는 공간을 각각 실내건축과 건축에서는 욕망하고 있고, 이러한 유형들은 각 대상들의 경계에 대한 부정에서 출발하여, 이러한 부정을 통해 각 대상들의 속성을 은폐하려는 경향을 보이고 있다.

또 다른 부정성을 통한 은폐의 사례로 MVRDV의 〈빌라 VPRO(Villa VPRO, 1997)〉를 들 수 있다. 이 작품은 대표적인 연속성의 사고 유형으로, 직설적인 형식의 연속성을 건축 조직화의 핵심으로 삼고 있다. 렘 콜하스

[그림 4-4] **MVRDV, Villa VPRO** 외관과 내부 사진

(Rem Koolhaas)의 〈쿤스트 할(Kunsthal, 1992)〉에서 건물을 관통하는 경사판이 공간의 주요 프로그램을 제어하는 조직화의 밑판으로 사용된 이후, 현대건축에서 연속적인 경사판은 단순한 통로만이 아니라 건축물 전체를 조직하는 밑판으로 더욱 강화되어 사용되고 있다.[3] 빌라 VPRO에서 경사판은 내부와 외부를 매개하는 중간영역이 되기도 하고, 기능적인 볼륨을 얹어 놓은 밑판이 되기도 하며, 단면 형태로 입면을 결정하는 요소가 되기도 한다. 이 건축물에서 연속성은 기능적으로 경사를 용이하게 흡수할 수 있는 통로에만 국한되어 있지 않다. 건물의 모든 요소를 하나의 연속된 판으로 제어하려는 의지가 반영되어 있다.[4] 이러한 연속적인 굴곡면은 경사판이 주

[그림 4-5] **Rem Koolhaas, Kunsthal**

는 난점은 배제하면서도, 층간을 가로지르며 연속되는 면이 건축 내부 공간의 모든 부분을 제어하는 기준이 된다는 점을 수용한다.

　이처럼 연속성이 건축과 실내건축 조직화의 핵심이 될 때 두드러지는 부정성은 세지마의 〈숲 속의 빌라〉와 마찬가지로 경계를 바라보는 시선의 차이에서 발생한다. 그 까닭은 '연속'은 '불연속/단절'에 대한 부정항에서 발생하기 때문이다. 건축적 공간이 형성되기 위해서는 필연적으로 경계가 요구되는데, 형성된 경계가 가져오게 되는 단절은 다시 디자이너들에게 단절을 극복해야 한다는 대립구조를 설정하게 만든다. 또한 베르그송(Henri Bergson)의 분할 불가능한 흐름으로서의 '지속' 개념이나 들뢰즈(Gilles

---

3) 정만영, "현대건축과 일그러진 들뢰즈; 제1강 차이와 생성 - 연속성의 사고", 2006 여름 철학아카데미 강의록, p.3

4) Ibid., p.3

Deleuze)의 객체 스스로의 미분적 '차이' 개념 등으로부터 영향을 받은 현대 건축가들은 주로 연속성과 일체화를 기반으로 해서 생성되는 질적 차이의 건축 공간에 집중한다. 이때 건축가들은 동질성에 대한 부정항으로서의 비동질성, 즉 다양성에 기반을 둔 연속성을 설정하게 된다.5) 결국 현대건축이나 실내건축에서 천착하는 연속성이라는 개념은 '동질적임 또는 연속적이지 않음'에 대한 부정을 통해 이를 극복해 보려는 작위적 설정의 개념으로 볼 수 있다.

이와 같은 대립 구조 속에서 다시 〈빌라 VPRO〉에 사용된 연속성을 형성하는 내부 공간의 구성 요소들을 중점적으로 분석해 보면 다음과 같다. 벽과 바닥과 천정이라는 요소들이 하나의 연속된 흐름으로 내부공간과 공간의 단면을 구성할 때, 각각의 공간 구성 요소들의 속성은 부정된다. 이때도 부정성의 구조가 작동한다. 동질적 요소인 '바닥'을 부정하여 비동질적 요소인 '벽-바닥'을 생성해 내지만, 벽-바닥은 여전히 바닥의 기능을 수행함으로써, 자신의 비동질성을 다시 부정하게 된다. 이 작품은 가시적·경험적으로는 분명 연속적인 공간이지만, 비가시적·현상적으로는 불연속적인 공간이다. 즉 외부와 내부가 하나의 흐름 내에서 공간들을 미분적 차이(자기 생성적 차이)로 생성해 내지만, 그렇게 생성해 낸 연속적 속성을 부정하는 불연속적인 속성은 건축 안에 이미 내포되어 있다. 결국 연속성은 불연속성이라는 대립항과의 반복적인 부정 과정을 통해 획득되는 것이다. 그러나 이처럼 연속과 불연속의 대립 구도를 통해서만 불연속적인 연속성이 생성될 수 있다는 점은 건축이라는 대상의 속성이 결코 연속적이지 않다는 점, 즉 경계 지음에서 비롯된다는 건축의 본질적 특이성을 확인하게 할 뿐

---

5) 여기서 동질성이 공간적 불연속을, 비동질성이 공간적 연속을 의미한다는 점은 철학 개념과 건축 공간의 구조적 차이를 보여 주는 것이라고 볼 수 있다.

이다. 결과적으로 현대건축과 실내건축에서 브이는 연속성의 사고는 건축이
라는 대상이 가진 내재적 한계에 대한 은폐에 다름 아니다. 이는 차이의 생
성을 통해 차이를 은폐하려는 공간 – 환상의 징후를 드러낸다.

불가능성

다음으로 공간 – 환상이 건축적 결핍을 '부정성'을 통해 은폐하는 방식
외에 '불가능성'을 통해 은폐하는 사례들이 있다. 부정성의 사례들이 건축
의 모순 지점을 드러낸다면, 불가능성의 사례들은 건축의 한계를 드러낸다.
특히 현대 건축가들이 주로 많이 사용하는 비표상적 도구들(프로그램, 다이
어그램, 데이터스케이프 등)은 건축의 불완전성이나 내재적 한계를 극복하
기 위해 사용하게 되는 추상기계[6]들이지만, 오히려 그 한계를 극복하는 것
이 불가능하다는 지점을 드러내는 도구이기도 하다. 분명 이러한 추상기계
들은 건축의 재현적 장치가 아닌 생성적 장치르서 현대건축 내에서 긍정적
인 생성의 역량을 가지고 사용되고 있다. 특히 다이어그램은 요소들 간의
잠재적 관계를 기술하여 형태·구조·프로그램을 명료하게 만들고 설명하
기 위한 도구로 현대 디자이너들에게 적극적으로 사용되고 있다. 다이어그
램은 새로운 건축 조직의 모형을 만들어 내기 의해 사용되는 추상기계이다.
그러나 다이어그램과 같은 이러한 외삽(外揷)[7] 도구의 사용은 건축 자체에

---

6) 추상기계는 『천 개의 고원(*A Thousand Plateaus*)』에서 제시된 들뢰즈와 가타리의 개념으로 다이어
  그램과 같이 대상의 재현보다는 생성 자체에 초점을 맞추는 작동개념을 설명하기 위해 고안된
  개념이다. 특히 비표상 개념을 표방하는 일부 건축가들에게 있어서 재현이 아닌 구축하는 도구
  로, 시간에 선행하는 도구로의 추상기계는 그들의 건축생성도구를 설명하는 데 있어서 유용한 개
  념이 된다.

7) 외삽은 수학에서 어떤 변역 안에서 몇 개의 변수 값에 대한 함숫값이 알려져 있을 때 이 변역
  외의 변수 값에 대한 함숫값을 추정하는 방법을 의미한다. 건축에서 다이어그램을 외삽 도구로
  볼 수 있는 까닭은 건축의 외부에서 가져온다는 점과 건축에서 발생할 수 있는 변수들을 추정해
  볼 수 있는 직접적인 도구이기 때문이다.

내재해 있지 않기에 외부로부터 도구를 차용해 올 수밖에 없게 되는 건축의 불완전성을 드러낸다. 건축이 완결적 구조의 대상이라면 굳이 이러한 외부 도구의 사용은 필요가 없을 것이다. 결국 건축의 불완전성으로 인해 사용하게 되는 건축 외부 도구들의 사용은 건축이 가지고 있지 못한 지점을 외부적 차용을 통해 채울 수 있다는 공간-환상을 작동시킨다. 이러한 공간-환상 속에서 외삽 도구와 건축 사이의 간극은 때로는 메워져 둘 사이의 거리가 사라진 듯 보이기도 한다. 그러나 실제로 이때 작동되는 공간-환상은 둘 사이의 간극을 더욱 선명하게 강조하면서 외부 도구의 사용을 통해 건축적 결핍을 메우는 것은 '불가능하다는 것'을 가시화한다.

이러한 공간-환상의 불가능성 논의에서 다른 비표상 도구들보다는 다이어그램의 사례에 조금 더 집중하고자 한다. 그 까닭은 현대건축에서 다이어그램은 단순히 도구적 사용에 그치지 않고 건축가들의 사고 유형을 드러내거나 결정짓기 때문이다. 다이어그램이 단순히 재현의 수단일 때와는 달리, 생성의 수단이 되면서부터는 다이어그램에 근거한 건축적 사고 유형이 등장했다고 볼 수 있다. 그러한 사고 유형을 보여 주는 대표적인 건축가가 벤 반 베어켈이다. 그의 작품인 〈뫼비우스 하우스(Möbius House, 1998)〉는 다이어그램이라는 추상기계가 가지고 있는 가능성과 건축 적용에서의 한계를 드러냄으로써 다이어그램적 사고 유형의 공간-환상적 은폐 작용을 보여 주는 대표적인 사례이다.

유엔 스튜디오(UN Studio)의 벤 반 베어켈의 디자인 프로세스에서 다이어그램은 90년대 초반부터 현재에 이르기까지 중요한 역할을 해 오고 있다. 그의 작업에서 다이어그램은 일종의 매개자로서 현대사회의 요구와 상황에 부합하지 못했던 오래된 건축유형으로부터 벗어나기 위해 의도적으로 사용된 도구이다. 그는 마치 주어와 목적어 사이에 존재하는 하나의 외부적 요소처럼 다이어그램을 프로젝트에 도입하고 있다. 벤 반 베어켈과 카롤리네 보스(Caroline Bos)는 다이어그램의 복합적 의미에 대해 다음과 같은 논의를 전개했다.

> 다이어그램은 1) 데이터를 축약하기 위해 사용되는 시각적 수단, 2) 관계의 추상적 지도, 3) 디자인의 과정을 임의적이고 직관적이고 주관적인 논리로부터 벗어나게 할 수 있는 장치, 4) 다양한 층위에서 데이터를 담고 있는 복합체, 5) 그 자체가 그것의 해석보다 더 강력한 이미지들, 6) 개념과 건축을 연결해 주는 매개체, 7) 양식과 유형을 벗어날 수 없는 재현적인 디자인 방법에 대한 대안, 8) (들뢰즈와 가타리의 개념을 좇아) 순수 물질 – 기능으로서의 추상기계 등으로 이해된다.[8]

벤 반 베어켈은 다이어그램이 청사진과는 명확히 다르다고 보았다.[9] 그에게 있어 건축을 생성해 가는 과정은 사전에 결정된 흐름을 그대로 따라가는 것이 결정적 선행과정이 아니라, 다이어그램에 의거해 현재의 형상에서 이후 전개될 상황이 달라질 수도 있는 잠재적 추이과정인 것이다. 벤 반 베어켈에게 다이어그램은 불확정적이며 우연적인 이동 방향을 추정하여 미래를 향해 발산해 나가는 것이기에, 기존의 상황이나 대상을 표상하기보다는 앞으로 일어날 새로운 것들을 생성시키는 도구인 것이다.[10] 그러나 봉일범이 지적했듯이, 다이어그램을 건축 디자인의 생성(구축)도구로 사용한다는 측면에서 본다면, 〈뫼비우스 하우스〉의 사례는 다이어그램의 생성적 역할 수행 측면보다는 다이어그램이 최종 디자인 결과와는 별개의 또 다른 결과물에 대한 사고가 될 수 있다는 측면에 주목하게 만든다. 그 까닭은 이 주택에서에서 논리적 연결고리를 가지고 있는 것처럼 제시된 뫼비우스의

8) 봉일범, 『프로그램 다이어그램』, 시공사, 2005, pp.86~87

9) Ben van Berkel & Caroline Bos, "Diagrams", *Move Techniques*, UN Studio & Goose Press, 1999, p.20

10) 정인하, 『현대건축과 비표상』, 아카넷, 2006, p.202

띠라는 개념적 다이어그램이 사실상 입체적인 다이어그램이나 생활주기 분석 다이어그램과는 무관했기 때문이다.[11] 비록 벤베어켈이 뫼비우스 띠가 문자 그대로 건물로 옮겨지는 것이 아니라 개념화되거나 하나의 주제가 된다고 주장하였지만,[12] 뫼비우스 수학적 모형과 뫼비우스 하우스의 관계는 개념화의 연결고리가 아닌 시각적 연결고리의 단서를 제공할 뿐이다.

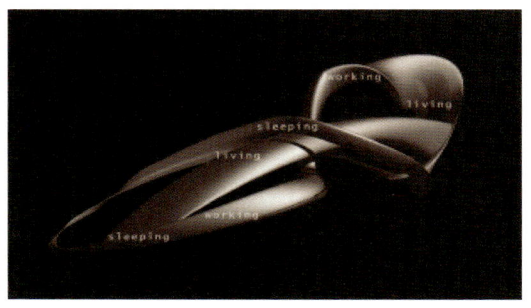 

[그림 4-6] **UN Studio, Möbius House** 다이어그램과 외관

뫼비우스 하우스에서 사용된 다이어그램은 프로세스 자체를 생성했다기보다는 '재현'했을 뿐이었다. 결국 다이어그램이라는 비표상적 도구를 통해 건축이라는 대상이 유형화되는 것을 지연시키고 외부의 개념들을 특수한 형태로 가져옴으로써 디자인을 발전시킬 수 있을 것이라는 주장은 불가능한 것에 대한 욕망, 그 자체인 것이다. 다시 말해 기존의 건축 표기법이 아닌 새로운 표현법을 열망했던 건축가들에게 있어서 다이어그램은 건축의 관습화된 양식에 고착되지 않을 수 있을 것이라는 가능성을 충족시킬 수 있었던 욕망의 표출 대상이었던 것이다. 다이어그램의 사용으로 인해 생겨나는 건축의 가능성은 다른 한편으로는 다이어그램의 사용으로 인해 확인

11) 봉일범, op. cit., pp.87~88

12) Ben van Berkel & Caroline Bos, op. cit., p.43

되는 건축의 불가능성을 암시하고 있다. 즉 건축의 물성에 의해 고정되는 고정점을 다이어그램의 추상성에 의해 해체하고 새로운 생성의 지점에 놓으려 하지만, 구상적인 건축과 추상적 다이어그램 사이에는 완벽하게 일치되지 못하는 불연속적인 간극이 존재한다. 그 간극에서 볼 때 건축이나 실내건축은 추상적이고 생성적인 흐름들을 담아내기에는 지나치게 형태에 의해 고정되어 있고, 그 형태를 결정하는 데 도움을 주는 추상기계로서의 다이어그램의 역할은 지나치게 유동적이다. 이러한 불일치와 비논리의 틈새는 건축이나 실내건축이 지니고 있는 한계점을 가시화한다. 다이어그램과 같은 도구의 사용으로 인해 건축이나 실내건축은 자체에 결핍되어 있기에 욕망하게 되는 지점들의 충족을 기대하게 된다. 이처럼 건축이나 실내건축에서 다이어그램과 같은 도구들 또는 기호학이나 과학과 같은 다른 분야를 수용하는 외삽적 모델들의 사용은 건축이 자기 참조적 시스템일 수만은 없다는 사실을 증명한다. 즉 건축은 외삽을 통해 건축이라는 대상의 내재적 특이성을 발현하는 대상적 본질을 가지고 있다. 이는 건축이 자기 완결적 존재일 수 없다는, 즉 건축이 근원적인 결핍을 가지고 있다는 점을 드러낸다. 결과적으로 이러한 도구의 사용은 개념적이거나 추상적인 것을 구상적인 건축적 대상과 매개시키려는 강박적 징후를 드러낸다.

다음의 사례는 유엔 스튜디오가 〈스킴닷컴(skim.com, 2001)〉의 온라인 오프라인 공모전에 출품했던 작품으로, 앞서 분석한 유엔 스튜디오의 다른 작품인 〈뫼비우스 하우스〉와 유사하거나 차이가 생기는 맥락을 중심으로 살펴볼 것이다. 우선 유엔 스튜디오 작업의 전체적인 특성이라고도 볼 수 있는 유사점을 살펴보면, 두 작품 모두에서 다이어그램은 논리적 귀결 구조를 따라 전체 프로세스를 조직하면서 사용되기보다는 시각적 또는 추상적(통계적) 이미지로서 프로젝트 전체의 성격을 유지시켜 주는 차원에서 사용되고 있다. 벤 반 베어켈의 이러한 접근 방식은 현실을 균일하고 선형적

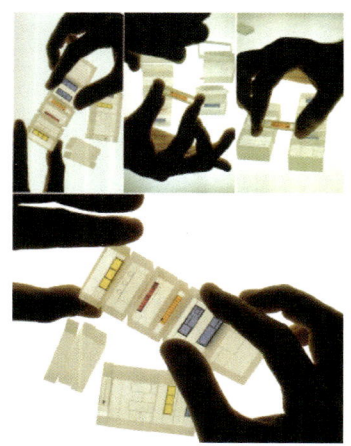
[그림 4-7] **Manuel Gausa, M-House**, 공간형성 과정

인 시스템이 아닌 다양한 구조들의 중첩으로 인식하는 데서 비롯된다. 그는 이와 같은 중첩 구조를 재규정하고 물질로 매개하는 과정을 건축으로 보고 있다. 그에게 있어 다이어그램은 다양한 변이과정(mutated way)을 거치면서 건축적인 요소들(빛, 공간감, 인지도 등)과 결합하여 간접적인 방식으로 건축과 현실을 매개하는 도구이다.13) 이에 반해 마누엘 고사(Manuel Gausa)의 다이어그램은 선택적 조합 자체로서 직접적으로 3차원 공간을 형성하는 생성도구이기에 다이어그램과 대상 사이에 간극이 거의 보이지 않는다.14) 그러나 벤 반 베어켈의 다이어그램은 그 간접적 성격으로 인해 구축된 공간과의 사이에 묵시적 비약을 내포하게 된다.

한편 〈뫼비우스 하우스〉에서 다이어그램이 건축 외형의 시각적 통일성만을 부여했다면, 〈스킴닷컴〉에서 다이어그램은 시각적 통일성은 배제된 채 공간의 조직화(조닝)에만 관여하였다. 이와 같이 간접적인 다이어그램의 사용이라는 공통점에도 불구하고, 두 사례에서 다이어그램이 전혀 다른 기능의 차이를 보이는 까닭은 건축과 실내건축의 차이에서 기인한다고 볼 수 있다. 뫼비우스 하우스는 전체 공간 매스를 결정해야 하는 건축 프로젝트이고, 스킴닷컴은 내부 공간의 조직화에 치중해야 하는 실내건축 프로젝트이다. 전자가 단위 공간 간의 유기적 연결과 형태적 조형미에 치중해야 한다면, 후자는 한 공간 안에서 단위 요소들의 유기적 연결과 기능적 수행미

---

13) Ibid., p.43

14) 마누엘 고사의 다이어그램은 생성대상과 간극을 거의 보이지 않는 생성도구이긴 하지만, 다른 건축가들이 사용하고자 하는 다이어그램의 열린 생성 가능성의 측면에서 본다면 상당히 제한적으로 사용되고 있기에 앞서 거론한 다이어그램 논의와는 다른 용법을 가지고 있다고 볼 수 있다.

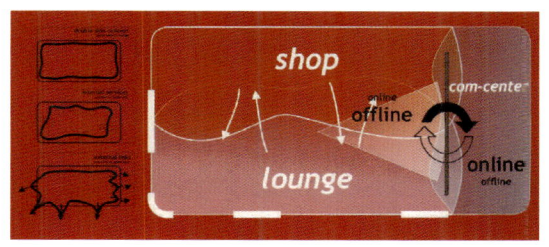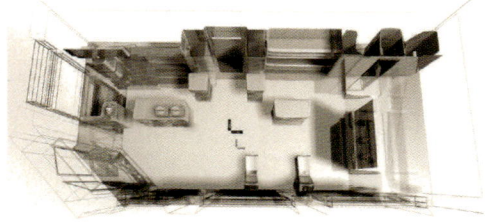

[그림 4-8] UN Studio, Skim.com

에 치중해야 한다. 그렇다고 해서 전자가 기능을 배제하고 후자가 조형을 배제한 것은 아니지만, 특히 스킴닷컴 프로젝트에서처럼 모듈화된 유닛 공간을 디자인해야 하는 실내 프로젝트에서는 조형적으로 다양한 시도를 하기보다는 적합한 기능을 수행하는 것이 더 중요해진다.

이처럼 두 작품의 각 공간에서 가장 먼저 요구되는 지점은 건축이나 실내건축이라는 대상의 본질적인 차이를 드러내고 있고, 이러한 본질적인 욕구의 충족에 대한 다이어그램의 대응을 통해 우리는 각 대상의 욕망 패턴을 읽어 낼 수 있다. 즉 다이어그램과 같은 비표상 도구들은 현대 건축에서 기본적인 욕구를 넘어선 지점들, 다시 말해 아직 실현되지 않은 잠재적 관계를 압축하는 시각 정보로서, 또는 다종다양한 욕망에 대응하기 위한 수단으로서 사용되고 있다. 그러나 욕망이 충족되지 못하듯 다이어그램은 건축적 요구에 완벽히 부합하지 못하고 항상 빗겨 나간다. 그리하여 다이어그램은 건축의 결핍을 메워 주는 도구인 듯 보이나, 실제로는 건축의 결핍을 메우는 것이 불가능하다는 지점을 가시화하는 도구로 건축을 매개하고 있다.

2. 상징계: 왜곡 유형

모호성

공간-환상이 실내건축의 결핍을 드러낼 때는 크게 두 가지 경향이 존재한다. 하나는 왜곡해서 드러내는 방식이고, 다른 하나는 있는 그대로 드러내는 방식이다. 그중에서 왜곡 유형은 건축적 결핍을 왜곡해서 더욱 강화하거나 환기시키는 유형이다. 왜곡을 한다는 것은 원형과 표상 간에 의도적이거나 비의도적인 차이를 만들어 낸다는 것을 의미한다. 여기서 차이들의 생성은 원형과 표상 사이의 관계를 벌어지게 만듦으로써 건축적 결핍이라는 원형을 감추는 듯이 보이나, 실제로는 원형과 표상의 차이를 통해 비가시적이거나 비인지적인 원형을 가시적이거나 인지적인 대상으로 환기시킨다. 예를 들어 회화에서 대상은 원근법에 의해 왜곡된다. 그러나 우리는 왜곡된 그림을 통해서 원형을 상기한다. 이때 그림을 보면서 우리는 왜곡의 변화를 극소화시키면서 지각체계의 안정성을 보전하려는 항상성(恒常性)을 작동시킨다. 이와 같은 감정이입은 왜곡이 때로는 이미 인지하고 있는 대상에 제2의 인식을 유발하기 위해 의도적으로 사용되기도 한다는 점을 확인하게 한다. 이처럼 왜곡은 원형을 강화하거나 환기시키는 기능을 수행한다.

실내건축 공간-환상의 왜곡 유형은 크게 '모호' 사례와 '전도(顚倒)' 사례로 나누어 살펴볼 수 있다. 전자가 주로 건축적 결핍을 환기시키는 데서 끝난다면, 후자는 환기를 통해 새롭게 볼 수 있는 가능성을 제시한다. 먼저 모호성을 통한 왜곡 유형은 로제 카이유와(Roger Caillois)의 '의태(minetisme)'[15]

15) 의태는 생존에 유리하도록 진화된 둘 이상의 생물체 사이에서 볼 수 있는 유사한 형태로, 동물이 다른 동물이나 주변 환경 등을 흉내 내어 천적으로부터 자신을 보호하는 방법을 지칭하는

개념과의 연관성 속에서 개념적으로 확장될 수 있다. 카이유와는 주체와 공간 사이에 이루어지는 상사(相似) 관계를 곤충의 의태 영역에서의 작용과 비교하고 있다. 카이유와가 이야기하는 의태라는 위장적인 자기 동질화 개념은 곤충과 주변 환경 사이의 구분의 상실, 즉 주변 환경으로 동화되고자 하는 경향을 지적하는 개념이다. 카이유와는 공간적 지각과 주체의 관계에서 주체가 공간에 의해 잠식당하는 현상, 즉 공간적인 방향감의 상실이 현실감의 상실, 정체성의 상실과 같은 병리학적 징후로까지 이어질 수 있다고 보고 있다. 이와 같은 카이유와의 개념이 공간 – 환상에서 모호성 왜곡 유형의 개념적 전제가 될 수 있는 까닭은 본질적으로 건축이나 실내건축과 같은 건축적 대상들은 일종의 의태 작용을 건축 스스로가 주체로서 또는 객체로서 수행하고 있기 때문이다. 즉 이러한 의태 행위는 건축과 그와 연관된 다른 객체들과의 관계를 모호하게 만들어서 그 상관성을 강조하거나 때로는 교란시키기 때문이다. 건축에서 의태적 왜곡은 건축적 욕망의 모호한 지점 — 욕망하기에 드러나는 그 결핍의 지점 — 을 환기시킨다.

이와 같은 의태적 왜곡 경향은 현대건축이나 실내건축에서는 주로 표면의 텍토닉 문제에서 두드러진다. 현대의 건축가들이 건축의 표피에 천착하는 까닭은 건축의 표피는 건축과 건축 아닌 것의 경계점에서 두 대상 사이의 관계를 설정하는 조절 장치이자 건축적 대상에서 첫 번째 지각의 대상이기 때문이다. 실내건축에서도 마찬가지로 내부 표피는 실내건축과 실내건축 아닌 것 사이의 다양한 관계 구조를 설정한다. 건축의 내·외부 표피에서 공간 – 환상의 의태적 왜곡은 주로 주변 대상들과의 맥락적·인용적

생물학 용어이다. 그러나 카이유와는 곤충의 의태행위를 '개체의 능동적 적응행위'로 규정하는 고전적인 생물학 이론을 부인하며, 의태를 개체 존속을 우한 자기소유의 상실로, 자기 외부의 강한 유혹에의 굴복으로 보고, 이를 주체와 공간과의 관계 속에서 재해석하고 있다. Roger Caillois, "Mimicry and Legendary Psychasthenia", *Octover: The First Decade 1976~1986*, trans. John Shepley, Cambridge: MIT Press, 1987

구축 관계로 인해 발생한다. 헤르조그 & 드 뫼론(Herzog & de Meuron)은 건축의 구축은 고정된 개념에서 나오는 것이 아니라 맥락과의 관계에서 나오는 것으로 보고 있다.

> 이전부터 존재했던 건축적 형태와 새로 지을 건축의 형태 사이의 관계는 불가피하게 중요한 것이다. 건축은 아무것도 없는 곳에서 나오지 않는다. ……현대건축이 인용을 수단으로 역사적 형태에 대한 관계를 만들어 내는 방식은 눈의 망막 표피만으로는 더 이상 통찰할 수 없는 방식으로 나타나고 있다.16)

헤르조그 & 드 뫼론이 이야기하는 '인용'은 전통과 현대 사이에 벌어진 간극을 다시 맥락에 맞게 이어주는 개념으로, 그들은 건축 주변의 환경을 현상적으로 바라보고 주변의 자연, 땅, 전통, 도시적 환경, 진부한 형태들을 맥락에 맞게 건축에 인용한다. 이와 같은 맥락 또는 인용 방식은 다른 말로 표현하면 건축이 주위의 다른 대상들과 의태 작용을 하고 있다는 의미와도 같다. 건축은 건축 아닌 것들을 닮으려 하거나 반영하려 한다. 이때 건축은 단순히 맥락을 끌어오는 것뿐 아니라 오히려 주변의 맥락에 잠식당하거나 건축이라는 정체성이 모호해지는 의태적 특성을 보이기도 한다. 건축과 타 대상 사이의 이러한 시도들을 매개하는 것이 바로 현대건축에서는 표피이다.

표피를 통한 의태적 구축의 구체적인 사례로 헤르조그 & 드 뫼론의 작품들을 들 수 있다. 우선 〈리콜라 유럽 공장(Ricola – Europe Factory, 1993)〉은 허브 무늬 패턴의 입면으로 잘 알려져 있다. 입면의 허브 무늬는 리콜라사가 허브를 취급하는 것에 대한 특정한 비유를 위해 사용된 것이 아니라,17)

---

16) Herzog & de Meuron, "The Hidden Geometry of Natire: Six Projects", *Assemblage, No.9*, 1989 – 06, pp.80 ~ 107

17) "(허브 이미지의 사용은) 리콜라사가 허브나 그런 것들을 사용하는 것과는 전혀 관계가 없다." Jacques Herzog, "A Conversation with Jacques Herzog", *El Croques 84*, ed. Jeffrey Kipnis, p.12

[그림 4-9] **Herzog & de Meuron, Ricola-Europe Factory**

일종의 팝아트의 실크스크린과 같은 효과를 위해서 사용된 것이다. 일상적인 하나의 패턴이 모여 집합체를 이루었을 때 새롭게 일상을 조망할 수 있는 힘이 응축된 것 같은 효과가 발휘된다. 이 건축물의 입면은 건축물과 외부 환경 중간에서 둘의 관계를 매개하는 스크린의 역할을 하는데, 외부환경이 건축 내부에 스며들어 잠시 응축되어 머무르다가 유사하지만 전혀 다른 영상을 내·외부로 투사하는 발광체-스크린이다. 입면의 폴리카보네이트 표면은 흐르는 물처럼 낮과 밤, 날씨, 일조량 등에 따라 외부 자연과 겹쳐져서 마치 움직이는 그림처럼 이미지화된다. 이처럼 의도적으로 외부를 닮은 이미지가 외부를 담으면서 더욱 닮게 되는 맥락적 의태성에 의해 오히려 입면은 전혀 다른 이미지가 되고 입면 자체의 정체성은 모호해지게 된다. 표피에서 주체와 객체를 새롭게 환기시키는 구축 방식은 헤르조그 & 드 뫼론의 주된 텍토닉 전략이다.

〈리콜라 유럽 공장〉이 반투명한 재료를 통해 모호한 의태적 표피를 형성한다면, 〈유리의 두 날개(Two wings of glass, 2001)〉는 투명한 재료로 역동적인 의태적 표피를 형성한다. 그러나 '유리의 두 날개' 역시 의태적 표피이기에 주변 맥락에 의해 모호해지는 특성을 가지고 있다. 두 개 동으로

이루어진 이 건축물 표면의 유리 프레임은 수직, 수평축이 약간씩 어긋나는 각도로 조정되어 있어서 각 유리면이 조금씩 다른 방향을 향해

[그림 4-10] **Herzog & de Meuron, Two wings of glass**

면하도록 설치되었다. 입면에 비춰지는 경관은 분명 하나의 이미지이지만 조각남으로 인해 '리콜라 유럽 공장'과 마찬가지로 새로운 집합체적 이미지가 된다. 또한 반사도가 높은 유리를 사용함으로써 낮에는 내부보다 밖이 밝아서 주변의 경관을 반사시켜 자신의 모습을 감추고, 밤에는 외부를 향해 자신을 투사시킨다. 낮과 밤 각기에 표피는 경관과 건축을 매개하는 미디어적 역할을 담당하고 있다. 낮에는 외부가, 밤에는 건축 자신이 중심이 되어 건축과 경관이라는 양자의 관계를 조정한다. 분명 표피의 이미지는 자신이 존재하는 장소의 모습이지만, 한편으로는 존재하는 것처럼 보이는 장소의 모습이기도 하다. 즉 실재하는 대상이 의태 작용에 의해 실재하지 않는 것처럼 느껴지기도 한다. 이와 같은 공간-환상의 의태적인 스크린 작용은 건축 자신을 모호한 대상으로 전락시키면서 스스로를 다시 재구축하게 만드는 표면의 텍토닉을 수행하고 있다.

이와 같은 표면의 텍토닉을 통한 왜곡 유형은 실내건축 사례에서도 건축과 비슷한 경향을 보인다. 예를 들어 〈블로잉 버블즈(Blowing Bubbles, 2002)〉와 같은 작품은 의도적으로 외부를 담을 수 있는 경계를 중첩시켜서 내부 공간을 의태적으로 왜곡시킨 사례이다. 이 작품은 함부르크 선창가에 컨테이너 박스로 구성된 공간으로, 파사드는 해안가를 향해 열려 있다. 내부 중간 중간에 설치된 버블 형태의 거울을 통해서 외부의 바다 풍경과 내부의 풍경이 오버랩되고 있다. 공간 - 환상의 스크린적 생성 장치 중 반영의 기법이 사용된 사례로서 왜곡된 상에 의해 스크린의 물적 속성이 두드러지고 경계가 강조되는 특성을 그대로 보이고 있다. 즉 외부의 파편화된 이미지들이 내부에 편재됨으로 인해, 내부가 외부에 의해 잠식당하며 내부와 외부의 경계가 모호해진다. 그러나 내부와 외부가 혼재된 거울 속에서 두 공간의 속성은 여전히 남아 있게 되고, 모호하지만 경계를 통해 대상들을 새롭게 인지하게 만드는 환기적인 특성을 보이고 있다.

[그림 4-11] **Seel Bobsin Partners, Blowing Bubbles**

또 다른 실내건축 사례로 〈메세 바우어사 부스(Messe Bauer & Co. Euroshop 2002 Farir Booth)〉를 들 수 있다. 뒤셀도르프에서 열린 2002 유러숍 페어에 설치되었던 부스로서 투명 아크릴 수지 패널을 이용하여 공간의 시각적 반영과 일그러짐을 표현한 사례이다. 이 작품에서는 부스 안에 배치된 U자형 네온 조명과 책색의 상담 테이블 공간이 조금씩 어긋나게 설치된 패널을 통해 왜곡된 형태로 반영되며 부스의 경계면에서 두 공간의 혼재가 일어나고 있다. 헤르조그 & 드 뫼론의 〈유리의 두 날개〉에서와 마찬가지로 패널의 반사각을 조절하여 일부러 어긋나게 입면이 구성됨으로 인해서 표피에 담기게 되는 이미지는 왜곡된다. 그러나 이러한 왜곡으로 인해 오히려 실재와 허상의 차이는 분명해진다. 실재하는 대상이 실내의 경계면에서 실재하지 않는 것처럼 또는 의태적으로 공간에 잠식당한 것처럼 지각되지만, 실제적으로는 왜곡된 상에 의해 표피의

[그림 4-12] **Messe Bauer & Co, Euroshop 2002 Fair Booth**

물적 속성이 두드러지고 경계가 강조되면서 대상과 이미지라는 양자 관계가 재구축된다. 이때 공간의 표면은 새로운 인식의 장으로 구축된다. 1995년 콜롬비아 대학에서 열린 심포지엄에서 마크 테일러(Mark Taylor)는 현대건축에서 표면이 갖게 된 새로운 성격을 다음과 같이 요약하였다.

> 표면과 깊이의 양극성은 내부와 외부의 양극성과 마찬가지라는 점을 아는 것이 중요하다. 깊이가 투명해지면 그것은 또 다른 표면이 되고, 마찬가지로 내부가 투명해지면 그것은 외부화된다. 모든 것이 투명해짐에 따라 깊이와 내부는 사라진다. ……이렇게 깊이와 내부가 사라지면 표면은 변형된다. 다시 말해 표면은 깊이나 내부에 반대되는 말이었을 때와 같은 것이라고 할 수 없다. 그것은 전혀 다른 무엇이 된다.18)

이처럼 현대건축과 실내건축에서 표면은 전통적인 깊이나 내·외부의 맥락에서는 설명되지 않는 새로운 방식으로 구축되고 있다. 그 구축방식은 표면의 지각 너머에 있지 않고 표면에 머물러 있으며 표면의 구축이 건축 전체를 통합하기까지 한다. 이와 같이 표면에 따라 모든 것이 재배열되는 설계과정은 결과적으로 모호함을 통해 왜곡을 만들어 내는 공간-환상의 유형으로 분류된다. 그 까닭은 건축물의 내·외부 표피는 건축과 건축 아닌 것들을 매개하는 통로이자 건축에 내재되어 있지 않은 것들이 가시화되는 장소이기 때문이다. 즉 결핍되어 있는 것들을 외부에서 가져옴으로써 결핍을 충족시킬 수 있다는 환상이 발생하는 장소인 것이다. 그러나 대개 이러한 수용은 의태적인 경향을 띠기에 건축 자신의 정체성을 모호하게 만들게 되고, 그로 인해 오히려 건축 자신이 결핍하고 있던 것들을 재확인하게 만드는 계기를 제공하게 된다. 결국 표면의 모호한 왜곡으로 인해 대상에

---

18) Todd Gannon ed., *The Light Construction Reader*, New York: The Monacelli Press, 2002, pp.57~58

대한 재인식 과정이 일어나고 이는 주체와 객체, 또는 주체 스스로에 대한 인식을 다시 환기시키는 역할을 한다.

전도성

다음으로 공간–환상의 왜곡 유형 중 '전도(顚倒)'적인 특성을 보이는 사례들은 '모호' 유형과 유사하면서도 다른 지점의 특성을 보이고 있다. 전도란 한계점에서 차례·위치·이치·가치관 따위가 바뀌어 원래와 달라지는 것을 의미한다. 여기서 전도는 '변이(變異)'와는 구분된다. 변이는 생물에서 같은 종의 개체 사이에 형질이 달라진 새로운 개체가 생기는 변화를 의미한다. 그러나 전도는 형질이 달라지는 것이 아니라 같은 형질 내에서 또는 기존의 변화의 추세가 인정되는 가운데의 방향 전환이다. 여기에서 사용하고자 하는 전이 개념은 수학의 '변곡점(變曲點, point of inflection)'에 비유될 수 있다. 변곡점은 2차 도함수 그래프에서 곡선의 흐름이 바뀌는 지점으로 물리에서는 가속도의 부호가 바뀌는 지점, 즉 힘의 방향이 바뀌는 지점을 의미한다. 전도는 일종의 방향전환으로 일정했던 흐름이 한순간 바뀌는 것이다. 이러한 변화는 어떤 조건을 극단적으로 밀고 나갈 때 주로 발생하는데 외삽이 적용되지 않는 특이점, 즉 외삽이 불가능해지는 지점에서 전도가 일어난다. 이러한 전도적인 특성을 띄고 있는 공간–환상의 왜곡 유형은 고착되어 있던 현상이나 요소들을 역으로 인식하게 함으로써 주로 기존에 감추어져 있던 것들을 새롭게 드러내거나 환기시킨다.

현대 건축이나 실내건축에서 이러한 전도

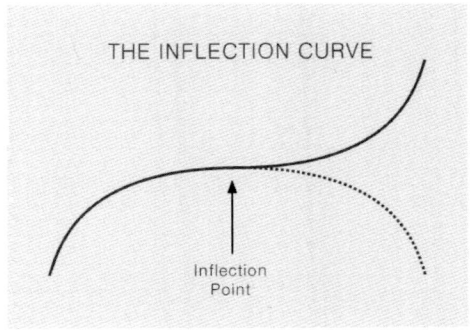

[그림 4-13] **2차 도함수 그래프의 변곡점**

적인 특성은 '사건'이나 '강도'에 주목하는 경향에서 주로 보인다. 들뢰즈의
철학을 '사건의 철학'이라고도 보는데 현대 건축은 들뢰즈의 영향을 받아 건
축에서의 '사건'을 주된 창작적 계기로 보고 있다. 사건은 우발적이고 순간
적이고 지속성을 가지고 있지 않으며 자기 동일성이 없는 것이다. 예를 들어

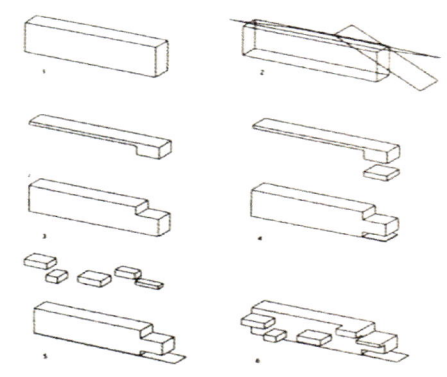

[그림 4-14] **MVRDV, Wozoco Apartment**

MVRDV의 '데이터스케이프(datascape)'에서 중요한 것은 데이터의 사용 자
체가 아니라 데이터를 극단적으로, 즉 변곡점에 다다를 때까지 밀고 나감으
로써 우발적이고 논리구조를 빗겨 가는 건축적 사건을 발생시키는 데 있다.
MVRDV의 프로세스는 데이터라는 현실적 조건이 극한점에서 건축적 사건
으로 재조직화되는 과정 자체인 것이다. 〈보조코 아파트(Wozoco Apartment,
1997)〉를 만든 방식은 사건의 구조를 디자인 프로세스에 적용한 결과라고
볼 수 있다. 보조코 아파트에서 현실적 조건은 건축법규에서 지정한 일조권
을 지키는 동시에 100세대의 주거 공간을 확보해야 한다는 것이었다.
MVRDV는 일조권으로 인해 삭제된 매스를 분절하여 캔틸레버 구조로 입면
에 부착하는 형태로 재조직화하여 건축적 사건을 발생시켰다.
　건축에서 이와 같은 사건적 구조는 건축의 장을 비결정과 실험의 장으로

바꾸어 놓는다. 미지수를 확정적으로 상수화하지 않음으로 인해 예견되지 않은 방향이나 규정되지 않은 방식이 작동할 수 있는 여지가 생겨난다. 결국 사건의 접속을 얼마만큼의 강도로 조절하느냐에 따라 차이가 생성되는데, 이에 '강도적 사고(intensive thinking)'[19]가 중요해진다. 강도적 사고는 열역학에서 차용한 것으로 강도적 양은 외연적 양과 대비된다. 전자는 온도·압력·속도처럼 분할되지 않는 크기이고, 후자는 건축가에게 익숙한 길이·면적·부피처럼 공간적으로 분할되는 크기를 말한다. 들뢰즈는 『차이와 반복』에서 '강도량' 또는 '강도'는 현실적 대상의 질(qualité)과 외연량(étendu, 연장)의 내적 발생을 설명하는 원리라고 밝히고 있다.[20] 강도는 변별적인 차이 그 자체로서, 동질적인 두 항으로는 구성될 수 없으며, 다질적인 항, 즉 계열로 이루어진다. 특히 건축에서 강도적 사고는 주어진 것을 독창적으로 접속하는 가운데 의미를 발생시키는 것에 집중하는 사고유형으로, 주로 실제 형태를 다양한 차이적 생성으로 유도하는 과정에 집중한다.[21] 이와 같은 접속은 주어진 문제에 논리적으로 대응하는 엔지니어의 과학적 방법론이 아니라, 적합한 도구가 없기에 전혀 다른 문맥에 놓여 있는 도구와 재료를 끌고 들어와 문제를 해결하는 브리콜뢰르(bricoleur)의 구체적(concrete) 방법론을 사용하게 한다.[22] 이때 브리콜뢰르는 손에 닿는 것은 무엇이든 사용하기에 그가 다루는 도구는 주어진 문제와 연관이 없고

19) 강도(intensité)는 안정적인 상태로 이행하게 하는 에너지로, 힘이 집약되거나 응축된 정도를 의미한다. 이러한 힘의 변환을 통해 생성과 변이가 설명 가능해지는데, 즉 강밀도의 분포에 따라 하나의 기관이 다른 기관이 되는 것이 가능해진다. 정만영, op. cit., p.2

20) Gilles Deleuze, *Différence et Répétition*, 『차이와 반복』, 김상환 역, 민음사, 2004, p.80

21) 현대건축에서 차이적 생성에 대한 관심은 건축을 외연적 공간성에서 강도적 공간성의 개념으로 전환하게 하였으며, 이를 통해 공간 체험의 감각을 강도적 차이의 감각으로 전환시키고 있다.

22) 레비-스트로스(Claude Levi-Strauss)는 1962년에 쓴 『슬픈 결대』에서 지식을 획득하는 두 가지 방식을 구분하였다. 하나는 근대의 과학적 탐구(modern scientific inquiry) 방식이고, 다른 하나는 '구체성의 과학' 또는 신화적 사고('science of the concrete' or mythical thought)이다. Claude Levi-Strauss, *Triste Tropiques*, 『슬픈 열대』, 박옥줄 역, 한길사, 1998

우발적으로 연관된 것이지만, 이 우발적 연관성으로 인해 문제는 뜻하지 않은 방향으로 진행되기도 한다.[23] 앞서 언급한 MVRDV의 작업이 바로 이와 같은 브리콜라주적 방법론을 취하고 있다. 통계학적으로 취합된 현실적 데이터를 건축적 소스로 전환하는 것은 현실적 조건에 집중하여 주어진 조건들을 재조직화하는 것이고, 이때 전혀 예측하지 못했던 새로운 상태가 출현한다. MVRDV의 작업이 새롭게 인식되는 이유가 바로 여기에 있다.

> 온건한 경험주의와 차별되는 MVRDV의 과격한 실용주의는, 공식화된 관습의 적용과는 매우 다르며, 동시에 관습의 반대를 위하여 관습을 반대하는 신아방가르드와도 다르다. MVRDV는 고집스러우면서도, 신뢰할 만한 논리를 통하여 예상 밖의 해결책을 발견한다.[24]

이와 같은 MVRDV의 재조직화 방법론은 데이터라는 외부적 도구를 사용하여 극한지점까지 밀어붙여서 건축의 한계를 드러내고, 결국은 그렇게 드러난 한계를 변곡점에서 예측하지 못했던 방식으로 해결해 버리거나 시선을 돌려 새롭게 인식하게 만드는 전도적 특성을 가지고 있다.

MVRDV와 마찬가지로 사건과 강도에 집중하여 건축의 결핍을 전도적으로 왜곡해서 드러내는 다른 사례로 그렉 린(Greg Lynn)처럼 디지털 프로세스에 기반을 둔 작업 유형을 들 수 있다. 그렉 린이 사용하는 주된 디자인 개념인 '애니메이트 폼(animate forms)'은 가변성의 범위 내에서 동역학과 움직임에 변동하면서, 정체된 건축으로부터 건축의 진화를 끌어내기 위해 사용하는 개념이다.[25] 여기서 애니메이션은 모션(motion)과 혼동되기도 하는데, 모션

---

23) 정만영, op. cit., p.4

24) Stan Allen, "Artificial Ecology", 『MVRDV 건축읽기』, 최학종 역, 시공사, 2004, p.97

25) 임지훈·이명식, "후기구조주의에서 바라본 디지털 건축의 연속성 원리에 관한 연구: 라이프니츠의 주름 개념을 바탕으로", 대한건축학회논문집 통권 206호, 2005 - 12, p.68

이 주로 동작(movement)이나 행동 (action)을 의미하는 반면, 애니메이션은 형태의 진화와 그 형태를 만들어 내는 힘(force)을 의미한다.[26] 힘의 강도에 따라 사건들이 계열을 이루면서 발생하고 이를 따라 형태가 진화적으로 변모한다. 이렇게 만들어진 모델은 유기적 조직체의 성격을 띠며 다수이면서 하나이고, 구분되면서 연속되고, 혼재적이면서 동질적인 모델이 된다. 그렉 린은 이러한 공간 개념을 10가지 공간조형언어로 분류하여 디자인 작업에 적용하였다.[27] 〈발생학적 주택(Embryological House, 1999)〉은 그렉 린의 주요 공간생성용어인 블롭(blob)[28], 블렙(bleb)[29], 슈레드

[표 4-1] **Greg Lynn**의 **10**가지 공간조형언어

---

26) 그렉 린이 사용하는 '형태(form)'의 개념은 괴테(Johann Wolfgang von Goethe)가 식물 형태학 연구에서 사용한 형태 개념과 유사한 측면이 있다. 괴테는 씨앗 속에 이미 form이 'Urform(원형)'의 형식으로 내재되어 있고 이것이 발생학적 힘(force)에 의해 발화된다고 보았다. 그렉 린의 형태 또한 성장하고 발동작용을 하는 잠재성의 힘이라는 측면에서 유사성을 찾을 수 있다. Adrian Forty, *Words and Buildings: A Vocabulary of Modern Architecture* Thames & Hudson, 2000, pp.155~157 참조

27) 스스로 생동하는 개체의 성질을 가진 블렙(bleb), 블롭(blob), 스트랜드(strand)와 매개변수 등을 통한 외부 힘의 개입으로 인해 형태가 결정되는 폴드(fold), 슈레드(shred)가 있으며, 자연물의 형태와 기능을 모방한 플라워(flower), 스킨스(skins), 티스(teeth), 브랜치(branch), 래티스(lattice)가 이에 속한다. 이한나·박현옥·이종숙, 이한나·박현옥·0종숙, "그레그 린의 자연기반 디지털 공간디자인 매트릭스 분석", 한국실내디자인학회논문집 통권 48호, 2005-02, p.40

28) 표면의 교차점들이 스스로 공간을 형성할 때 만들어지는 주머니 형태의 공간이다.

29) 각이 지거나 구의 형태를 이루는 것들의 감응과 굴절에 대한 것으로, 변형을 이루기 위해 융합, 인장, 조합된다.

(shred)[30] 등이 사용된 작품으로, 동시대의 이슈인 브랜드 아이덴티티와 변형, 주문제작과 연속성, 유연한 제조공법과 조립, 그리고 가장 중요하게는 동시대적인 미의 관점에서는 해명되지 않는 외피의 형상과 진주 빛 색채로 렌더링된 파동모양 표피의 도발적인 미적 감수성을 제안하기 위해 계획된 주택 프로젝트이다.[31] 이 주택의 공간은 유동적이며 건축 재료들은 유연하다. 그렉 린은 이러한 유연한 재료들이 순응성이 있지만 자신들이 위치하게 되는 장(field)의 힘으로부터 떨어져서는 어떤 형태도 가지지 않고 오로지 추상적 실체만을 형성한다고 보았고, 그러한 추상적 실체를 '블롭(방울)' 혹은 '메타 클레이(metaclay, 메타 점토)'라고 지칭하였다. 이와 같은 추상적 실체들은 고체의 응집력을 가진 젤라틴 모양의 실체이지만 액체의 무형성도 가지고 있으며, 그것들은 환경의 외부에서는 어떠한 독자적인 형상도 가지지 않는다.[32] 오로지 내적 응집력과 외력들 사이의 상호 행위만이 형태라는 표현으로 이끈다. 이와 같이 유동적이며 고정되지 않으나 건축에서 질료의 흐름을 형성하는 잠재성의 지층이 드러난다는 측면에서 그렉 린의 진화적 형태의 활성화는 의미를 가진다. 그러나 강도의 차이가 형태의 다양성을 만들어 낸다는 측면에서는 분명 생산적 차이이지만, 이는 자기 동일성(self-same)에 기반을 둔 자기 유사성(self-similarity)의 차원이라는 점에서, 즉 예를 들어 블롭이나 플라워와 같은 공간조형언어의 유사성에 의해 다양성이 속박된다는 점에서 본다면, 그렉 린의 작업 또한 본인 스스로도 이야기하듯 '잠재적으로는 활동적이지만, 현실적으로는 안정적인'[33] 형태를 도출할 수밖

---

30) 조각을 뜻하는데, 그물로 된 조각을 복사하거나 잘라서 표면의 제어점을 대각선의 여러 방향으로 잡아 늘이고 밀어 넣을 수 있다.

31) Greg Lynn, "Embryological House", www.glform.com, 2007 - 08 - 20

32) Ton Verstegen, *Tropisms; Metaphoric Animation and Architecture*, 『건축의 향성과 흐름: 은유적 활성화와 건축』, 김원갑 역, 시공문화사, 2005, p.92

33) Greg Lynn, *Animate Form*, New York: Princeton Architectural Press, 1999, p.35

에 없는 건축의 태생적 한계를 드러내고 있다.

　그렉 린의 공간에서 벌어지는 힘의 사건과 강도에 대한 궤적의 표현은 MVRDV의 브리꼴라주적인 궤적의 표현과는 차이가 있다. 그렉 린의 작업이 건축의 내재성의 원리에 기대 있다면, MVRDV는 건축의 외재성의 극대화에 초점을 맞추고 있다. MVRDV의 방법론이 외부적 도구를 사용할 수밖에 없는 건축의 한계를 드러낸다면, 그렉 린의 방법론은 건축의 내적 형태생성 논리로 인해 공간의 다양성이 다시 속박되는 한계를 드러내고 있다. 두 경우 모두 각자의 조건을 극단의 지점까지 밀고 나감으로써 질적으로 다른 특이성의 지대를 발견하게 되는 전도의 영역 또는 탈주의 영역을 개척하지만, 전도된 그 지점에서 다시 건축의 결핍을 확인하게 만든다는 측면에서 이러한 사례들은 공간 – 환상 작동의 한 측면을 보여 준다. 결국 현대건축에서 공간 – 환상의 전도 유형은 극단의 방향전환을 통해 건축적 한계를 왜곡하여 드러내고 있다.

　한편 사건과 강도에 집중한 실내건축의 전도 사례들은 건축의 사례에서와는 다른 실내건축적 특이성을 보이고 있다. 그 차이를 보여 주는 사례로 뉴욕에 위치한 렘 콜하스의 〈프라다 에피센터(Prada Epicenter, New York, 2001)〉를 들 수 있다. 이 작품에서 가장 주목을 끄는 부분인 파동(wave)[34]

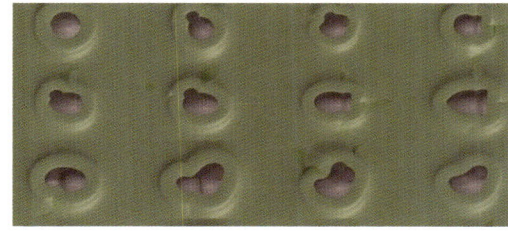 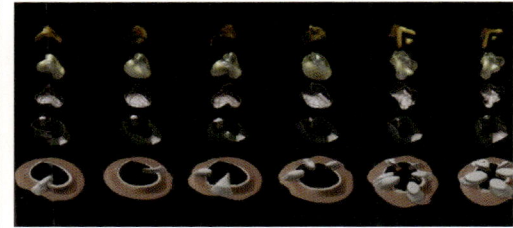

[그림 4-15] Greg Lynn, Embryological House

34) 이 작품은 '빅 웨이브(big wave)'라는 지형적인 폴딩 개념과 렘 콜하스의 고유한 건축 언어인 '거대함(bigness)'을 실내공간에 적용한 사례이다.

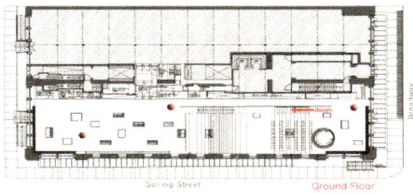

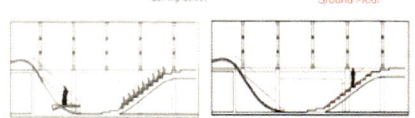

[그림 4-16] Rem Koolhaas, Prada Epicenter, New York

형태의 굴곡면 공간은 로버트 소몰(Robert E. Somol)의 '모양(shape)'[35] 논의에 비추어 본다면, 관조적이며 비판적으로 읽어야 할 텍스트로서의 '형태(form)'도 아니고 작가의 주관적 표현의지를 통해 드러나는 스펙터클 지향의 '매스(mass)'도 아니다. 단지 필요최소한의 느슨함을 가지고 즉각적으로 받아들여지는 그래픽으로서의 시각적 속성에 충실한 '모양'일 뿐이다.[36] 소몰의 '모양은 ~하다(Shape is ~)'라는 정의문에 포함되어 있는 형용사들[37]은 렘 콜하스 공간의 무정형적이고 임의적인 특성과 상당부분 부합된다. 프라다 에피센터의 굴곡면은 통로·전시 공간·이벤트 스테이지·판매 공간과 같은 다양한 프로그램을 순응적으로 수용한다. 이 공간은 기능이나 형태 그 어느 것 하나 명료하게 분절되지 않음으로 인해서 느슨하게 비어 있다. 이와 같이 느슨하고 불완전한 공간은 완결된 구조보다 더 많은 우발적 사건들을 발생시킨다. 이러한 느슨한 불완전성은 들뢰즈 식으로

---

35) 봉일범, "로버트 소몰의 「모양(shape)으로 돌아가야 할 열두 가지 이유」에 관한 비판적 독해", 대한건축학회논문집 통권 224호, 2007-06, pp.183~190 참조

36) Robert E. Somol, "12 Reasons to get back into Shape", *Content*, ed. OMA, Taschen, 2004, pp.86~87. 로버트 소몰의 이 평문은 2004년 베를린 국립미술관에서 열렸던 OMA의 건축 전시회를 계기로 발간된 『Content』에 실린 글이다. 이 글은 평문의 형식을 빌리고 있지만 다층적 역사 이론적 함의들과 새로운 건축 디자인의 향방에 대한 시사점을 밝히고, 1990년대 이후 건축의 이론과 실무를 지배해 왔던 과도한 논리중심주의를 비판적으로 반추해 보자 하는 목적으로 쓰였다. 봉일범, Ibid., p.183

37) 소몰이 자신의 모양 개념을 설명하기 위해 제시한 열두 가지의 형용사는 다음과 같다. 일탈적인(illicit)·쉬운(easy)·일회적인(expendable)·그래픽적인(graphic)·순응적인(adaptable)·적합한(fit)·비어 있는(empty)·임의적인(arbitrary)·집중적인(intensive)·부력을 가지는(buoyant)·투사적인(projective)·쿨한(cool). Robert E. Somol, op. cit., pp.86~87

표현하면 사건의 접속을 증가시키는 조건이자 긍정의 원리를 담을 수 있는 기제가 된다. 여기서 무엇인가를 긍정한다는 것은 기존에 없던 것을 긍정하는 것이 아니라 기존의 것(진부한 것)을 다른 방식으로 접속하여 새롭고 생생한 상태를 찾는 것이다.[38] 렘 콜하스의 굴곡면은 실내라는 공간에서 일어날 수 있는 차이적 사건의 접속을 증가시키는 판이자, 질적(강도적)으로 다른 특이성의 지대이다. 이와 같은 특이성의 지대에서 공간-환상의 전도를 통한 왜곡이 일어난다.

  실내건축이 건축과 차이를 가지는 지점은 바로 이러한 전도가 주로 오브제를 중심으로 일어난다는 데 있다. 그 까닭은 건축은 형태나 매스를 통해 건축 스스로가 오브제 자체로 존속(存續)하려는 속성이 강하기에 다른 오브제를 위한 틀로 작용하기가 힘들어진다.[39] 그러나 실내건축은 건축에 의해 공간적 형식이 제한되기에, 스스로를 오브제화하기가 힘들어지고 주로 다른 오브제들을 위한 틀로 존재하게 된다. 이는 건축으로 인해 발생한 수동성(결핍)을 실내건축 스스로 능동적으로 회복하려는 시도(공간-환상)의 일환으로 볼 수도 있다. 결국 실내건축이 주로 오브제의 틀로 또는 다른 오브제를 위한 잉여로 존재한다는 측면에서 보면, 소몰의 '모양' 논의에서 실내건축은 건축에 비해 훨씬 더 모양에 가까운 속성을 가지고 있다. 소몰에게 있어서 형태나 매스는 건축 스스로 오브제로써의 존재감을 드러내는 개념인 반면, 모양은 오브제의 틀로써 어디에나 적합할 수 있도록 순응적이고 느슨한 프레임을 의미하기 때문이다. 이러한 측면에서 볼 때 프라다 에피센터의 굴곡면은 스스로 느슨한 오브제인 동시에 느슨하기에 가능해지는 오브제를 위한 틀로서의 모양이다. 또한 틀로 비어 있음으로 인해 독립적인

---

38) John Rajchman, *The Deleuze Connections*, 『들뢰즈 커넥션』, 김재인 역, 현실문화연구, 2005, p.43
39) 건축이 오브제 자체로 존재하고자 한다는 것은 건축이 '읽혀져야 할 텍스트'로 존재하고자 한다는 것을 의미한다. 이는 일종의 의미과잉을 지향하는 건축의 욕망 표출로 볼 수 있다.

내부공간의 임의성을 가지게 되고, 결국 그 임의성으로 인해 강도적 차이를 갖는 사건들이 공간 내에서 접속을 일으키게 되는 '장소'가 된다. 이와 같은 다양한 접속들로 인해 발견되는 낯선 특이성의 지대, 즉 전도의 영역은 건축이 가지고 있는 결핍과는 차이를 보이는 실내건축적 결핍의 실체를 드러낸다. 건축이 주로 외부나 내부에서 자신의 결핍을 메우기 위한 도구나 원리를 모색하는 등 건축 스스로를 제어하는 독립변수로서의 가능성을 찾아 나서고 있다면, 실내건축은 건축이라는 상수에 대한 종속변수라는 한계 내에서 이를 전도할 가능성을 모색하고 있다.

프라다 에피센터의 굴곡면의 경우, 독립된 오브제라기보다는 건축에 의해 규정지어지는 경계면의 속성이 강하므로 건축에 종속된 실내건축적 변수의 한계를 인정하고 전도의 가능성을 모색하는 사례로 볼 수 있다. 반면, 필립 스탁의 경우에는 실내건축을 종속변수로 보기보다는 독립변수로 설정하고 그 왜곡된 설정을 극단까지 밀어붙임으로써 변곡점을 넘어선 전도의 어느 지점을 드러내는 사례들을 주로 보여 주고 있다. 필립 스탁의 사례들은 실내건축이 건축과는 별개일 수 있는 독립 변수라는 설정에서 시작하여 공간-환상의 전도를 이끌어내고 있다.[40]

[그림 4-17] Rem Koolhaas, Prada Epicenter, New York

40) 이러한 차이는 디자이너 개인의 작업 토대가 건축에 기반을 둔 것인지 실내건축에 기반을 둔 것인지에 대한 차이로부터 발생되었다고 볼 수도 있을 것이다.

[그림 4-18] **Philippe Starck, Hotel St. Martins Lane, 1999**

[그림 4-19] **Philippe Starck, Maison Baccarat, 2004**

[그림 4-20] **Philippe Starck, Restaurant Bon, 2006**

필립 스탁의 작품들에서 자주 등장하는 낯선 오브제들의 병치는 '형태(오브제)'인 동시에 '모양(오브제를 담는 틀)'이다. 또한 이 오브제들은 실내공간에서 사건을 일으키는 접속 장치이다. 〈마틴즈 렌 호텔(Hotel St. Martins Lane, 1999)〉과 〈라 메종 바카라(Maison Baccarat, 2004)〉에서, 꽃병과 의자라는 일상적인 대상은 비일상적인 스케일을 가지게 됨으로써 이질적인 오브제 자체가 된다. 〈봉 레스토랑(Restaurant Bon, 2006)〉에서도 유리 벽면의 여성 신체 이미지는 비정형적인 스케일의 확대로 인해 극단적인 이질감을 주는 오브제가 된다. 그러나 이와 같은 이질적인 물(物)들은 단순히 오브제로만 존재하지 않고, 나아가 오브제 주변의 공간에 이질적이고 일탈적인 영향을 미치며 주위 공간을 극적인 무대적 공간(stage)으로 전도시키고 있다. 즉 오브제가 먼저 형성되고 그렇게 형성된 오브제가 다시 공간이라는 오브제를 담는 프레임이 된다.

오브제가 오브제를 담는 틀이 되는 순간, 형태가 모양으로 전도되는 순간, 강도적 차이(스케일의 변형)가 사건(낯선 경험)을 발생시키는 순간, 바로 이 순간들이 공간-환상이 생성되는 순간이고, 실내건축의 결핍이 왜곡되어 드러나는 순간이다. 필립 스탁의 사례들에서 드러나게 되는 실내건축적 결핍은 건축과 독립적으로 변수를 만들 수 있다는 환상이 생성되는 바로 그 지점에서 발견할 수 있다. 즉 건축의 종속변수임을 거부하는 그 자체가 이미 종속변수임을 인정하는 것이다. 비록 필립 스탁의 사례들이 렘 콜하스의 대척 지점에서 전도적 공간-환상을 만들어 냈을지라도 결과론적으로는 같은 결핍을 드러내고 있음을 확인할 수 있다.

3. 실재계: 표출 유형

실재성

공간-환상이 실내건축의 결핍이나 한계를 대하는 방식 중 있는 그대로를 드러내는 표출 유형은 라캉의 실재계적 속성을 띠고 있다. 앞선 은폐 유형이 상상계적 '사고' 유형이라면 왜곡 유형은 상징계적 '경향' 유형이다. 상상계의 자기 동일화 방식은 주체와 주체의 이미지 사이의 불일치를 인정하지 못하는 방식이다. 공간-환상의 은폐 유형은 주로 결핍을 부정하거나 불가능한 것을 욕망한다는 측면에서 상상계적 특성을 보이고 있다. 상징계는 금기의 인정과 수용을 통해 체계로의 진입이 가능해지는 차원으로, 언어나 법과 같은 보편적 질서의 통제를 받는다. 공간-환상의 왜곡 유형 또한 결핍을 경험하고 인정하지만 있는 그대로는 받아들이지 못하기에, 이를 제어해 보려는 모호나 전도와 같은 시도를 통해 결핍을 왜곡하게 되는 특성을 가진다. 이와 같은 맥락에서 왜곡 유형과 상징계는 유사한 특성을 보인다. 한편 실재계는 상상할 수 없고 상징계에 통합될 수 없는 불가능한 것으로, 상징 질서가 결핍을 중심으로 구조화되어 있다는 것을 깨닫고 인정하는 차원이다. 공간-환상이란 것 자체가 공간적 환상과 환상적 공간 사이에서 실재계적 작동을 일으키는 것이라고 볼 때, 그리고 그러한 공간-환상을 통해 드러나는 실내건축의 결핍을 있는 그대로 드러내는 것이 표출 유형이라고 볼 때, 표출 유형은 실재계적 특성을 가질 수밖에 없다.

공간-환상의 표출 유형으로 분류되는 '이중 긍정(duble affirmation)'과 '메타 차원(meta-)'이 대립구조에 분열을 일으킴으로써 '최소 차이(minimal difference)'[41]를 생산해 내는 기제라는 측면에서 보아도 역시 실재계와 닿아 있다. 여기서 '메타 차원'을 실재계적 특성으로 해석하기 위해서는 메타 차원을 '너머'의 초월적 차원으로 보기보다는 대립구조를 불가능하게 만드는 내재적 틈인 '현상적 차원'으로 보아야 한다. 그와 같은 자리에 놓여야 비로소 메타 차원은 결핍을 긍정하는 기제가 된다. 즉 공간과 환상 너머가 아닌 공간과 환상 사이에 존재하는 차원으로, 이 간(間) 차원에서 두 대상은 교란되고 오염되며 또한 두 대상이 가진 결핍의 빈 구멍은 생생하게 드러나게 된다.

[그림 4-21] 말레비치, 흰 바탕의 흰 사각형

'이중 긍정'을 설명하기 위해 주판치치(Alenka Zupačič)는 말레비치(Kazimir Malevich)의 그림 제목인 '흰 바탕의 흰 사각형'의 제목을 '흰 바탕의 흰 긍정'으로 바꿔 사용했는데, 이때 (흰색 안의 흰색에 대한) 이중 긍정은 정확히 최소 차이의 창조를 의미하고 있다.[42] 이 그림 속의 '무(nothing)'는 너머에 있지 않고 흼(whiteness)의 바로 한가운데 거주하고 있고, 그것은 '가장 짧

41) 실재계적 최소 차이(내부적 차이)들이 상징계 내부에서는 큰 균열을 일으키게 된다. 니체가 주로 사용하는 용어인 '거의(nearly/almost)'는 두 사물 사이역 최소 차이이자 두 사물 사이의 최단 경로로 이중적 형상의 표현이다. 주판치치는 『정오의 그림자』에서 니체 사상의 가장 급진적인 지점이 바로 이 개념에서 드러난다고 주장하였다. Alenka Zupačič, *The Shortest Shadow*, 『정오의 그림자-니체와 라캉』, 조창호 역, 도서출판b, 2005 참조

42) Ibid., p.203

은 그림자(The Shortest Shadow)'[43]이자 동일자의 최소 차이이다.[44] 최소 차이가 아닌 대립적 차이의 경우에는 스스로를 정의하기 위해서는 다른 것을 부정해야만 한다. 그러나 이중 긍정은 부정의 반대로서의 긍정인 '반동적(reactive) 긍정'이 아니다. 반동적 긍정은 두 대립 항 사이의 사이 공간을 배제하게 만들지만, 이중 긍정은 긍정 사이의 사이 공간과 틈을 생겨나게 만든다. 이처럼 이중 긍정은 필연성이 그 자신 안에서 닫히는 것을 방지하면서 존재하지 않는 것들의 자리를 유지하는 내적 원리를 가지고 있다.[45] 즉 공간-환상은 공간-환상의 자리, 즉 결핍(무)의 자리에서 발견된다. 이중 긍정을 통해 확인하게 되는 동일한 최소 차이는 재현될 수 없는 빈 공간을 다시 재현하는 행위, 이미 재현 속에 들어와 있기에 재현 불가능한 것을 재현하고 있는 공간-환상 작동방식의 결핍적 속성을 그대로 드러낸다.

이처럼 '메타 차원'과 '이중 긍정'은 결국 같은 속성을 드러내고 있고, 이와 같은 속성을 동시에 담고 있는 현대 실내건축의 표현경향을 '감각의 논리'라고 명명할 수 있을 것이다. '감각의 논리'는 들뢰즈의 회화론에서 사용된 용어이지만, 여기서는 들뢰즈의 논의[46]보다는 주판치치의

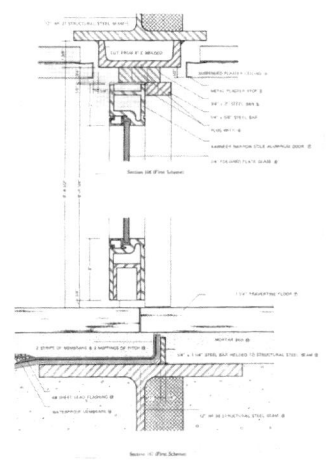

[그림 4-22] Mies van der Rohe, Farnswoth House

---

43) 'The Shortest Shadow'는 니체가 사건의 표징이자 시간의 최소차이 개념을 설명하기 위해 사용한 '가장 정적(靜寂)한 시간(The Stillest Hour)'인 한낮(midday)의 형상을 가리키기 위해 사용한 용어이다. 니체는 한낮을 '하나가 둘로 변하는' 순간, 즉 단절이나 균열이 일어나는 사건의 바로 그 순간으로 정의하였다. Ibid., p.17

44) Ibid., p.237

45) Ibid., p.243

46) 들뢰즈는 『감각의 논리』에서 프란시스 베이컨(Francis Bacon)의 작품을 통해 이성의 우위를 뒤집는 감각론을 주장하였다. 들뢰즈에게 감각은 감관에서 직접 몸으로 내려가는 존재론적인 사건을 의미한다. Gilles Deleuze, *La logique de la Sensation*, 『감각의 논리』, 하태환 역, 민음사, 1995 참조.

해석에 기대어 니체와 라캉의 논의에 더 가깝게 사용하려 한다.[47] 즉 '개념화할 수 없는 개념', '논리화할 수 없는 논리'처럼 이중 긍정과 메타 차원을 통해 실내건축적 결핍의 최소 차이를 드러내고자 하는 공간-환상의 경향 일반을 '감각의 논리'로 분류하고자 한다. 감각의 논리는 개념화시킬 수 없는 상태의 감각이 일관성 있게 논리화되는 것을 의미한다.

사실상 감각과 논리는 예술사 전반에서 보면 대립적 차이를 보이는 대상이었다. 예술사에서 예술이 다른 것으로 환원될 수 없다는 자율주의(autonomism)와 이에 대비되는 도구주의(instrumentalism) 간의 논쟁은, 칸트의 미의 무목적적 합목적성(자율성)과 헤겔의 이념에 복무해야 하는 예술의 목적성 논의에서도 선명하게 대비된다. 그러나 일반적으로 감각적 영역(美)과 논리적 영역(技能)이 겹쳐지는 구간에서 건축가의 디자인은 현실이 된다. 이 상이한 두 영역은 특히 건축이라는 분야에서는 결코 대립적인 것이 아니라 오히려 최소 차이를 만들어 내는 동일한 영역이 된다.

예를 들어, 미스의 건축에서 지속적으로 반복되는 모서리 디테일은 감각과 논리가 겹쳐지는 사이 공간으로, 미스 건축에서 모서리 디테일의 아주 작은 차이는 현저히 눈에 띄게 된다. 모서리를 느슨하게 하거나 투박하게 처리하면 전체가 긴장감을 잃기 때문에, 극도로 예민한 감각이 이곳에 집중된다.[48] 건축 내부에서 자라나는 감각으로 인해 가장 논리적인 장소에서 가장 비논리적인 감각이 발생한다. 그러나 이와 같은 고도의 집중과 예민함은 건축 외부에서 본다면 '거의 아무것도 아닌 것(almost nothing)'이 된다. 건

---

47) 들뢰즈가 사용한 '감각의 논리'(='감각론')라는 표현은 비둔가르텐의 '감성론(Aesthetica)'(='미학')으로 인해 인식론적 전통에 포섭되어 버린 감각을 유물론적이고 존재론적으로 복권하기 위해 의도적으로 사용한 용어이다. 그러나 본 저서에서는 '감각의 논리'라는 용어 자체에 집중하여 '감각의 논리라는 메타 차원' 또는 '감각의 긍정의 긍정된 논리', '논리 아닌 논리로서의 감각'과 같은 주판치치적인 해석으로 본 용어를 사용할 것이다.

48) 정만영, "현대건축과 일그러진 들뢰즈: 제5강 감각의 논리", 2006 여름 철학아카데미 강의록, p.2

축적인 내면화 과정에 공감을 느끼지 못하는 사람에게는 미스의 건축물이나 도심에 세워진 커튼월 건물들 사이의 차이를 쉽게 구별해 내는 것이 쉽지 않다. 또한 건축 내부에서 다시 보면 미스의 디테일은 '거의 아무것도 없는 것(almost nothing)'이 된다. 미스의 디테일은 건축을 본질로 환원시키는 필요불가결한 과정이다. 거의 차이가 없는 무에 가까운 최소 차이의 그 한계 지점에서 건축의 본질은 완전해진다고 미스는 주장한다. 미스가 주장한 '보편적 공간(Universal Space)' 개념 또한 건축적 형태 변환을 거의 겪지 않는 가운데 여러 가지 기능을 수용해 내는 본질적인 공간에 대한 개념이다. 이처럼 건축을 본질로 환원시키는 미스의 'almost nothing' 개념은 후기로 갈수록 더더욱 감각과 논리가 동일해지며 최소 차이를 드러내게 되는데, 이러한 변화는 미스의 투시도를 통해 확인할 수 있다. 초기의 투시도는 벽을 중심으로 위치가 고정되는 원근법적 공간을 표현하고 있다. 이에 반해 후기의 투시도에서는 선들이 사라진 빈 공간(universal space)에 콜라주적인 요소들이 병치되며 공간의 성격이 이벤트적이 된다. 초기 투시도가 어떤 계기가 주어질 때 떠오를 수 있는 '형상'을 표현하고 있다면, 후기 투시도는 계기 없이 무작위로 출몰하는 '사건'을 표현하고 있다. 이처럼 후기로 갈수록 보편적 공간(논리)과 이벤트 공간(감각)은 미묘한 최소 차이 안에서 동질화되고 있다. 결국 미스의 'almost nothing'은 감각과 논리의 이중 긍정이며 감각 안(너머)의 논리, 논리 안(너머)의 감각이라는 메타 차원을 표현하고 있는 건축 개념으로 볼 수 있다. 말 그대로 '거의 아무것도 아니고, 거의 아무것도 없는' 것이라는 표현은 건축의 가장 결핍적인 상태가 건축의 가장 본질적인 상태라는 것을 명시해 주는 건축적 아포리아(aporia)이자 아포리즘(aphorism)이다. 건축은 'almost nothing'이라는 것을 일단 긍정할 때, 또는 그 무를 메우기 위한 시나리오로 환상을 만들어 냈다는 사실과 그 환상 뒤에 거의 아무것도 없다는 사실을 모두 긍정할 때, 그때서야 비로소 건축은 그 긍정의 틈 속

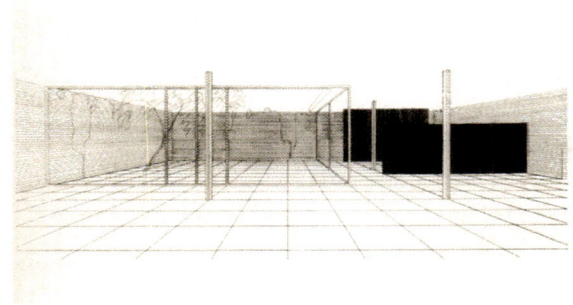

[그림 4-24] Mies van der Rohe, Courtyard House Projects, 1931~1934

[그림 4-25] Mies van der Rohe, Museum for a Small City, 1942

에서 분열되고 결핍된 자신의 본질을 표출한다.

　건축의 'almost nothing'을 통해 공간-환상의 결핍을 표출하는 건축 이외의 다른 사례로 토바 케도리(Toba Khedoori)의 투시도들을 들 수 있다. 그녀의 투시도들은 건축을 파편화시키고 이 파편화된 조각들을 통합하지 않고 오히려 지우거나 뒤로 물리는 방식으로 전통적인 건축의 재현 관습에 저항하고 있다. 건축의 역사와 내러티브가 담기게 되는 투시도라는 전형적인 재현 수단을 통해 재현을 거부하는 이와 같은 방식은 이중 긍정이 긍정을 통해 긍정 내부에 균열과 틈새를 생성해 내는 것과 같은 방식이다. 가장 전복적인 것은 내부로부터의 전복이다. 케도리는 건축이라는 내부를 지우기 위해서 건축을 사용한다. 건축 내부에 여전히 존재하고 있으나 지금까지는 거리를 두었던 것을 케도리의 투시도는 욕망한다. 이것이 결국은 건축이라는 내부를 파괴하고 위반하게 만든다.

　〈문들(Doors, 1996)〉이라는 제목의 그림에

[그림 4-23] Toba Khedoori, Doors

서 문들은 반복됨으로 인해 끝이 없는 영역 자체로서 존재하고 있다. 이 그림의 문들은 아파트의 대문일 수도 있고, 갤러리의 입구일 수도 있고, 교도소 내부의 감방 문일 수도 있다. 난간은 거주자가 들어설 공간도 없이 문들을 밀어붙이고 있고, 각각의 문들은 관습적인 창을 가지고 있다. 그러나 그 창 뒤에는 아무것도 없다. 단, 이 그림의 배경인 종이를 제외하고는 아무것도 없다. 이와 같이 형상들의 빈약함과 비현실적인 정밀함이 결합되어 있는 배경면의 물성은 어떤 추상적인 독해의 가능성을 막아 버린다. 그리하여 이 그림은 있는 그대로 독해된다. 그 문들이 다른 공간이나 대상을 의미하지는 않는다고 주장하게 되고, 또한 그것들이 장소화한 그 영역을 점거하고 있는 것에 만족하고 있다는 그 지점을 받아

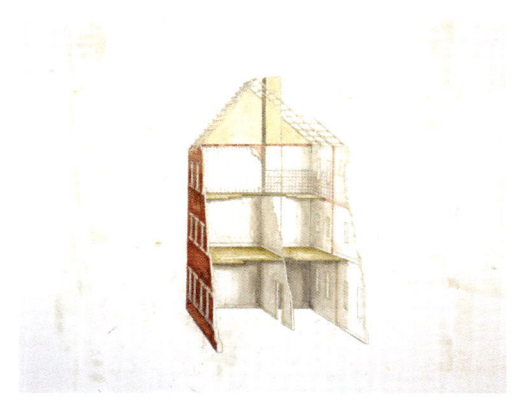

[그림 4-26] Toba Khedoori, House

들이게 된다.[49] 결국 여기서 문이라는 가장 건축 내적인 요소가 건축 내부에 현존하는 무를 가시화하는 통로가 되고 있다. 건축의 재현도구 자체로서 투시도를 긍정하고 또한 투시도 내에 문을 재현하여 다시 긍정하였더니, 결국은 그 문으로 인해 건축 재현의 벌어진 틈새가 드러나게 되고 메타 차원의 빈 구멍이 진짜 비어 있음을 확인하게 되었다.

'문들'보다 더욱 직설적으로 건축을 파편화시키고 결핍적 존재 자체로 표현하고 있는 사례로 〈집(House, 1996)〉을 들 수 있다. 이 그림 속의 집은 허물다 만 파편 그 자체이고, 사실상 그림에 사용된 투시도적 공간표현도 엄밀

49) Anthony Vidler, *Warped Space: Art, Architecture, and Anxiety in Modern Culture*, MIT Press, 2001, p.155~156

한 의미에서는 관례적인 건축 투시도 작도법에서 벗어나 있다. 이는 마치 파편적 구조를 드러내기 위해 건물의 매스를 브쉬 버린 것처럼, 건축 재현의 결핍적 틈을 드러내기 위해 재현 방식을 비틀어 버린 것과 같다. 이처럼 케도리의 작품들은 전통적인 재현 내부에서 그 관습성을 벗겨 낸다. 이는 일종의 참여적 연루(participatory involvement)를 통해 대상을 뒤로 물러나게 만드는 방식인데, 이때 아무리 지우거나 상처 나도 케도리의 이미지들은 공간 없는 장소를 유령처럼 맴돌고 있다. 모더니스트와 미니멀리스트의 가장 급진적인 추상이라 할지라도 관찰자인 주체의 시선은 항상 전략적으로 배치되어 있었다. 그러나 케도리의 작품들에서 관찰자의 시선은 텅 빈 공간의 배치 또는 모아지지 않고 어긋나는 시점들에 의해 그정되지 못하고 흩어진다. 이와 같은 시각의 분산 작용으로 인해, 집이나 회복할 수 있는 장소나 재구축적인 공간들이라는 모든 허세(pretense)가 결국은 사라지고 만다.[50] 시선이 사라지는 자리에 남는 것은 얼룩으로 표지되는 '응시(gaze)'이다.[51] 응시는 '보이는 것'에 선행하는 '보이도록 주어진 것'이고, 즉 주체의 눈길을 사로잡고 유혹하는 미끼이다. 케도리의 그림 속에서는 보이도록 주어진 건축적 대상들이 도리어 보고 있는 나를 응시하고 있다. 보는 것은 주체가 아니라 오히려 세계라는 것을 이 그림은 드러내고 있다.

건축을 주체에게 보이는 대상이 아니라 주체를 보고 있는 대상으로 해석하는 한편, 케도리에 비해 보다 직접적으로 건축을 파편화시키고 건축의 내재된 균열과 결핍을 낯선 두려움으로 표출시킨 작가로 고든 마타 클락

---

50) Ibid., p.158

51) 라캉은 시각장에서 주체를 유혹하는 덫이자, 주체의 '보기'에 앞서 '보이도록 주어진 것'으로서 주체 이전에 먼저 존재하고 있는 '얼룩(tache)'으로 응시를 표현하고 있다. 응시는 주체가 그림 속으로 불려 들어가서 그림 속에 사로잡히는 지점을 선명히 보여 주는 실재계적 시각 개념이다. Jacques Lacan, *The Seminar Book XI: The Four Fundamental Concepts of Psychoanalysis*(1964), ed. Jacques–Alain Miller, trans. Alan Sheridan, New York: Norton, 1998 참조

(Gordon Matta – Clark)을 들 수 있다. 그의 작품들은 건축의 구축 논리 자체를 전복시키고, 주체로 하여금 건축의 비인격적 응시를 대면하도록 만든다. 마타 클락은 코넬대학교 건축학과 출신이지만 졸업 후 주로 사진, 비디오, 퍼포먼스 등의 예술 분야에서 도리어 건축을 해체하고 전복하는 작업을 진행했다.[52] 1970년대 초에 '무정부건축 그룹(Anarchitecture Group)'[53]을 주도했던 마타 클락은 1973년부터 1974년까지 2년 동안 뉴욕시의 토지 정비 구역에서 제외된 용지 15군데를 구입한 후, 관련 지도와 문서 등의 자료를 수집하고 자신만의 방식으로 기존 공간을 변모시켰다.[54]

이 프로젝트의 일환인 〈파편 조각(Splitting, 1974)〉은 마치 버림받고 저주반은 대상의 세포조직을 수술로 제거하여 새로운 조직체의 상생을 모색하듯, 건축물을 과감하게 절개하여 잘려 나간 건축의 파편을 돌아보게 만들고 그 잘려 나간 틈을 통해 건축에 저항하는 새로운 건축의 가능성을 모색하게 만드는 작품이다. 그는 전기톱을 사용하여 폐기된 주택의 가운데 부분을 위에서부터 과감하게 절단했다. 그러자 잘려져 나간 틈과 절개로부터 예상치 못했던 것들이 생겨났다. 베어진 틈으로부터 빛이 내부 공간에 침투되자 침투된 빛들의 경로를 따라 내부의 실들이 하나로 이어졌다. 선례를 찾아보기 힘든 비구축(구축을 파괴한다는 측면에서)의 혼란스러운 경험 속에서 관습적이지 않은 새로운 구축의 가능성과 배열이 드러난 것이다.

---

52) 당시 코넬대는 모더니즘 건축 이론의 대가인 콜린 로우(Colin Rowe)의 주도하에 있었다. 그러나 마타 클락은 파리의 소르본느 대학에서 문학을 1년 수학하면서 당시 프랑스의 '상황주의(Situationist International)'를 주도한 기 드보르(Guy Debord)와 해체주의 철학의 영향을 받아 건축의 모더니즘 전통에 비판적인 시각을 가지게 되었다. 이러한 영향은 이후 그의 급진적인 건축 해체 작업의 토대가 되었다. Wikipedia Encyclopedia, http://en.wikipedia.org/wiki/Gordon_Matta – Clark, 2007 – 09 – 10 참조

53) Anarchitecture Group은 1974년 뉴욕의 112 Greene Street에서 마타 클락의 주도하에 이루어졌던 'Anarchitecture'라는 전시회에서 비롯된 명칭으로, 여기서 'an – '은 'anarchy(무정부)'를 의미하고 있다. James Attlee, "Towards Anarchitecture: Gordon Matta – Clark and Le Corbusier", http://www.tate.org.uk/research/tateresearch/tatepapers/07spring/attlee.htm, 2007 – 09 – 10

54) 이 프로젝트는 1978년 그의 죽음 이후에 토지가 뉴욕시로 반환되면서 중단되었다.

[그림 4-27] **Gordon Matta-Clark, Splitting**   [그림 4-28] **Office Baroque**

건축으로부터 소격(疏隔)되었던 비건축적인 것들과의 건축 내부에서의 조우는 도리어 건축적인 것들의 감각을 일깨운다. 이 절개된 틈은 'almost nothing'의 장소이자, 관찰자인 주체를 응시하는 빈 구멍이자, 베어진 흔적을 따라 감각의 논리가 침투되는 경로이다. 또한 건축의 비구축적 결핍을 긍정하자 새로운 구축의 가능성이 드러난다는 측면에서 이중 긍정과 메타 차원의 공간-환상이다.

한편 이러한 건축이라는 구조(담론) 잘라 내기(해체하기) 작업의 결과로 발생하게 된 부스러기, 즉 건축 파편들은 건물 본체와는 별개의 오브제가 되기도 한다. LA 현대 미술관(The Museum of Contemporary Art, LA)에 전시되어 있는 〈오피스 바로크(Office Baroque, 1977)〉라는 건물의 반원형 파편은 자신이 있어야 할 자리를 벗어남으로 인해 낯선 오브제로 자신의 기원과는 별개의 의미를 형성하고 있다. 이 파편은 이미 잘려져 나갔기에 다시 본체와 통합되지 못한다.[55] 오히려 자체의 고립된 세계를 구축하며 기

---

55) 마타 클락의 파편들은 설혹 봉합될 수 있다고 할지라도 봉합할 대상이 사라졌기에 더더욱 파편 자체로 존재하고 있다. 마타 클락은 이와 같은 대상(건축물)의 사라짐이 결코 잘려 나간 파편 조각으로 대체될 수 없다고 보았고, 이를 보충할 수 있는 대안으로 유사 큐비즘과 같은 이미지의 문서나 사진 작업에 중점을 두었다. 이와 같이 건축 자체에 의존하지 않고 다른 매체들에 초점을 맞춘다는 측면에서도 마타 클락은 'anarchitecture' 개념에 충실했다.

원과 끝을 찾게 되는 내러티브적 해석을 거부하게 된다. 케도리의 투시도와 마찬가지로 클락의 파편은 이상적 세계, 과거, 현재 또는 미래로부터 밀봉되고 깊숙이 물러섬으로써 총체적으로 소격되고, 그로 인해 상징작용도 일으키지 못하는 오브제로 남게 된다. 결국 이것은 이상적인 상징이나 알레고리로 작용하지도 못하고 건물 본체처럼 폐허 자체도 아닌, 그저 잔여이자 찌꺼기이자 배설물인 대상a로 현존할 뿐이다.

이중 긍정·메타 차원

미스의 디테일, 케도리의 투시도, 마타 클락의 잘려 나간 틈새를 통해서 살펴본 공간 – 환상의 표출 유형의 공통적인 특성은 바로 부분에 전체가 응축되고 있다는 점이다. 이처럼 작은 요소가 되풀이되어 전체를 가리키는 요소로 반향되는 개념을 미학에서는 '미장아빔(mise en abyme)'이라고 부른다. 특히 문학에서 미장아빔은 틀 안의 틀, 이야기 속의 이야기, 꿈속의 꿈, 허구 속의 현실 등과 같은 액자구조에서 주로 많이 차용되는데, 하나의 구조가 전체 구조를 반향하거나 반복하게 됨으로써 전체 구조는 일종의 환유의 고리에 빠지게 된다. 환유는 인접항에 의해 구조화되는 수사법이기에, 미장아빔이 사용된 작품에서는 각각의 구조가 가지고 있는 경계에 주의를 기울이게 된다. 이와 같은 표출 유형의 미장아빔적 특성은 상상계·상징계와 실재계가 관계 맺는 구조적 특성과도 일치한다. 실재계 자체이기도 한 대상a라는 부분 대상이 전체 대상으로 오인되기도 하고, 부분이 전체를 환상으로 변모시키기도 하고, 그 부분으로 인해 결국은 전체 구조가 와해된다는 측면에서 볼 때, 표출 유형은 전체로 파악되기보다는 부분으로 파악된다. 즉 구체적인 현대 실내건축의 표출 유형은 작품의 전체적 속성에서보다는 부분적인 속성에서 더욱 두드러진다. 이와 같은 이유로 다음에 분석될 작품들은 실내건축의 전체적 파악보다는 부분적 결핍 표출을 통해 감각의 논리를 드러내는 사례들을 중심으로 다룰 것이다.

먼저 거론될 사례는 가즈요 세지마의 〈나카헤치 미술관(Nakahechi Art Museum, 1997)〉의 외부 입면의 검은 벽이다. 이 검은 벽은 전체 평면에서 화장실에 해당하는 부분의 외부 벽면으로, 건물에 전반적으로 사용된 반투명한 유리 입면에서 돌출되어 이질적인 고립감을 형성한다. 고립은 주로 사물을 관습적이지 않은 이질적인 맥락에 배치시킬 때 발생한다. 마그리트(Rene Magritte)의 그림에서 방의 한 구석에 서 있는 물고기는 자신의 환경과 전혀 다른 엉뚱한 곳에 있음으로 해서 낯선 감정을 불러일으킨다. 이처럼 사물을 낯설게 만들면 그동안 무심하게 지나쳐 버렸던 죽은 사물들이 새로운 의미를 부여받으며 살아난다. 세지마의 검은 벽 또한 이 건물에 사용된 전반적인 재료나 색채 사용과는 다른 맥락에서 낯설게 사용됨으로 인해, 전체 공간의 통일성을 교란시키는 한편 검은 벽 스스로가 전체 안에 포섭되지 않는 이질적인 대상으로 새롭게 의미를 부여받게 된다. 마그리트의 물고기와 검은 벽은 주어진 환경과 나란히 이질적으로 병치되었다는 점에서는 공통분모를 가지고 있다. 그러나 마그리트의 그림이 전혀 개연성이 없는 다른 맥락을 차용했다면, 세지마의 검은 벽은 전체 건물과 같은 맥락에서 읽혀지는 형태와 구조를 가져온 상태에서 차이를 드러냈다는 점에서

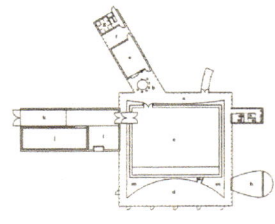  

[그림 4-29] Kazuyo Sejima, Nakahechi Art Museum

[그림 4-30] Rene Magritte, 진실의 추구, 1962

는 분명 차이가 있다. 여기서 검은 벽은 이중 긍정의 동일한 최소 차이를 드러내는 공간-환상 장치이자 대립구조를 불가능하게 만드는 틈으로서의 메타 차원이 된다. 검은 벽은 전체 안에 포섭되어 있지만 전체의 조직화 내지는 통일성을 교란시킨다는 측면에서 전체 내부에 있는 얼룩과 같은 응시의 파편이자 이 건축물의 결핍적 상태를 한 지점에서 생생하게 가시화시키는 미장아빔이다.

다음 사례는 도요 이토(Toyo Ito)의 〈U-하우스(U-House, 1976)〉의 내부 벽면의 그림자이다. U-하우스는 1976년 도요 이토의 미망인 누나와 두 명의 조카를 위해 지은 주택이었으나 20년이 지나 1997년 철거되어 현재는 존재하지 않는 건축물이다. 도요 이토는 이 주택을 1997년 베를린에서 개최되었던 '잠재성의 집 현상설계'에 출품했었다. 이토는 작품 설명서에서 잠재성의 집이란 건축가가 지을 수 있는 것이 아니라 집에 사는 세 가족의 의식 속에서만 공유되는 것이고 건축가는 이를 상상할 수 있을 뿐이라고 설명했다.56)

> 그것은 더 이상 중력도 벽의 두께도 느끼지 않게 한다. 그것은 고정되어 있는 것도 굳어져 있는 것도 아니며 물이나 공기 중에 존재한다. 가족들은 그들이 어디에 있든 이 새하얀 U자 안에 들어와 그 공간을 함께할 수 있다. 그 위에는 그들의 기억들이 실재했던 삶들과 겹쳐 있다.
> 지난 20년을 돌이켜 보면 그들은…… 그들이 가족이라는 감각을 공유할 수 있는 집을 필요로 했다. 그런 의미에서 보자면 이것은 처음부터 잠재성의 집이 될 수 있었다. 이 집의 위대한 모순은 잠재적이면서도 동시에 삶을 담으려 노력했다는 그 이중성에 놓여 있다. 이제 그것이 끝났으므로 잠재성의 집, 즉 그들이 가족이라는 느낌을 공유했던 이 집은 순수하고 자유로운 공간으로 존재할 수 있을 것이다.57)

---

56) 봉일범, 『잠재성의 차원』, 시공사, 2005, p. 87

도요 이토의 이러한 설명은 건축이라는 물성에 '감성'이 어떻게 결합되는지를 보여 주면서, 물질성의 그림자에 가려져 있던 건축이라는 대상의 존재 – 가치론적 함의를 돌아보게 만든다. 튜브 형태의 U – 하우스 내부의 바닥, 천장, 벽면은 모두 순수한 백색이다. 이 주택에서 백색으로 인해 쉽게 식별되지 않는 공간의 물질성을 분절시키고 이를 확인하게 만드는 유일한 요소는 사람들의 움직임과 그 흔적인 그림자이다. 대부분의 건축에서 물질성에 가려져 두드러지지 않았던 삶의 흔적과 기억 등이 이 주택에서는 도리어 건축의 물성을 가리고 있다. 건축에서 물질은 단지 삶을 담는 그릇일 뿐이라는 사실을 자주 간과하게 되는 건축가들에게 U – 하우스의 내부 그림자는 건축의 본질을 되짚어 볼 수 있게 한다. 도요 이토가 이 공간을 가족들의 슬픔과 고독을 상징화하는 하나의 기념비, 곧 '백색의 어둠'이자 삶의 용기(容器)라고 보았을 때,[58] 백색이 물질성에 갇혀 있던 건축의 결핍을 상징하고 있다면, 어둠(그림자)은 그 물질성의 결핍을 드러내고 보충하는 건축 안의 메타 차원, 즉 대상a를 의미한다고 볼 수 있다.

[그림 4-31] **Toyo Ito, U – House** ('잠재성의 집' 현상설계 참가작)

　　세지마의 검은 벽과 이토의 그림자는 스스로 결핍 자체이자 환상을 일으키는 허구적 대상이자 결국은 타대상의 결핍을 지각하고 인식하게 만드는 건축 내부의 이물질이다. 이러한 요소들은 일상적인 지각에 비일상적인 지각을 중첩시킴으로써 대개 드러난다. 다시 말해 일상적인 논리의 구조를

57) Ibid., p. 87에서 재인용
58) Ibid., p. 86

뒤틂으로써 비일상적인 감각이 이끌려 나오게 된다는 것이다. 세지마의 검은 벽과 이토의 그림자는 감각을 중첩시킨다는 점에서는 같으나 이러한 중첩을 통해 만들어지는 지각의 결과는 각기 다르다. 우선 검은 벽은 연속성을 거부하는 듯 보이는 이질적인 낯선 감각을 균질적인 시각 내에 삽입시킴으로써, 불연속적인 표면지각을 일으키게 된다. 이때 대상체는 공간체험의 대상이라기보다는 그저 바라보게 되는 조망의 대상이 된다. U – 하우스의 그림자 또한 공간의 연속성을 분절시켜 낯선 감각을 일으킨다는 점에서는 같지만, 이때 불연속적으로 지각되는 것은 표면이 아니라 공간 자체이다. 아이들의 손장난이 벽에 그림자로 드리워지는 사진에서 볼 수 있듯이 그림자는 표면에 머물지 않고 신체에 각인되는 공간체험을 끄집어낸다.

다음 사례인 〈ZLU 오피스(ZLU Office, 2001)〉의 복도는 표면지각과 공

[그림 4-32] **Fabian Hofmann, ZLU Office**

간체험을 동시에 이끌어 냄으로써, 실내공간의 지각 주체인 인간의 감각과 그 감각을 통해 현현되는 미확정성의 틈새 공간을 표현하고 있다. 이 복도는 벽과 바닥과 천장으로 이루어진 단일한 투시도적인 공간을 1.2m 높이에서 색채와 조명을 통해 시각적으로 분리시키고 있다. 마치 두 개의 별 개의 공간이 동시에 존재하는 것 같은 지각이 만들어진다. 디자이너인 파비안 호프만(Fabian Hofmann)은 이 공간에서 디자인을 통한 투시법적 게임을 의도했다고 한다.[59] 여기서 호프만이 이야기한 투시법적 게임이란 전형적인 일소점 투시공간에 2차원적인 시각 조작을 통해 원근감을 교란시키는 것을 의미한다. 이러한 조작을 통해 공간의 깊이는 은폐되고

59) Owen Dunne, "Pixel Pop", *Frame 21*, 2001, p.82

공간의 표면은 부각된다. 표면에 지각이 집중되는 현상은 '표면의 텍토닉' 경향에서도 볼 수 있듯이 대상을 이미지화하고 지각을 표면에 머물게 함으로써 대상을 재인식하도록 환기시킨다. 이 복도에서 색채와 빛은 지각을 표면에 머물게 만드는 장치이다. 그러나 이 복도에서의 표면은 단순히 표면의 지각과 조망에만 머물게 만들지 않고 신체가 직접 반응하고 참여하여 (복도를 걸어감으로써) 이중으로 분리된 지각의 틈새 공간을 주체가 스스로 메우게 만드는 장치이기도 한다. 여기서 복도라는 매개 공간의 특수성상 '지나간다'는 신체적 행위가 반드시 수반된다는 점을 고려하더라도, 이 복도의 표면은 복도를 걷는 주체의 지각을 교란시킴으로 인해 걷고 있다는 행위의 감각을 극대화시킨다. 이처럼 지각하는 대상과 지각하는 주체를 분리시키지 못하는 현상을 들뢰즈는 지각(perception)과 구분되는 '감각(sensation)'이라고 부르고 있다. 감각에는 대상과 주체의 구별이 없다. 감각은 동시에 '대상이고 주체'가 되는 현상, 메를로퐁티의 표현을 빌리면 '내재성과 초월성의 모순을 내포하는' 현상이다.[60]

> 감각은 주체로 향한 면이 있고, 대상으로 향한 면도 있다. 차라리 감각은 전혀 어느 쪽도 아니거나 불가분하게 둘 다이다. 감각은 현상학자들이 말하듯이 세상에 있음이다. 나는 감각 속에서 되어지고 동시에 무엇인가가 감각 속에서 일어난다. 하나가 다른 것에 의하여, 하나가 다른 것 속에서 일어난다. 결국은 동일한 신체가 감각을 주고 다시 그 감각을 받는다. 이 신체는 동시에 대상이고 주체이다.[61]

이 복도는 지각의 이중 긍정을 통해 지각 내부에 균열을 일으키는 감각에 집중시킨다는 점에서, 그 균열된 감각의 차원이 미확정적인 틈새 공간을

---

60) 진중권, 『진중권의 현대미학 강의』, 아트북스, 2003, p.192
61) Gilles Deleuze, op. cit., p.63

형성하고 있다는 점에서, 그리고 그 틈새 공간을 대상이자 주체인 신체가 메우는 동시에 사라지고 — 복도는 머물지 않고 지나가는 공간이기에 — 다시 지각의 공간으로 남겨진다는 바로 그 지점에서 실내건축이 욕망하는 지각적 통합의 환상을 교란시키고 있다. 그런 측면에서 이 복도는 공간 – 환상의 표출 방식을 가시화시키는 사례인 것이다.

이와 같이 살펴본 공간 – 환상의 은폐, 왜곡, 표출 유형의 사례들에서 두드러지는 공통적인 특성은 바로 공간 – 환상의 구조화 가능성이다. 건축이나 실내건축의 구조체계를 건축·정신분석·언어의 상관적 측면을 중심으로 살펴보게 될 때는 주로 표층·심층/의식·무의식/기표·기의/형태·의미 등을 중심으로 해석 가능해진다. 대개의 사례들이 의식적으로는 담으려 하지 않았으나 무의식적으로는 담게 되는 건축적 결핍을 드러내고 있다. 본질상 공간 – 환상은 실재계적 속성을 가지고 있기에 형식적(구조적)으로 환원될 수는 없다. 실재계적 이타성은 구조체계를 가질 수는 없다. 그러나 공간 – 환상을 이중 구조의 형식으로 살펴본다면, 드러난 것과 드러나지 않는 것, 그리고 드러낸 것과 드러내지 않은 것들 사이의 변증법적 메커니즘을 선명하게 부각시킬 수 있다는 이점이 있다. 이런 까닭에 공간 – 환상의 특성을 구조 작용의 체계로 분류하지 않으면서도 느슨하게 '구조화(structuralization)'[62]할 수 있는 가능성을 검토할 필요성이 제기된다.

이와 같은 구조적 분석에서 가장 중요한 초점은 표층과 심층의 어떤 가정된 구별에 있지 않다. 레비 – 스트로스가 신화에 대한 구조분석에서 보여주었듯이 그 자체는 비어 있지만 바로 그 비어 있는 장소(loci)들 사이의 고정된 관계를 발견하는 데 있다.[63] 다시 말해서 기존 구조의 특정 위치에

---

62) 본문에서 '구조화(structuralization)'는 라캉이 소쉬르의 '의미작용(signification)' 대신 '의미화(significance)'를 사용한 맥락과 마찬가지로 실재계적 함의를 포괄하는 구조 개념으로 명명하여 사용할 것이다.

놓이는 요소가 무엇이든지 간에 위치들 자체의 관계는 동일하게 남는다. 따라서 이때 요소들은 어떤 본질적인 속성을 가지고 있다기보다는 단지 그것들이 구조 안에서 차지하고 있는 위치에 기반을 두어 상호작용하는 속성을 가질 뿐이다.

위의 사례들을 통해 살펴보았듯이 공간-환상의 특징적 요소들은 표층(surface)과 심층(depth)이라는 비어 있는 구조의 자리에서 고정된 관계를 형성하고 있을 뿐이다. 이때 표층과 심층의 구분은 직접 관찰할 수 있는 '표층현상'과 즉각적인 경험의 대상이 되지 않는 '심층구조' 사이의 대조를 암시하고 있다.[64] 그러나 여기서 주의할 것은 심층구조가 경험으로부터 멀리 있는 혹은 깊은 것이라는 관념적 개념이 아니라는 점이다. 라캉은 심층구조 또한 경험 그 자체의 영역에 현존한다고 주장하고 있다. 즉 무의식은 심층이 아닌 표층에 있으며, 만일 그것을 심층에서 찾는다면 무의식을 놓치게 된다는 것이다.[65] 표면과 심층의 관계는 마치 현상과 현상의 감추어진 원인과의 사이와 같고, 표층에서 관찰되는 것들을 통해 우리는 경험할 수는 없지만 심층을 추론할 수 있게 된다. 공간-환상에서 또한 표층에서 표현되고 드러난 것들을 통해 공간적 가시화의 이면인 심층적 특성을 추론할 수 있게 된다. 결과적으로 공간-환상의 의미는 기표가 위치시키는 자리, 즉 그것이 작동되는 구조로부터 생겨나는 것이고, 공간-환상의 구조화는 구조화될 수 없는 구조, 구조를 넘어서는 구조라는 공간-환상의 특이성이

---

63) Dylan Evans, *An Introductory Dictionary of Lacanian Psychoanalysis*, 『라깡 정신분석 사전』, 김종주 외 역, 인간사랑, 1998, p.72 레비-스트로스가 연구했던 쿠족 내의 의식과 행동 속에는 이미 작동되고 있는 논리로서 부족 구성원들이 인식하지 못하는 사이에 작동되는 구조가 존재하고 있었다.

64) 이러한 대조는 라캉의 징후(표면)와 구조(심층) 사이의 구분에도 함축되어 있다. 그러나 라캉은 그러한 대조가 구조 개념에 함축되어 있다는 데 사실상 동의하지는 않는다.

65) Ibid., p.72

드러나게 될 빈 공간으로서의 구조가 될 것이다.

이에 [표 4 - 2, 3, 4]는 앞서 분석한 공간 - 환상의 은폐, 왜곡, 표출 유형의 특성을 각기 표층과 심층이라는 이중 구조로 분류해서 정리한 것이다. 각 사례들의 표층에 나타난 특성들을 통해 추론할 수 있는 심층적 특성들은 다음과 같다. 경계적 차이의 배제, 경계의 물성 부인, 경계적 차이의 중성화(억압), 외삽 도구의 강박적 사용을 통한 동질화(중성화), 경계적 차이의 교란, 건축적 담론(구축성, 통일성, 상징성, 지각적 통합성) 부인, 건축과 실내건축적 차이의 억압, 건축 내부를 통한 건축 전복 등이 있다. 이러한 특성들을 정신분석적 용어로 정리한다면, 이는 일종의 공간 - 환상 '징후(symptom)'이다. 자칫 발견되지 않은 채로 남아 있을지도 모를 질환(현상의 원인)이 지각 가능한 표현인 징후로 나타난다. 겉으로 드러나는 낌새, 즉 표층에서 추론되는 심층의 표현이 바로 징후이다. 정신분석에서 징후는 '말하기'라는 언어를 통해서 드러나지만, 건축에서 징후는 특정 표상들(공간의 형태, 색채, 기능, 상징 등)에서 드러난다. 건축적 징후 또한 라캉의 주장과 마찬가지로 건축적 기표, 의미작용, 은유 등과 동일한 것이라고 볼 때, 이러한 것들의 분석은 징후에 대한 분석과 같을 것이다. 이와 같은 측면에서 사례분석의 구조화를 통해 드러난 결과인 공간 - 환상의 징후적 특성을 건축 언어적 구조를 중심으로 조금 더 구체적으로 논의할 필요성이 제기되고 있다.

[표 4-2] 공간-환상 왜곡 유형의 표층·심층 구조적 특성

유형	분류	사례	공간-환상의 표층적 특성	공간-환상의 심층적 특성
왜곡	모호성 (표면의 텍토닉 경향)	Herzog&de Meuron, Ricola Factory, 1993	· 허브패턴 입면이 건축과 외부를 매개하는 스크린이 됨 · 입면이 주변 맥락을 담고 투사하여 이미지화됨	· 맥락적 의태성으로 주변을 잠식 또는 교란 · 내부와 외부의 차이 억압
		Herzog&de Meuron, Two wings of glass, 2001	· 입면의 파편들을 조합해 새로운 집합체적 이미지 형성 · 낮과 밤에 각기 다른 방식으로 경관과 건축을 매개함	· 맥락적 의태성으로 입면 스스로 잠식됨 · 내부와 외부의 차이 부인
		Seel Bobsin Partners, Blowing Bubbles, 2002	· 거울 면에서 내부와 외부가 오버랩됨 · 거울 스크린의 물적(경계적) 속성이 강화됨	· 내부가 외부에 의해 잠식 · 경계적 차이 모호
		Messe Bauer, Euroshop 2002 Fair Booth	· 파편화된 표피에 의해 내부 이미지가 왜곡됨 · 실재와 허상의 차이가 분명해짐	· 표면의 구축을 통해 깊이의 구축 부인 · 건축의 주객체 문제 환기
	전도성 (사건과 강도 경향)	MVRDV, Wozoco Apartment, 1997	· 일조권 관련 데이터가 건축형태로 재조직화됨 · 데이터가 극현점에서 건축적 사건으로 전환됨	· 외재성의 극대화 · 건축의 내재적 힘 부인
		Greg Lynn, Embryological House, 1999	· 건축의 내적 힘들의 상호작용을 형태로 표현 · 건축 질료의 잠재성의 지층을 진화적 형태로 활성화함	· 내재성의 극대화 · 건축의 외재적 힘 부인
		Rem Koolhaas, Prada NY, 2001	· 굴곡면의 모온화(오브제화) · 느슨한 불완전성(강도 조절)으로 인해 사건의 접속이 증가함	· 건축적 종속변수 모색 · 건축과 실내건축적 차이 억압
		Philippe Starck, Maison Baccarat, 2004	· 낯선 오브제들의 병치(오브제/오브제를 담는 틀) · 주위공간을 극적 무대공간으로 전도시킴	· 실내건축적 독립변수 모색 · 건축이라는 상수 부인

[표 4-3] 공간-환상 은폐 유형의 표층·심층 구조적 특성

유형	분류	사례	공간-환상의 표층적 특성	공간-환상의 심층적 특성
은폐	부정성 (경계적 사고/ 연속성의 사고)	 Kazuyo Sejima, Villa in The Forest, 1994	• 두 겹의 원통형 벽면이 내부에서 겹쳐진 형태 → 경계의 중첩을 통한 내외부의 이항 대립적 설정 • 내부를 외부화시키는 경계조절 → 작위적 경계조절	• 작위적 대립설정으로 인해 전복 가능성이 봉쇄됨 • 내부와 외부의 차이 배제 (forclusion)
		 Casson Mann, Welcome Wing, 2002	• 내부와 내부 사이의 경계조절 사례 • 경계의 물성 부정 • 스크린 투사작용으로 내부는 조절 통제됨	• 경계적 차이 배제 • 경계의 물성 부인 • 경계면이 주체를 조절 통제 (주 체를 타자화시킴)
		 Klein Dytham, Bloomberg ICE, 2002	• 인터랙션적 경계조절 장치로 고정 된 물성 해체 • 스크린의 반응 작용으로 내부의 성 격을 변화시킴	• 경계적 차이 배제 • 경계의 물성 부인
		 MVRDV, Villa VPRO, 1997	• 건축의 불연속적 속성을 연속성을 통해 부정 • 경계로 인한 단절을 극복해야 할 대립구조로 설정 • 연속성 내에 이미 불연속성이 내포됨	• 불연속적 차이 배제 • 내외부의 중성화 전략 → 차이의 억압
	불가능성 (다이어그램적 사고)	 UN Studio, Möbius House, 1998	• 다이어그램이 건축의 생성 또는 개 념적 연결고리로 작용하기보다는 시 각적 단서만을 제공함 • 건축의 물성과 다이어그램의 추상 성이 일치되지 못함	• 상이한 대상 사이의 묵시적 비약 • 외삽을 통한 동질화 강박 • 대상과 도구의 중성화 전략
		 UN Studio, Skim.com, 2001	• 내부공간의 조직화에 다이어그램 사용 • 다이어그램과 실제공간의 시각적 통일성이 부합되지 못함	• 상이한 대상 사이의 묵시적 비약 • 외삽을 통한 동질화 강박 • 대상과 도구의 중성화 전략

[표 4-4] 공간-환상 표출 유형의 표층·심층 구조적 특성

유형	분류	사례	공간-환상의 표층적 특성	공간-환상의 심층적 특성
표출	실재계적 특성 (감각의 논리)	Mies van der Rohe, Museum for a Small City, 1942	· 계기 없이 출몰하는 사건 표현 · almost nothing: 감각과 논리의 최소 차이	· 무와 환상의 긍정의 틈 속에서 분열과 결핍 표출 · 의례(디테일, 투시도)의 강박적 반복
		Toba Kheddori, Doors, 1996	· 문의 그림을 통해 건축 내부의 무를 가시화함 · 파편을 통합하지 않고 지우거나 뒤로 물러서게 함	· 내부로부터의 전복 · 건축의 내부를 통해 건축 부인
		Toba Khedoori, House, 1996	· 폐허화된 집을 통해 건축을 파편화시킴 · 투시도 작도법을 의도적으로 왜곡	· 건축의 관습적 재현 위반 · 건축의 주체적 시선 해체 및 부인
		Gordon Matta-Clark, Splitting, 1974	· 건축의 절개라는 극단적 비구축을 통해 낯선 구축 가능성 모색	· 건축에서 배제된 것들과의 조우 · 건축의 구축 논리 부인
		Gordon Matta-Clark, Office Baroque, 1977	· anarchitecture: 건축 담론 해체 결과 발생한 부스러기 · 본체와 분리된 파편의 오브제화	· 건축 담론(상징, 알레고리 등)으로부터 총체적으로 소격 · 건축의 내러티브적 해석 배제
	이중 긍정· 메타 차원 (감각의 논리)	Kazuyo Sejima, Nakahechi Art Museum, 1997	· 검은 벽이 이질적인 고립감 형성 · 건축적 결핍을 가시화하는 미장아빔 장치	· 형태와 구조 등 같은 맥락을 통한 위반 및 교란 · 건축의 조직화 또는 통일성 부인
		Toyo Ito, U-House, 1976	· 내부 그림자(삶의 흔적)를 통해 건축적 물성과 감성의 결합표현 · 백색의 어둠: 물질성에 가려진 건축의 존재가치 환기	· 감각의 중첩을 통해 불연속적 공간체험 생성 · 건축적 물성 부인

		\n Fabian Hofman, ZLU Office, 2001	· 투시도적 공간의 시각적 분리를 통해 원근감 교란 · 지각의 틈새 공간을 주체의 수행성으로 메우는 장치	· 지각의 균열을 통해 감각의 극대화 · 건축의 지각적 통합 환상 부인

제5부

공간 – 환상의 징후

1. 징후의 공간화

라캉에게 있어서 징후(symptom)는 '전능한(억압적인) 타자에 대한 주체의 무의식적 반응(방어), 혹은 전능한 타자 앞에서 주체가 자신을 유지하는 방식'으로 정의된다. 또한 라캉은 징후를 '스스로를 나타내 보이는 것(se signale, 자신을 알리는 것 또는 이목을 끄는 것)'으로 정의하기도 한다.[1] 주체 스스로를 드러낸다는 측면에서 징후는 수신 가능한 기표이자 의미작용이자 메시지이다.[2] 징후는 종종 의미를 알 수 없는 형태로 나타나지만 그 의미는 해독될 수 있다. 징후는 자아가 원하지 않는 상황을 감추는 기제(機制)이다. 한편 환상(fantasy)은 타자(상징적 질서) 내의 결핍인 비일관성을 가리는, 즉 상징화 행위 자체가 내포하는 어떤 근본적인 불가능성을 가리는 상상적 시나리오이다.[3] 환상은 어떤 표상으로 실재의 심연을 덮음으로써, 주체에게 확고한 근거를 제공한다. 징후가 무의미한 '기표'와 연결되어 있다면, 환상은 '대상'을 무대화한다. 기표와 대상은 모두 대타자의 결여 또는 대타자의 구조적 불균형이 나타나거나 대리보충하는 것과 연결되어 있다. 이와 같은 측면에서 징후와 환상은 무의식을 가리고 있다는 공통점을 가진다. 징후나 환상의 의미 발견은 불안을 야기하며 주체를 위협하지만 한편으로는 순간적인 해소를 뜻하기도 한다. 그러나 징후와 환상은 해소된 이후에도 항상 다시 만들어지므로 정신분석 치료는 원칙적으로 완결될 수 없다. 항상 다시 분석해야 할 새로운 것이 생겨난다.[4]

1) Jacques Lacan, *Le Séminaire Livre XII: Problèmes Cruciaux de la Pyschanalyse*, 1964~1965(미출간, 1965년 5월 5일 세미나 참조); 김상환·홍준기 엮음, 『라깡의 재탄생』, 창작과 비평사, 2005, p.17에서 재인용.

2) Dylan Evans, *An Introductory Dictionary of Lacanian Psychoanalysis*, 『라깡 정신분석 사전』, 김종주 외 역, 인간사랑, 1998, pp.378~380

3) Slavoj Žižek, *Looking Away*, 『삐딱하게 보기』, 김소연·유재희 역, 시각과 언어, 1995, p.265

이와 같은 징후의 제거 불가능성으로 인해 정신분석의 목표는 환자의 징후 제거가 아니라 임상적 '구조(structure)'의 발견이 된다. 징후와 구조는 분명 서로 다른 개념이지만, 구조 또한 징후만큼이나 '표층'에 나타나기 때문에 둘은 유사한 측면을 가지고 있다. 라캉은 "징후는 마치 언어처럼 구조화되어 있기 때문에, 징후는 전적으로 언어의 분석 안에서 맴돌고 있다"[5]고 하였다. 이는 언어학적 개념인 표층과 심층이라는 대조적인 계열 구조를 통해 징후가 분석될 수 있다는 점을 지적하고 있는 것이다. 실제로 라캉은 신경증·도착증·정신병과 같은 정신관련 질병들을 징후의 집합으로서가 아니라 구조로 간주하고 분석하였다. 그러나 여기서 구조는 이미 주어져 있는 것이 아니라, 의미 작용에 의해 '구성되는 것'으로서의 '구조의 구조화(structuralization)'이다. 병리현상을 구조화한다는 것은 '타자의 욕망과 주체의 관계' 혹은 '타자의 욕망에 대한 주체의 반응', '타자와의 관계에서 발생하는 결여와 이 결여를 메우는 방식'에 초점을 맞춘다는 것을 의미한다.[6] 이와 같은 측면에서 신경증·도착증·정신병은 병리적 현상이자 동시에 인간 주체의 실존적 존재방식이기도 하다.[7]

위의 세 가지 주요 임상적 구조는 연속선상의 차원적 체계라기보다는 오히려 불연속적인 범주 분류체계이다. 따라서 서로 상호 배제적이다.[8] 각 구조는 각기 다른 심리작용에 의해 구별된다. 라캉은 신경증을 형성하는 메커니즘은 억압(repression, Verdängung) 작용으로, 도착증은 부인(disavowal, Verleugnung) 작용으로, 정신병은 '아버지의 이름'에 대한 배제(foreclosure,

---

4) Peter Widmer, *Subversion des Degehrens*, 『욕망의 전복』, 홍준기·이승미 역, 한울아카데미, 1998, p.197

5) Jacques Lacan, *Écrits*, Paris: Seuil, 1966, p.59

6) 김상환·홍준기 엮음, op. cit., p.116

7) Peter Widmer, op. cit., 제10장 참조

8) Dylan Evans, op. cit., p.73. 가령 주체는 신경증적이면서 동시에 정신병일 수 없다. 세 가지 주요한 임상적 구조는 모두 대타자와 관련해서 주체의 세 가지 가능한 위치를 구성한다.

Verwerfung) 작용으로 구분하고 있다. [표 5 - 1]의 내용은 세 가지 임상 구조에 따른 분류와 각각의 징후 · 행위 · 현상과 원인을 정리한 것이다. 라캉은 신경증의 표현은 징후로, 도착증은 도착증적 행위(acts)로, 정신병의 표현은 현상(phenomena)으로 구분하였다.[9] 그러나 여기에서는 징후 · 행위 · 현상이라는 각 임상구조의 표현적 측면을 굳이 세분하지 않고 광의의 개념으로 묶어서 징후로 통일하여 사용할 것이다. 또한 건축적 공간에서 나타나는 징후적 특성을 다루기 위해 모든 임상적 분류를 세밀하게 접근하기보다는, 공간적 속성과 연결시킬 수 있는 분류만을 선택하여 불연속적인 범주 분류체계로 재구성할 것이다.

우선, 신경증에서는 강박증을 중심으로 공간 – 환상의 징후적 특성을 살펴볼 것인데, 그 까닭은 히스테리나 공포증에서는 나타나지 않는 주체의 존재에 대한 반복적인 질문과 그로 인한 강제 충동이나 의례 수행 등이 건축에서의 억압된 주체의 문제와 건축의 중성화 경향과 연결시킬 수 있기 때문이다. 다음으로 도착증은 세분된 분류로 접근하기보다는 도착증 전체 구조로 접근할 것인데, 그 이유는 물신주의적이고 사디즘/마조히즘적이고 노출/관음적인 충동과 도착의 지점은 건축에서 자주 드러나게 되는 폭력적 측면과 섹슈얼리티적인 지점 등과 직간접적으로 연결되어 있기 때문이다. 마지막으로 정신병에서는 편집증을 중심으로 살펴볼 것이다. 그 이유는 편집증의 징후로 나타나는 망상과 환각은 상상계에 기입되어 있다는 측면에서 환상과 비교분석해 보아야 할 대상으로서 가치를 가지고 있고, 또한 배제를 통해 건축의 모순 지점 등이 드러날 것으로 기대되기 때문이다.

---

9) Dylan Evans, op. cit., p.378

184   건축의 욕망, 환상, 그리고 징후

[표 5-1] 라캉 정신분석의 심리구조 분류

임상구조	심리작용	임상적 분류	징후·행위·현상	원인
신경증 neurosis	억압 repression /Verdängung	**강박증** obsessional neurosis	강박 사고, 강제 충동, 의례rituals	· 대타자의 결여를 회피 · 성적 위치 연관 거부
		히스테리 hysteria	신체증상 (감각, 운동 장애)	· 성적 입장과 관련 · 타자의 욕망을 도용
		[공포증 phobia]	특정 대상에 대한 극단적 두려움	· 상징적 거세를 대신할 상상적 대체물
도착증 perversion	부인 disavowal /Verleugnung	물신주의 fetishism	물건에 대한 성도착	· 어머니 거세를 대처할 상징적 대체물
		사디즘/마조히즘 sadism/masochism	쾌락원칙을 넘는 충동의 한계체험	· 주체 자신을 기원하는 충동의 대상으로 위치시킴
		절시증(노출증 + 관음증) scopophilia	시각 충동의 대상	· 주체 자신을 대타자의 향유의 도구에 위치시킴
정신병 psychosis	배제 foreclosure /Verwerfung	**편집증** paranoia	환각hallucination, 피해·과대망상delusion	· 배제된 부명(父名)이 실재계에 나타날 때 동화 못하고 충동 · 상상계에 위치(완전함 추구)
		정신분열 schizophrenia	환각, 의미 없는 언어와 동일화 (헛소리)	· 주체의 분열의 상실(비존재) · 상징계에 위치(환각 속에 상상계와 기의의 차원이 등장)

이처럼 공간-환상의 징후적 측면을 강박증, 도착증, 편집증으로 구분하여 살펴보고자 할 때, 여기서 가장 문제가 되는 것은 앞서 거론된 징후의 구조화라는 정신분석적 특성이 구체적으로 어떠한 방법론을 거쳐 건축 공간적 특성으로 적용될 수 있겠는가의 문제이다. 결론적으로 말한다면 이는 '공간적 의미화'를 통해서 가능해진다. 징후 속에서는 어떤 것이 무의식의 (주체의) 자리에 나타나고, 어떤 것이 주체 대신 자신을 드러낸다.[10] 주체 대신에 자신을 드러낸다는 점에서 '징후는 은유'[11]이다. 라캉은 의미(s)의 영역보다는 무의미의 영역에서 분석을 해야 한다고 제안한다. 즉 기표(S)의

---

10) Bruce Fink, *Lacan to the Letter: Reading Écrits Closely*, 『에크리 읽기: 문자 그대로의 라캉』, 김서영 역, 도서출판b, 2007, p.196

11) Jacques Lacan, É, op. cit., p.528

부조리하고 무의미한 면으로, 그 '문자적(literation) 구조'[12) 또는 문자성 (literality)을 가지고, 기표성(signifierness)의 의미화(signifiance)를 이용해야 한다고 제안하고 있다.[13) 결국 건축 공간에서의 징후 또한 무의미의 영역, 다시 말해 건축적 기표들의 무의미한 의미화 과정을 통해 분석될 수 있고, 이렇게 분석된 건축적 징후들은 건축 대신에 건축 자신을 드러낼 것이다.

그렇다면 여기서 건축의 표층에서 무의미한 기표들로 드러나는 공간 – 환상의 무의식적 징후들은 '억압되었던 것들의 귀환'[14)이다. 즉 무의식들은 다양한 억압 기제(방어 기제)들을 따라 구조화되어 있고, 이러한 방어 기제에 대한 분석은 무의식적 기제의 일면을 드러내게 된다. 프로이트의 압축과 전치가 무의식을 은폐하기 위한 기제라면, 라캉에게는 은유와 환유가 무의식을 억압하기(keep down) 위해 기획된 기제이다. 은유와 환유와 같은 방어 기제로서의 수사법은 특정한 표상들이 표면으로 떠오르지 못하게 만들기 위해 자신도 모르게(spontaneously) 작동되는 것들이다.[15) 그렇다면 건축에서도 표층구조에서 발견할 수 있는 다양한 수사적 표현들을 건축가 주체 내면의 무의식 또는 건축 자체의 결핍 구조와 같이 표현하고 싶지 않은 것들을 가리기 위해 사용된 것들로 볼 수 있을 것이다. 이와 같은 측면에서 라캉이 무의식의 기제를 파악하기 위해 분석대상자의 발화 담론의 수사를 구분한 지점 — 여러 수사법들 중에서 특히 징후를 드러내는 것으로 판단되는 발화 수사를 중심으로 구분한 지점 — 은 건축적 징후들을 파악하기 위한 준거로 사용해도 크게 무리가 없다고 판단된다.

---

12) Ibid., p.510
13) Bruce Fink, op. cit., p.196
14) Jacques Lacan, *Le Séminaire Livre ⅩⅠⅩ*, 1971(미출간, 1971년 12월 15일 세미나 참조)
15) Bruce Fink, op. cit., p.142

이 때문에 방어기제를 철저히 분석하는 것은 ······무의식적 기제의 다른 일면을 알려준다. ······용어의 오용(誤用, catachresis), 곡언(曲言, litotes), 환칭(換稱, antonomasia), 박진(迫眞, hypotyposis)이 말의 수사(trope)인 것처럼 완곡(婉曲, periphrasis), 도치(倒置, hyperbaton), 생략(省略, ellipsis), 현연(縣延, suspension), 예기(豫期, anticipation), 철회(撤回, retraction), 부정(否定, negation), 이탈(離脫, digression), 반어(反語, irony)는 수사학적 스타일들(퀸틸리아누스 Quintilian의 사고의 문채figurae sententiarum)16)이다. 이 이름들은 그러한 기제를 지칭하기에 가장 적절한 것으로 생각된다. 문채 자체가 분석수행자가 실제로 발화하는 담론의 수사학에서 활발히 기능하고 있음에도 불구하고 우리는 이를 단순히 말하는 방식으로만 치부할 것인가?17)

라캉이 지적했듯이 발화 속에서 드러나는 '말의 문채'는 무의식의 일면을 징후적으로 드러낸다는 측면에서 '사고의 군채'로 볼 수 있다. 이는 건축적 발화에서 징후적으로 드러나는 '표현의 문채' 또한 '건축적 사고의 문채'이자 '건축적 무의식의 문채'로 볼 수 있다는 단서를 제공한다. [표 5 - 2]는『에크리』에서 라캉이 열거한 수사나 수사적 스타일들 중에서, 라캉이 특히 무의식의 담론을 표현하는 대표적 수사법으로 사용하는 은유와 환유적 특성을 띠는 수사적 문채들만 선별하여18) 언어 · 정신분석 · 건축의 상관성을 중심으로 분석한 내용이다.19) 은유적 수사로는 오용 · 용어 · 완곡 · 반어가 있고, 환유적 수사로는 생략 · 곡언 · 이탈 · 철회가 있다. 특히 건축과 같은 구체적 형상 이미지를 무의식적 사고가 발화된 이미지로 해석할

---

16) 수사법에서 말의 문채(figures of speech)는 라틴어로 'figurae dictionis'이며 사고의 문채(figures of thought)는 'figurae sententiarum'이다. 일반적으로 말의 문채로 불려야 할 것을 라캉은 사고의 문채로 정의하고 있다. 이는 기표 자체가 기의를 결정하고 생성한다는 라캉의 논의와 관계되는 듯하다. Ibid., p.142

17) Jacques Lacan, Écrits, Paris: Seuil, 1966, p.521. Ibid., p.142에서 재인용

18) 라캉은 은유를 징후의 수사법으로, 환유를 욕망의 수사법으로 보았다. 즉 은유와 환유는 주체의 무의식의 위상을 결정짓는 근본적인 구조화 효과이다. Jacques Lacan, É, op. cit., p.515 참조

19) Bruce Fink, op. cit., pp.141~148 참조하여 재구성

때, 건축적 발화 수사는 단어들(건축의 구성 요소들)의 언어적 유희를 통해 동음이의어나 철자 바꾸기나 묵시적 침묵 등을 만들어 내기도 하고, 또는 쉽게 형상적으로 표현할 수 있는 사고를 구성하는 요소들의 또 다른 결합을 만들어 내기도 한다. 결국 이와 같은 발화 문채들에서 공통적으로 파악되는 것은 발화된 무의미한 기표들이 무의식을 억압하거나 부인하거나 배제하는 다양한 수사 방법들이라는 점이다.

지금까지 살펴보았듯이 공간-환상의 징후적 특성은 결국 징후의 구조화와 공간적 의미화를 통해서 구체적으로 드러날 수 있을 것이다. 그런 까닭에 이후에 서술할 내용들에서는 현대 실내건축에서 두드러지는 강박증·도

[표 5-2] 무의식과 연관된 수사 문채의 건축적 적용

분류	수사적 문채	언어적 용법	정신분석적 발화의 의미	건축적 용법
은유적 수사	오용(誤用) catachresis	· 비유의 남용이나 말의 오용적 사용(혼용된 은유)	· 오용된 용어 사용의 지점에서 회피하고 있는 것 암시	· 이질적 요소나 맥락의 병치 · 관습적 요소들의 낯선 전도
	용어(冗語) pleonasm	· 논리적으로 불필요한 말을 덧붙이는 표현 방법	· 불필요한 단어로 발생한 과잉을 드러내거나 감추기 위해 사용	· 불필요한 요소들의 과잉적 반복과 덧붙임
	완곡(婉曲) periphrasis	· 돌려 말하거나 요점을 피하는 표현	· 민감한 주제에 접근하지 못하게 차단	· 파격적 구문논리를 피하는 중성화 전략
	반어(反語) irony	· 참뜻과는 반대되는 말을 하여 문장의 의미를 강화	· 자신의 말하는 것의 중요성을 부인하기 위해 사용	· 모순 형용적 표현을 통한 논리의 변환
환유적 수사	생략(省略) ellipsis	· 설명이나 표현하는 단어의 일부가 빠짐	· 부절적하거나 폭로적인 어떤 것을 억압하기 위한 의도로 사용	· 연속된 흐름 속에 단절을 일으키는 불연속적 요소들 · 표현하지 않은 표현
	곡언(曲言) litotes	· 조심스럽게 삼가는 표현 (understatement)	· 짧은 침묵: 계산된 이중 부정 · 말하지 않은 것: 부적절한 것으로 판단하고 배제	· 연속된 흐름 속에 끼어드는 불연속적 요소들 · 절제된 표현
	이탈(離脫) digression	· 아무도 모르게 주제에서 벗어나기 위해 사용 · 장황한 배경설명	· 주제로 돌아오지 않고자 하는 부지중의 계획	· 의미적 요소들과 일치되지 않는 과장된 표현 요소들
	철회(撤回) retraction	· 발화되었던 말을 잠시 후 정정하는 표현	· 철회된 문구들의 교정보다는 그 '실수' 자체에 초점	· 의미적 요소들의 삭제를 통한 의미 변환

착증·편집증적 징후들을 구조적으로 분류한 후, 각각의 징후적 특성을 공간의 수사적 의미화 해석을 통해 드러낼 것이다.

2. 강박증적 징후

신경증의 주요 형태 중 하나인 강박증(obsessional neurosis)은 1894년 프로이트에 의해 처음으로 특수한 진단범주로 분류되었다. 강박증의 징후들에는 강박사고(obsession, 되풀이되는 관념들), 불합리하거나 혐오스러운 것으로 여겨지는 행동을 수행하도록 강제하는 충동, 그리고 의례(rituals, 점검과 씻기 등 강박적으로 반복되는 행동) 등이 포함된다. 라캉은 강박증을 징후보다는 구조로 진단해야 한다고 주장한다.[20] 구조적 관점에서 본다면 주체는 전형적인 강박징후를 드러내 보이지 않을지라도 강박증 환자로 진단될 수 있다. 즉 강박증의 심리작용인 억압(repression) — 어떤 생각이나 기억들이 의식으로부터 추방되어 무의식에 감금되는 과정 — 이 주체에게 작동될 때, 징후가 표층에 드러나지 않을지라도 잠정적으로 이때의 주체는 강박증적 주체로 볼 수 있다.

그러나 대개의 경우 억압된 것들은 왜곡된 형태·징후·꿈·실언 등으로 회귀한다. 라캉은 강박증 환자의 경우에는 "환유적 조건을 유지하는 불가능성 속에서 자신의 욕망을 지속시킨다"고 하였다.[21] 여기서 환자의 욕망은 환상에 의해 지지된다. 강박증에서 상징계(S)는 상상계(I)에 종속된다. [그림 5 - 1]에서 볼 수 있듯이 욕망이 억압되는 상징계에서는 징후만이 드러나고, 욕망을 허위적으로나마 지속시킬 수 있는 상상계는 강화된다. 즉

---

20) Dylan Evans, op. cit., p.37～38
21) Jacques Lacan, É, op. cit., p.632

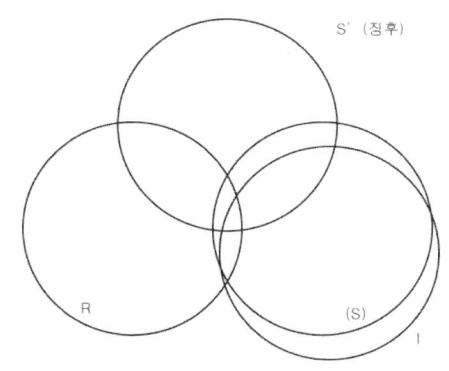

의 라벨: S′ (징후), R, (S), I

[그림 5-1] 신경증의 구조

강박증 환자는 상징계의 축인 거세·죽음·존재의 문제에 직면하지 못하고, 상상계 속에서 자신의 존재를 강박적으로 정당화하려고만 한다. 이때 강박적 의례는 대타자의 거세를 회피할 수 있도록 만들어 준다고 믿고 수행하는 일종의 상상적 시나리오이다. 이처럼 강박증 환자는 의미의 상실로부터 보호받기 위해 텅 빈 의미들을 강박적으로 수행하게 된다. 이를 통해 주체는 자기가 견딜 수 없는 것으로 생각하는 것, 더 이상 알고 싶어 하지 않는 것, 다시 말해 억압된 것과 욕망을 무의식적으로 상상계 속에서 유지한다.

이와 같은 강박증의 구조적 특징은 발화 수사에서 구체적인 징후들로 드러난다. 포레스트(D. Forrest)는 히스테리 환자들은 '허황한 표현, 과장된 표현, 과용(過用)한 표현, 허풍, 연극조로 떠벌리기'를 많이 사용하고, 강박증 환자는 '조건을 붙이는 말, 평가적인 말, 극히 상세한 말, 태도가 불분명한 말, 라틴계의 말투, 과장된 언사, 어원을 사용한 말'을 습관적으로 사용함을 지적했다. 쉬멜(J. Schimel)도 히스테리 환자가 부사와 형용사 사용에 병적으로 집착하는 반면에, 강박증 환자들의 경우에는 주로 행동이나 감정의 '표현'이 아닌 '묘사'에 집착하고 있다는 점을 지적했다.[22]

이처럼 강박증적 발화 수사에서는 억압된 무의식의 수수께끼가 의식으로 통합되지 못하고 상상적인 의미만을 가득 채운 채 나타난다. 어원과 같은

22) David V. Forrest, "On One's Own Onymy", *Psychiatry* 36, 1973, pp.266-89; Norman Holland, *"The Barge She Sat In": Psychoanalysis and Diction*, http://www.clas.ufl.edu/users/nnh/barge.htm, 2007-09-27에서 재인용

조건이 붙는 상세한 설명을 통해 의미를 체현하고 있다고 믿으며 문자의 전능성에 대한 믿음을 드러내지만, 이러한 믿음은 허구적 자리(구조)에 주체 스스로를 둠으로써 생겨나게 되는 믿음이다. 라캉은 강박증의 경우 주체의 위치를 결정짓는 상징계적 축이 절단되어 있음으로 인해, 주체의 위치가 다른(Other) 위치로 철회되었다고 주장한다. 이때 다른 위치는 관객의 위치이다.

> 강박증 환자들은 ……그가 한 자리를 맡고 있는 관객석에 자신들의 모호한 충성심을 바친다. 그것은 보이지 않는 주인의 자리이다. (강박증 환자들은)볼거리를 제공한다(*donne à voir*). ……강박증 환자의 경우 분석가는 관객에 의해 감지될 수 있어야 한다. 무대 위에서는 관객이 보이지 않으며, 그(강박증 환자)는 죽음이라는 매개에 의해 그/그녀(관객)와 결합되어 있다.[23]

> 강박증을 가졌다는 것은 무엇을 의미하는가? 간단히 말하자면, 강박증 환자는 그의 역할을 하는 배우이다. 그는 마치 자신이 죽은 사람인 것처럼 몇 가지 행동만을 보여 준다. 그가 몰두하는 게임은 자신을 죽음으로부터 보호하는 한 방법이다. 그것은 자신이 절대로 무너지지 않는다는 것을 보여 주는 활기 있는 게임이다. ……게임은 그 광경을 보고 있는 타자(Other) 앞에서 진행된다. 이때 강박증 환자 자신은 단지 관객에 불과하다. 바로 이 때문에 게임이 가능한 것이며 그 속에서 그는 쾌락을 느끼게 되는 것이다. 그러나 그는 자신이 점유한 위치를 알지 못하며 그것은 그에게 무의식적인 것이다. 그는 환영적 게임에 참여하여 ……죽음에 가능한 가까이 접근하지만 정작 자신은 모든 공격으로부터 안전한 위치에 머무는데, 이것이 가능한 이유는 어떤 의미에서 주체가 사전에 자신의 욕망을 이미 제거했기 때문이다. 말하자면 그는 그 부쿵을 괴사시켰다. ……중요한 것은 주체가 자신조차도 인식하지 못한 채 다른 관객을 위해 스스로 마련한 것들을 보여 주는 것이다.[24]

---

23) Jacques Lacan, É, op. cit., p.304

24) Jacques Lacan, *Le Séminaire. Livre IV*, Jacques Alain Miller ed., Paris: Seuil, 1994, pp.27~28;

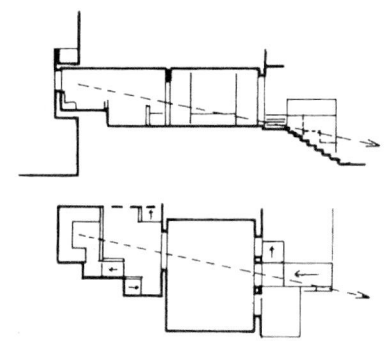

[그림 5-2] Adolf Loos, Moller House
박스석에서 후원으로 향하는 응시의 경로(단면 & 평면)

라캉이 이야기하는 관객의 위치에 점하고 있는 이러한 강박증적 주체의 모습을 건축적으로 치환해 본다면, 가장 쉽게 상기되는 것은 아돌프 로스의 주택 박스석에 자리 잡고 앉아 있는 주인의 모습이다. '몰러 하우스(Moller House, 1928)'에는 거실보다 높은 곳에 창문을 등진 소파가 있는 박스석이 있다. 이 자리는 등 뒤의 빛으로 인해 독서하기 편안한 자리인데, 이 편안함은 심리적 차원이 추가로 부가되어 주체에게 안전한 감각까지 제공한다. 입구에서 계단을 올라 거실에 들어서는 사람은 누구든지 역광으로 인해 소파에 앉아 있는 사람을 인식하는 데 시간이 걸린다. 반대로, 어떠한 침입자도 그 자리에 앉아 있는 사람에게는 쉽게 감지된다. 마치 극장의 박스석에 앉은 관객이 무대에 들어서는 배우를 즉각 볼 수 있는 것처럼 이 공간은 내밀함과 통제의 시선을 제공한다.[25] 그러나 박스석은 타인의 시선으로부터 보호하는 장치인 동시에 타인의 주목을 끄는 장치이기도 하다. 박스석의 엿보는 자(voyeur)는 또 다른 시선의 대상이 된다. 지켜보는 행위는 들키게 되고 통제의 바로 그 순간에 걸려들게 된다.[26] 강박증적 주체는 자신을 배우가 아닌 관객으로 위치시키지만, 자신의 관찰하는 행위가 도리어 관찰될 수도 있다는 '응시(gaze)'의 시선을 모른다는 점에서 그/그녀는 상상적 시선에 사로잡혀 불가능성을 욕망하는 징후적 주체이다. 그러나 로스의 박스석의 주체는

Bruce Fink, op. cit., pp.63~64에서 재인용

25) Beatriz Colomina, *Privacy and Publicity: Modern Architecture as Mass Media*, 『프라이버시와 공공성: 대중매체로서의 근대건축』, 박훈태·송영일 역, 문화과학사, 2000, pp.248~252

26) Ibid., pp.262~264

관객에서 배우로 전도되는 지점을 공간적 장치로 인해 '인지하게 되는' 주체이다. 그러한 전도를 박스석이라는 공간–환상 장치가 이끌어 낸다. 박스석은 시선을 프레임 지으며 동시에 주체를 프레임 짓는 장치이다. 바로 이 지점이 정신분석과 공간–환상의 징후를 연결 지을 수 있는 매개의 고리이자 차이가 생성되는 간극의 장소인 것이다.

건축이라는 물적 공간은 징후적 프레임을 통해 주체를 규정지을 수도 있고, 나아가 주체를 지워 버릴 수도 있다. 특히 강박증적 공간–환상의 징후들은 의미 없는, 그러나 의미 있다고 확신하는 환유적 형태의 연쇄 속에서 주체를 배우–관객(주체–객체)의 자리에 묶어 두는 한편, 하나의 형태가 대리하는 또 다른 형태들의 환유 고리 속에서 주체의 자리를 아예 지워 버리기도 한다. 영국의 여성 조각가인 레이첼 화이트리드(Rachel Whiteread)의 작품들에서는 보이지 않는 빈 공간이 강박적으로 반복되는 주조(鑄造) 행위 속에서 환유적 형태로 물질화된다. 화이트리드의 작품에서 내부라는 비어 있어야 할 공간 — 즉 주체가 거주해야 할 자리 — 은 물질이 채워짐으로 인해 사라져 버린다. 외부에서 내부로의 공간 차단은 주체를 차단하는 것이다. 채움을 통해 공간성(주체성)을 부정하고 파괴하고 있다. 그러나 그녀의 공간들은 내부(주체)가 지워졌음에도 여전히 내부성을 불러일으킨다. 지워진 내부가 밖을 향해 자신을 드러내고 있기 때문이다. 〈집(House, London, 1993)〉과 〈유대인대학살 추모비(Holocaust Memorial, Wine, 1995)〉는 모두 안과 밖이 뒤바뀌어 설치되었다.[27] 관습적인 주체의 자리는 지워졌지만, 밖으로 내몰아져 구경꾼으로 전락했던 타자적 주체가 밖을 향하고

---

27) '집'은 2차 대전이라는 특정 시기의 건축양식을 형상화함으로써 전쟁에 대한 기억을 환기시키킨다. '유대인대학살 기념비' 또한 도서관 내부의 형상을 밖으로 향하게 했는데, 이때 책의 앞쪽이 아니라 뒤쪽을 드러냈다. 읽을 수 없는 책들과의 대면은 비극적인 역사를 읽으려 하지 않았던 사람들에게 던지는 자극이자, 대학살이라는 끔찍한 역사를 잊지 않고 상기시키려는 추모비로서의 은유이다.

[그림 5-3] Rachel Whiteread, House &
Holocaust Memorial

있는 내부로 인해 다시 내부적 주체의 자리를 차지하게 된다. 이처럼 건축은 주체의 의지와 상관없이 주체를 결정지을 수 있는 강박적 프레임으로 작동될 수 있다.

이와 같은 주체 담론 외에도 화이트리드의 작품에서 공간-환상의 강박적 징후는 여러 부분에서 나타나고 있다. 특히, 환유적 수사로는 생략(ellipsis)과 곡언(litotes)이, 은유적 수사로는 완곡(periphrasis)과 반어(irony)가 주로 사용되고 있다. 작품 〈집〉의 경우에, 언어적 기표로서의 '집'과 이스트우드 광장의 기억을 담은 상징적 기표로서의 '집'과 일반적 건축 형태 기표로서의 '집', 그리고 화이트리드의 의도에 따라 변형된 개념 기표로서의 '집' 등이 환유적 고리를 따라 끝없이 이어진다. 그러나 이러한 기표들의 행렬은 연속적으로 이어지지 않고 개별 기표들의 의미화로 인해 곡언(불연속적 단절)을 일으킨다. 또한 내·외부의 전도나 내부 공간의 삭제와 같은 단절요소는 발화하고 싶지 않은 것, 억압되어 있는 것이 생략된 것이다. 그러나 이러한 생략은 오히려 사라진 것을 환기시키는 상징적·의례적 기능을 수행하게 되는데, 이와 같은 환유의 고리 속에서 공간은 중성화(neutralization)[28]된다. 이처럼 곡언과 생략을 통해 민감한 주제에 직접적으로 접근하지 못하게 차단하는 완곡적 표현이나 모순형용적인 반어 등의 사

---

28) 정신분석적 측면에서도 히스테리가 주체의 성적 위치에 연관되는 반면에 강박증은 이러한 문제를 거부한다. 즉 양성을 다 거부함에 따라 중성화되는 특성을 가지고 있다.

용은 주제를 쉽게 드러내지 않는 은유적 수사이고, 이와 같은 환유와 은유적 수사에서 공간－환상의 강박적 징후는 쉽게 읽힌다.

그렇다면 강박적 공간－환상의 징후란 반복되어지는 것, 충동을 중화시키는 것, 그리고 그와 같은 의례적 수행을 통해 억압된 ‘중성적 공간(neuter space)’이 생성되는 것으로 볼 수 있을 것이다. 여기서 중성적 공간이란 성적(gender) 차이가 무화되고 억압되는 공간 개념이다.[29] 또한 성적 차이 외에도 각 요소들의 차이가 동질화되는 공간 개념으로도 볼 수 있다. 콥 힘멜브라우(Coop Himmelblau)는 건축이 중성적이고 동질화되어 가는 것은 모더니티에 대한 배신일 뿐 아니라 이 사회를 무난한 공간의 건축들로 뒤덮어버리려는 익명적이고 주장 없는 시대정신에 협조하는 것이라고 강력하게 비판했다. 나아가 그는 이러한 중성적 건축 공간은 공간개념의 대학살이 될 것이라고까지 주장한 바 있다.[30] 굳이 힘멜브라우의 논의까지 가지 않더라도 중성적 공간은 건축적 차이의 억압기제인 것은 분명하고, 이러한 억압은 주로 상징적 질서(거세, 죽음)에 대한 억압이므로 중성적 공간이 가시화되는 장은 주로 상상계이다. 이와 같은 측면에서 동질적·중성적 공간은 주로 상상계에 속하는 공간 특성이 된다. 예를 들어, 미스의 ‘디테일’이나 르 꼬르뷔제의 ‘모듈러’와 같은 공간－환상 장치들은 강박적으로 반복되고 의례적으로 수행되어 건축이라는 담론 내부로 깊게 침잠되어 들어간다.

---

29) 건축에서 성적 차이에 대한 논의는 동양(안채, 사랑채와 같은 공간의 성 구분)뿐 아니라 서양에서도 오랜 전통으로 이어져 왔다. 특히 서양건축사에는 오더 양식의 구분에서부터 시작되는 이분법적 성별 구분의 전통이 존재한다. 주로 남성성(masculine)의 우위 속에서 여성성(feminine)을 취약하고 유약한 것으로 보는 관점이 우세했으나, 모더니즘 시기에 들어서면서는 젠더적 성 구분을 중성화시키는 경향이 두드러졌다. 그 이유로는 2차 대전 전후의 파시스트 정권에 대항하는 자유주의적·아방가르드적 성향과도 연관이 있으며, 또한 전통적인 이분법적 대립 시스템을 넘어서는 새로운 모더니즘 건축의 어휘인 ‘형태(form)’, ‘공간(space)’, ‘질서(order)’와 같은 용어들이 새롭게 사용되었기 때문이다. Adrian Forty, *Words and Buildings: A Vocabulary of Modern Architecture*, Thames & Hudson, 2000, pp.42~62 참조

30) Peter Noever, The End of Architecture, 『건축의 종말』, 최상기 역, 미건사, 2005, p.17

이 장치들은 가장 건축적인 그리고 가장 이상적인 공간을 만들어 낼 수 있는 고안 장치로 생각되어 왔다. 그러나 결과론적으로 이러한 공간–환상 장치는 그들의 건축을 유사한 형태와 개념의 환유 고리에서 벗어나지 못하게 만들었고, 또한 그들의 이상적 담론에 포함되지 않는 것들을 억압하는 기제로도 사용되었다. 이러한 억압기제는 상상계에 속한 이상적 건축을 상징계 내부로 포섭하기 위해 사용되는 것이고, 결과론적으로 건축을 중성화시키고 있다.

　그러나 이러한 이상적 건축 담론/기제와 같은 강박적 징후가 단지 모더니즘 시기에만 국한되는 것은 아니다. 라캉은 현대사회를 정점에 도달한 상상계로 보았는데,[31] 이는 현대를 살아가는 사람들이 자기 자신에게 강박되어 자신과 자신의 창조물을 세계(상징계) 위에 둔다는 의미로 해석될 수 있다. 이와 같은 관점에서 본다면 대부분의 건축가들은 강박증적 주체이다. 건축가들은 자신의 창조물과 그 창조물을 만들어 내는 기반이 되는 근거에 강박되어 있으며, 자신들의 욕망을 만족시키는 것이 불가능하다는 것을 인지할지라도 그 욕망의 규제를 규제에 대한 욕망으로까지 전도시킨다. 이러한 점에서 볼 때 그들은 강박적 주체이다. 장 보드리야르(Jean Baudrillard)와의 대담에서 장 누벨(Jean Nouvel)은 보드리야르가 지적했듯 데우스 엑스 마키나(deus ex machina)[32]와 같은 건축의 절대적 욕망을 건축가들은 품고 있고, 이는 마치 건축적 필요성을 제공하는 신과 같은 존재로 건축가 스스로가 자신을 위치 짓는다고 이야기한 바 있다.[33] 이 말은 조금 과장된 표현일지라도 건축가들이 자신들의 창작 욕망에 얼마나 강박적으로 묶여 있는지를 단

31) Tony Myers, Slavoj Žižek, 『누가 슬라보예 지젝을 미워하는가』, 박정수 역, 앨피, 2005, pp.54~55
32) 연극에서 예기치 않게 나타나 절망적인 상황을 해결해 주는 신 또는 인물을 가리킨다.
33) Jean Baudrillard & Jean Nouvel, *Les Objets Singuliers: Architecture et Philosophie*, Calmann–Lévy, 『특이한 대상: 건축과 철학』, 배영달 역, 동문선, 2003, pp.93~94

적으로 보여 준다. 사실상 모든 건축적 주체들을 '정상성(normality)'의 범주를 벗어난 '징후적' 주체로 본다는 것은 분명 논리적 비약일 수도 있다. 그러나 정상성이라는 개념 또한 역사적으로 볼 때 이미 상대적인 개념이기에, 즉 정상적인 상태가 유동적 진실에 의해 정의될 수는 없기에, 이러한 측면에서 본다면 건축에서 정상성에 대한 논의는 무효해진다. 오히려 정상성의 개념은 사회적 · 정치적 · 심리학적 역사성 또는 상대성 또는 특이성이라는 이름으로 개명되어야 할 것이다. 특히 건축을 무의식과 징후의 구조로 읽어내게 되면, 주체뿐 아니라 건축원칙과 근원본질, 그리고 건축구조의 내재적 조건들로부터 도출된 건축객체의 가능성과 본질 또한 완전히 다르게 해석되는 편차가 존재하게 된다.

예를 들어, 우리에게 익숙한 '건축은 철골과 유리로 표현되는 시대의 의지'라는 미스의 정언(定言)이나 '집은 인간이 거주하는 기계'라는 르 꼬르뷔제의 정언은 모더니즘이라는 미래지향적 시대정신의 현현이자 그들이 생각하는 건축의 근원적 원칙으로 정상성과 총체성의 표제어였다. 그러나 이 정언들에는 그들이 제시하는 조건 이외의 것들을 비정상으로 규정하고 억압하는 기제가 전제되어 있다. 마이클 헤이스(K. Michael Hays)는 『미국에서의 미스(Mies in America)』[34]에서 미스의 건물이 지니고 있는 완벽함(통일성)의 이미지, 외부현실에 철저하게 무관심한 침묵의 언어, 기둥조차 사라진 내부공간의 보편성, 투명성 등 미스에 대해 상식적으로 통용되는 개념들이 그 자체만으로는 순수하게 유지될 수 없다는 점을 여러 각도에서 밝혔다. 그에 의하면 미스의 완벽함, 침묵, 보편성 등은 단편의 혼재성, 잡다함과 같은 상대개념을 억압함으로써만 성립되는 것이며, 오히려 전자는 후

---

34) K. Michael Hays, *Mies in America*, Canadian Centre for Architecture/Whitney Museum of American Art, 2001

자를 통해 재규정되어야 한다.[35] 결국 위의 정언들은 발화 수사적 측면에서 오용(catachresis)과 생략(ellipsis) 기법을 사용한 무의식의 억압·회피 작용이 읽히는 강박적 징후로 볼 수 있다.

위의 예는 어떤 주장에 조건을 붙이지 않고 확정적으로 말을 하는 정언이라는 측면에서 더욱 강박적 조건이 분명한 징후적 사례일 것이다. 그렇다면, 정언처럼 확정적이지는 않지만 건축가들이 흔히 사용하는 건축 생성장치인 '개념(concept)'에서도 이러한 징후적 해석이 가능할 수 있을지 구체적 사례를 통해 살펴보면 다음과 같다.

역사적인 것과 현대적인 것의 중간 지형을 잘 조율하는 것으로 알려져 있는 장 미셸 빌모트(Jean - Michel Wilmotte)의 건축 개념 중 가장 눈에 띄는 건축 어휘는 '간접이음(Joint Creux)'이다. 그는 자신의 간접이음에 대해서 다음과 같이 이야기한다. "현대적인 어떤 요소도 과거의 역사에 직접 와닿을 수는 없다. 항상 쉬어 가는 시간이 필요하다."[36] 그에게 있어 간접이음이란 '빈 공간으로 만드는 접합부'이다. 서로 다른 두 재료나 요소가 만날 때 그들의 접합 사이에 어느 정도의 간격을 두어야 한다. 벽과 천장의 만남, 두 개의 서로 다른 재료들의 만남, 18세기의 역사적 흔적과 현대적 감각의 만남, 동양과 서양의 만남 등에서 그는 항상 이 간접이음부의 빈 공간으로 두 개의 상이한 요소들의 마찰을 최소화해서 여백을 제공한다. 결국 빌모트에게 있어서 간접이음은 단어에 내포된 의미 그대로, 가장 중립적인 것을 통해 동시대적 스타일의 내적 조건을 발현시키는 형식장치인 것이다. 이는 충돌과 충동을 강박적으로 중화시키는 중성적 공간의 생성장치에 다름 아니다. 또한 간접이음은 첨예한 논점을 중성화시키는 완곡

---

35) 정만영, "현대건축이론 산책 3: 미국에서의 미스", SPACE, 2002년 5월호, p.175
36) Jean - Michel Wilmotte, 인터뷰, SPACE, 1998년 9월호

(periphrasis)과 연속된 흐름에 교묘히 삽입되어 표현을 절제시키는 곡언 (litotes)적 수사가 사용된 강박적 징후의 기표이기도 하다.

일반적인 건축 생성 장치로서의 측면에서 살펴볼 때도 '개념'은 날 것으로서의 '모양(shape)'을 지양하고 숙성된 것으로서의 '형태(form)'를 지향하도록 조정하는 제어 장치이다. 또한 개념은 건축에 형식을 부여하며 모든 디자인 행위에 인과율을 따지게 만드는 논리도구이기도 하다. 특히 프로그램이나 다이어그램과 같은 개념도구들은 그 생성적인 작용에도 불구하고

[그림 5-4] Jean-Michel Wilmotte, Beaux-Arts Lyon Museum, 1998

[그림 5-5] Jean-Michel Wilmotte, Chiado Museum, 1994

[그림 5-6] Jean-Michel Wilmotte, 가나미술관, 1998

건축 프로세스를 지나치게 이성적으로 조절하고 통제하는 지적 성향을 만들어 내고 있다.[37] 정신분석에서 강박증이 욕망과 그 욕망에 대한 경멸 사이에서의 교착상태라고 보았을 때, 개념이나 개념도구는 건축을 생성하고자 하는 욕망의 도구임에도 불구하고 그 생성을 통제하는 욕망의 제어 도구이기도 하다는 점에서도 강박적 징후를 드러낸다.

지금까지 살펴본 바에 의하면, 공간-환상의 강박적 징후는 건축적 주체 생성 프레임으로서의 기표, 공간 형태의 환유적·은유적 고리로서의 기표,

---

37) 국민대학교 건축대학 편, 『통섭지도: 한국 건축을 위한 아홉 개의 탐침』, 공간사, 2007, p.389

건축적 정언으로서의 기표, 건축 생성 도구로서의 기표 등과 같이 건축의 여러 담론 기표들 내에서 구조화되어 있고 의미작용을 수행하고 있음을 확인할 수 있었다. 결국 건축이 무의식적 심리 구조와 맺는 관계를 억압하고 숨기는 가운데 표층에서 드러나는 강박적 징후로서의 건축적 기표들은 중성적 공간의 생성에서 볼 수 있듯이 그 관계들을 재생산하고 의미화하고 있다. 징후적 의미화는 일종의 왜곡된 가면으로 의미작용을 교란시키는 발화 수사 등을 통해 외상적 순간을 가리거나 덮어 버리지만, 가려진 바로 그곳에서 기표와 기의 사이의 전이가 일어난다. 프로이트의 표현대로 숨겨져 있던 사고들이 꿈에서 또 다른 궤적을 만나듯 불현듯 해독된다. 특히, 공간-환상과 같이 비평적 거리를 와해시키고 침투해 들어가는 실재계적 대상들에 의해 이와 같은 독해는 가능해진다. 이처럼 감춤과 드러남의 이미지로 순환되고 되풀이되는 의미화 고리로서의 징후는 상징계 내에서 지속적으로 또 다른 이미지로의 변형을 꾀하고 있다. 결론적으로 이와 같이 지속적이고 반복적인 건축 의미화의 변형 생성적 특성을 공간-환상의 강박적 징후로 볼 수 있을 것이다.

3. 도착증적 징후

도착증(perversion)이란 프로이트에 의하면 이성의 성기적 성행위로부터 일탈된 모든 형태의 성적인 행동으로 정의된다. 그러나 이러한 정의는 도착증의 행동적 측면만을 보게 함으로써 도착증이 가지는 임상구조적 측면을 간과하게 만든다. 이에 라캉은 도착증을 행동의 한 형태가 아니라 하나의 임상구조로 정의함으로써 프로이트 이론에서 드러나는 문제점을 극복한다.[38] 도착행위와 도착구조 사이의 차이는 도착구조와 연결된 행위가 비도착증적일지라도, 즉 주체가 실제로 도착 행위와 관련이 없을지라도 도착증이라고 판단할 수 있다는 데 있다. 또한 도착구조와 연결된 행위가 사회적으로 인정받을 때라 할지라도 도착구조에 따르면 여전히 도착증인 것이다.[39] 이와 같은 구조적 관점에 의하면 도착증에서도 신경증에서와 마찬가지로 도착증의 심리작용인 '부인(disavowal)' ─ 주체가 외상적 지각의 현실성을 깨닫는 것을 거부하면서 구성하게 되는 방어의 특정 양식 ─ 이 주체에게 작동될 때, 잠정적으로 이때의 주체는 도착증적 주체로 볼 수 있다.

신경증이 거세에 대한 현실성을 억압하는 데 반해 도착증은 이를 부인한다. 신경증 환자가 관계로부터 벗어나서 도피하려 하는 데 반해 도착증 환자는 관계 속으로 들어와서 도피하려 한다. 도착증적 주체는 어머니한테 남근이 결여되어 있다는 것을 지각하면서도 이러한 외상적 지각의 현실을 받아들이지 못하고 거부하는 주체이다. 이러한 거부는 어머니의 결여를 대신 채우려는 동일시의 관계로의 진입을 유도하게 된다. 이러한 동일시는 주체 스스로 자신을 충동의 대상으로, 타자(어머니)의 향락의 도구로 위치시키게 만드는 작용을 일으킨다.[40] 도착증이 주체 스스로를 충동의 대상으

---

38) Dylan Evans, op. cit., p.107

39) 예를 들어, 고대 그리스에서는 동성애가 사회적으로 묵인되었지만 동성애는 도착증으로 간주된다. 이는 동성애나 다른 형태의 성이 본래부터 도착증적이기 때문이 아니라, 그와 반대로 동성애의 도착증적 성질이 전적으로 오이디푸스 콤플렉스의 규범적인 필요조건을 위반하기 때문이다. Jacques Lacan, *Le Séminaire Livre VIII: Le transfert*, 1960∼1961, Jaques – Alain Miller ed., Paris: Seuil, 1991, p.43. Ibid., p.107에서 재인용. 이처럼 성욕에 대한 다양한 도착적 형식을 갖게 되는 것은 성적 차이의 실재와 이성애적인 상징적 규범이라는 규정된 구조들 사이에 존재하는 영속적 간극 때문이다.

40) 도착증자는 정신병자와는 달리 언어적 세계 속에서 주체를 존재하게 만드는 '아버지의 이름'을 수용하고 상징 세계에 발을 들여놓기 위한 첫걸음은 내딛는다. 그러나 '부권적 기능의 부족'으로 인하여 '소외'는 통과했지만 '분리'에는 성공하지 못한다. '소외'가 부권적 은유의 첫 단계로서 아버지의 이름에 의해 향유로 가득 찬 어머니와의 관계의 금지를 통해서 발생한다면, '분리'는 타자의 결여를 상징화하는 과정, 즉 아버지의 이름에 의해 결여를 결여로서 받아들이는 과정에서 발생한다. 따라서 분리를 통과하지 못한 도착증자는 타자의 결핍을 받아들이지 못하고 부정함으로써 타자를 절대적 타자로 이상화하게 된다. 그리하여 그는 타자 내의 결여를 자신의 남근으로,

로, 타자의 향락의 도구로 위치시킨다는 점에서 도착증은 환상의 구조를 전복한 것이다. 라캉은 도착증의 수학소를 환상의 수학소를 뒤집은 'a◇$' 로 표기한다.[41] 도착증의 임상적 분류인 물신주의(fetishism), 사디즘/마조히즘(sadism/masochism), 절시증(scopophilia)은 각기 어머니의 결여를 동일시하는 방식에 따라 보이는 차이에 의한 분류이다. 물신주의는 어머니의 거세를 대처할 상징적 대체물에 대한 도착이고, 사디즘과 마조히즘은 주체 스스로를 기원하는 충동의 대상에 위치시킴으로써 쾌락원칙을 넘는 충동의 한계를 체험하려는 도착이고, 절시증은 주체 스스로를 대타자의 향유의 도구에 위치시키면서 특히 시각 충동의 대상이 되려는 도착이다. 결국 도착증 환자는 여자도 남자도 거세당할 팔루스(Phallus)[42]를 처음부터 갖고 있지 않다는 사실, 즉 모든 인간은 상징적으로 거세당했다는 사실을 받아들이지 못하고 상상적 차원에 머무는 주체인 것이다.[43]

이처럼 도착증적 주체는 실재의 규정 불가능성을 받아들이지 않는 특징을 가짐에 따라 실재를 표상하고 그것을 상상화한다. 따라서 도착증은 [그림 5 - 7]에서처럼 실재계(R)가 상상계(I)에 종속되는 구조를 가진다. 도착증 환자가 아름다운 것, 상상적인 것에 현혹되어 매료되는 것도 이러한 이유에서이다. 그에게는 개념화를 벗어나는 것이 아무것도 없다. 그에게는 죽음이란 존재하지 않는다. 이러한 것들의 부인은 폭력과 죽음을 지시하는 섬뜩한

스스로 타자를 완성하는 도구가 됨으로써 타자의 욕망을 충족시킨다. Bruce Fink, *A Clinical Introduction to Lacanian Psychoanalysis: The Theory and Technique*, Harvard UP, 1997, pp.174~178

41) Dylan Evans, op. cit., p.109

42) 라캉에게 있어서 팔루스란 주체의 결여·공허감을 채워 준다고 가정되는 무엇에 대한 상징이다. 하지만 궁극적으로 팔루스는 결여를 채워 주는 것의 상징이 아니라 결여 자체의 상징이다. 어머니가 원하는 팔루스가 아이가 아니라 아버지라는 사실을 깨닫고 이를 받아들일 수 있게 되면 그 아이는 어머니와의 이자관계에서 벗어날 수 있다. 남근이 육체적·생물학적 기관이라면 팔루스는 '차이' 자체를 상징하는 기표이다. 김상환·홍준기 엮음, op. cit., pp.53~54

43) Ibid., p.124

것을 은폐하는 물신을 통해서 유지된다.[44]

이와 같이 물신화된 도착 징후는 다른 어떤 분야에서보다 건축에서 더욱 두드러진다. 그 까닭은 건축은 물적 토대의 구조체이기 때문이고, 또한 물적 토대를 떠나서 공간적 이미지라는 외양 속에서조차 타자의 도구로 전락하는 대상화의 속성을 가지고 있기 때문이다. 이러한 물신을 통한 도착적 징후는 건축이라는 존재양식의 근본적 속성으로도 볼 수 있다.[45] 특히, 현대 건축에서 건축물은 분명 물적 토대

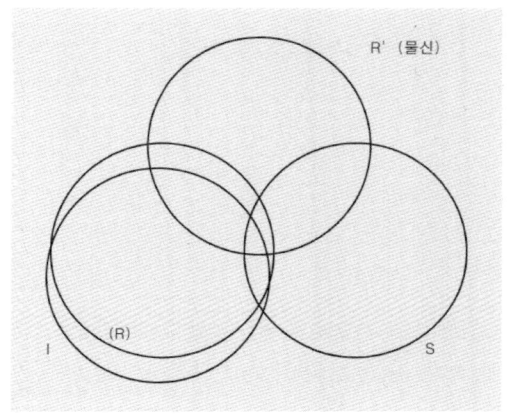

[그림 5-7] 도착증의 구조

를 가지고 있음에도 불구하고, '사물(the thing)'로서의 의미를 획득하지 못하고 현전의 공포를 반복하는 물신적 '공허(emptiness)'의 기표가 되고 있다. 지젝은 이러한 상황을 공포영화로 비유하여 설명하였다. 모더니즘 영화에서 공포는 부재하는 대상을 중심으로 성립되는 데 반해, 포스트모더니즘 영화에서 공포는 외양상으로는 완벽하게 평범해 보이는 현전해 있는 대상을 통해 나타난다.[46] 여기서 공포를 주는 것은 부재를 표시하는 기표가 아니라 직접적으로 현전해 있는 대상 자체인 것이다.

포스트모던한 역전은 사물 자체를 육화된, 물질화된 공허로 보여 준다. 이는 공포를 주는 대상을 직접 보여 줌으로써, 그리고는 그 위협적인 효과가 단순히 구

---

44) Peter Widmer, op. cit., p.212

45) 물신주의가 자본주의 사회에서는 성적 담론을 넘어서 인간 노동의 생산물인 상품·화폐·자본 등의 물질 자체를 숭배하는 것이라고 볼 때, 건축은 자본이 집적된 물질 자체로 구현되는 실체이자 중력을 견디고 그 장소에 서 있음 자체로 인해 숭배 받는 기념비적인 속성까지 가지고 있다는 측면에서 물신의 대상일 수밖에 없다.

46) Slavoj Žižek, op. cit., pp.288~289

[그림 5-8] Helmut Jahn, State of Illinois Center

조 속에서의 장소의 효과인 것을 드러냄으로써 성취된다. 공포를 주는 대상은 우연히 타자(상징적 질서)의 구멍을 채우는 것으로서 기능하기 시작해 온 일상적인 대상이다.[47]

이처럼 지젝이 포스트모던의 시대를 '물질화된 공허'로 보았을 때, 그리고 그 대상이 구조 속에서 단순히 '장소적 효과'를 드러낼 뿐이라고 지적했을 때, 이러한 물질적 공허와 장소적 효과가 바로 건축의 물신적 도착의 징후이다. 도착이라는 단어가 일반적으로는 성적 일탈을 연상시키지만, 라캉 정신분석학에서는 타자가 원하는 것을 주체가 명확히 알고 있다는 확실성을 가리키는 기술적 용어이다.[48] 즉 건축은 타자의 욕망의 의미에 대한 확신에 찬 답으로 제시되는 물신화된 실체이기에 스스로에 대한 확실성을 가지고 성립되는 대상이지만, 이러한 상징질서의 결여를 메우는 존재로서의 확실성 ― 즉 상징계의 환상적 일관성을 보증해 주는 대상으로서의 확실성 ― 은 물질-공허와 장소-효과라는 실재계적 작용으로 인해 부차적이고 취약한 불확실성으로 전도된다.

이러한 포스트모던 시대의 불확실성을 폴 비릴리오(Paul Virilio)는 도시 건축의 수직성을 통해 지적하였는데, 그에 따르면 모든 도시의 현장은 첨단 기술의 충격적 효과에 직면해서 무력해진다고 한다. 즉 그는 새로운 기념비성은 수직이나 수평을 통해서 나타나는 것이 아니라 비가시성을 통해 나타난다고 보았다. 도시에서 조망은 더 이상 고도의 문제가 아니라 실시

47) Ibid., p.289
48) Tony Myers, op. cit., p.182

간 작동하는 시각적 - 전자적 문제가 된다.49) 로버트 소몰 또한 헬무트 얀 (Helmut Jahn)이 설계한 〈일리노이 주 센터(State of Illinois Center, 1985)〉를 도시의 폐허로 읽어 내면서, 역설적이게도 수직성이 '죽었다'고 선언한다.50) 그는 도시의 포스트모던 타워들은 퇴행적 '타임머신'이거나 '스타일의 재림'일 뿐이고, 자기지시적인 '복제'의 과정에서 시간을 복제하는 일에만 관심이 있을 뿐 공간을 정복하는 일에는 관심이 없다고 주장한다.51) "얀의 시뮬라크르적 타워는 수직성이나 활력과 무관하다. ……그것은 보철물이며 딜도(dildo, 모조 남근)이다."52) 여기서 딜도는 팔루스도 남근도 아닌 '진짜 사물'에 대한 환영의 대치물이다. 비릴리오나 소몰의 이러한 논의는 현대 도시의 건축물이 강박적으로 집착하는 수직성이 물신적 도착에 다름 아니었음을 확인하게 해 준다. 즉 근대성의 특권적 장소였던 메트로폴리스의 타워가 딜도로 전락했다는 것은 딜도가 비록 물질이기는 하나 이미 시뮬라크르적 의미의 환영이자 공허라는 점에서 그저 장소 효과만을 일으키는 시각적 대상이 되었다는 것을 의미한다. 또한 사실상 딜도라는 단어는 이미 물신주의를 상징하는 의미를 내포하고 있다.

이처럼 건축에서 '도착 - 확실성'이라는 결여의 기표 생성은 현재가 결여됨을 찾아내기 위해서 작동하는 비유의 구조로 해석될 수 있다. 압축과 치환 과정에 의해 무의식에서 형성된 징후가 비록 자신의 작업 방식을 공간적 이미지의 외양에 숨기는 경향이 있다 할지라도, 그 외양에는 강력하게 윤곽이 그려지고 그 윤곽을 통해 분석의 가능성이 열리게 되는 것이다. 영

49) Paul Virilio, "The Overexposed City", *Zone* 1/2, 1986, pp.14〜31

50) Beatriz Colomina ed., *Sexuality and Space*, 『섹슈얼리티와 공간』; "사회적 등정의 위대한 순간들 (미건 모리스)", 강미선 외 역, 동녘, 2005, p.31

51) Ibid., p.31

52) Robert E. Somol, "You Put Me in a Happy State: The Singularity of Power in Chicago's Loop", *Copyright 1*, 1987, pp.98〜118

화 및 시각미디어 비평가인 로라 멀비(Laura Mulvey)는 시네마의 도착적 윤곽 찾기를 판도라와 가면의 비유를 통해 찾아내려 시도했다.[53] 멀비에 의하면, 판도라와 그녀의 (판도라)상자는 여성의 몸이라는 도상학을 통해 — 즉 여성의 몸이라는 물신주의적 지형을 포함하면서 — 환유적으로 인접성을 가지고 있다고 한다. 또한 수수께끼의 재현인 상자를 엿보고 싶다는 호기심은 관음증적 시선을 내포하는 것이기에, 비록 닫혀 있을지라도 상자의 윤곽에는 도착적 징후들이 이미 새겨져 있다.

실내건축에서도 이러한 인접과 환유의 도착적 지형은 쉽게 발견된다. 필립 스탁과 파비오 노벰브레는 인접한 도착적 도상을 공간에 직설적으로 사용하는 대표적 작가들이다. 스탁의 공간에 자주 등장하는 남성이나 여성의 신체와 연관된 오브제들은 주로 신체 일부의 환유적 형태를 통해 도착의 대상이 되거나 또는 스케일이 조작된 비일상적 형상을 통해 시선의 지배를 무력화시킨다. 〈로열튼 호텔(Hotel Royalton, 1990)〉의 벽에 부착된 오브제는 '남근 – 딜도 – (꽃이라는 여성성과 결합된)꽃병'의 형태적 유추를 따라가면서 의미작용을 지연시키며 물신 작용을 일으키고 있다. 또한 〈가츠야(Katsuya, 2006)〉 벽면의 여성 신체의 극단적 클로즈업 이미지는 관음적 시선을 발생시킨다. 특히 가츠야의 벽면 이미지인 여성의 입술은 일반적으로 관음적 시선의 대상이지만 비정상적인 스케일로 인해 오히려 입술 이미지가 주체에게 밀려오는 것만 같은 압도감을 주게 된다. 이때 관음적이라는 지배적 시선이 무력화되면서, 프로이트가 모든 적극적 도착은 그 수동적 짝패를 동반한다고 했듯이,[54] 관음의 수동적 짝패인 노출적 시선이 발생된다.

스탁이 주로 은유적 수사인 완곡(periphrasis)으로 민감한 주제를 돌려서

---

53) Beatriz Colomina ed., "판도라: 가면과 호기심의 지형학(로라 멀비)", op. cit., pp.79~101
54) Sigmund Freud, *Three Essays on the Theory of Sexuality*, Basic Books, 2000

[그림 5-9] Philippe Starck, Hotel Royalton, 1990

[그림 5-10] Philippe Starck, Katsuya, 2006

[그림 5-11] Fabio Novembre, Anna Molinari Blumarine, 1994

[그림 5-12] Fabio Novembre, Divinadisco, 2001

표현하고 있다면, 노벰브레는 용어(pleonasm)를 사용하여 불필요할 정도로 오브제를 과장하고 과잉적으로 노출시키고 있다. 〈안나 몰리나리 블루마린 (Anna Molinari Blumarine, 1994)〉 매장의 개구부는 거대한 여성의 다리로 도발적으로 형상화되어 있다. 여성의 다리라는 직접적인 도상 표현은 도리어 여성의 다리 사이, 즉 자궁 깊숙이 자리 잡은 매장의 아늑함을 강조하는 간접적 의미효과를 만들어 내기도 한다. 특히 다리 사이가 이미 무엇인가 통과될 수 있는 개구부라는 의미를 가지고 있다는 점에서 '다리사이-개구부'의 형태는 이중적 의미 과잉이다. 이처럼 불필요한 것을 덧붙임으로 인해 발생하는 과잉은 일반적으로 드러내기 위한 것으로 인식되지만, 때로는 드러내지 않기 위한 것을 위한 과잉으로도 읽을 수 있다. 이 공간은 미스터리한 여성성[55], 즉 거짓과 위험이 담겨 있는 내부를 숨기는 한편 도발하는

---

55) 공간에서 이러한 미스터리한 여성 신체 이미지는 내부와 외브의 양극화 또는 남성과 여성의 이항 대립이라는 함축적 의미를 넘어서는 어떤 교란을 발생시킨다. 이때 여성의 몸 이미지는 공간에서 하나의 지형학으로 읽힐 수 있다.

유혹적 표면으로서의 여성 이미지를 내부와 외부 사이, 바로 그 경계에서 재현하고 있다. 이러한 미스터리한 이미지가 경계에 형성되어 있다는 것은 멀비가 판도라 상자 논의에서 이야기하는 '표면/비밀의 양극성 신화'를 상기시킨다.56) 그러나 노벰브레의 공간들은 판도라의 상자처럼 닫혀 있지 않고 마치 아무것도 감출 것이 없다는 듯이 당당하게 열려 있다.57) 즉 관음적이지 않고 노출적이다. 판도라 상자가 불안을 감추는 동시에 열려지기를 요구하듯이 — 결국에 상자는 열리고 말듯이 — , 노벰브레의 공간들은 누구에게나 매혹적으로 열려 있는 듯 보이지만 사실상은 감추고 싶은 미스터리를 안고 있다.58) 결국 이 공간들은 노출과 관음이라는 시각충동의 대상이라는 점에서, 그리고 여성의 몸을 공간으로 물신화했다는 점에서, 마지막으로 다 보여 주고 있다는 착각, 즉 본인이 타자의 욕망을 알고 있고 이를 충족시켜 주고 있다고 확신하고 있는 도착증 환자의 오인 작용과 같은 징후를 보이고 있다는 점에서 도착증의 구조를 직설적으로 공간화한 사례로 볼 수 있다.

결국 도착증의 상상적 징후는 공간에서 의미를 왜곡하거나 빗겨 나게 만드는 은폐의 기표를 생성하게 한다. 분명해 보이는 시각적 상투성을 가지고 있는 공간에서조차 물신적 공허는 의미를 확정 짓지 못하게 만들거나, 차이를 거부하게 만든다. 이러한 거부는 주체와 타자의 관계망을 확실성이

---

56) Beatriz Colomina ed., op. cit., pp.85~87. 로라 멀비는 판도라를 여성의 유혹·속임수가 환영적으로 재현될 때 공간적 혹은 지형학적 차원을 부여해 주는 표면/비밀이라는 양극성의 신화적 기원이라고 보았다. 멀비에게 있어서 판도라는 본질을 숨기는 가면으로서의 여성성이라는 도상학을 실현함으로써 팜므 파탈(매혹/불안)의 지형학을 설명해 주는 이미지이다.

57) [그림 5 – 12]의 <디비나디스코 밀라노(Divinadisco Milano, 2001)> 또한 여성의 누드화를 공간의 천정과 벽면 등에 적나라하게 배치하고 있다.

58) 이는 근대건축의 투명성 논의와도 연결시킬 수 있다. 근대건축의 투명성이 감추지 않는다는 것을 재현하기 위한 것이라고 볼 때, 모든 것을 볼 수 있다는 환상은 사실상 볼 수 없는 것이 있다는 사실을 은폐하기 위한 스크린일 수 있다. 공간 – 환상에서 스크린은 감추지만 감춰지는 장치가 아니고 보여 주지만 보이는 장치가 아니다.

라는 장치로 봉쇄시키게 되고, 도착적 공간에서 공간이라는 주체는 도구화되고 공간적 타자들은 쉽게 대상화가 된다. 이러한 도착적 고정 메커니즘[59]은 관계 밖으로 시선을 돌리지 못하게 함으로써 관계 내에서만 맴돌게 만드는데, 도착증이 수동적 짝패 — 관음증과 노출증, 그리고 사디즘과 마조히즘 — 의 좌우이동만을 주로 반복하는 것도 바로 이 때문이다. 공간에서 또한 지속적으로 맴돌면서 잡히지 않는 미스터리한 충동은 공허한 물신적 기표를 가시화하게 만들고, 이러한 물질 – 공허 또는 장소 – 효과는 매혹적인 외양에도 불구하고 불안을 야기한다. 특히 현대의 물신적 공간은 아무것도 숨기는 것이 없이 모두 노골적으로 드러내는 듯 보이지만, 사실상은 그 텅 빈 공허와 불안을 보호하고 감추기 위해 딜도나 여성의 신체와 같은 환영적 이미지의 가면을 쓰고 있다. 건축에서 공간 – 환상의 도착적 징후는 바로 이 환영적 가면, 즉 물신 – 스크린을 통해 읽힌다. 물신 – 스크린에서 감추어져 있는 것은 건축의 결핍적 내용이라기보다는 구조적 불균형 자체이다. 즉 건축의 구조적인 불균형이 건축적 주체로 하여금 물신을 무대화하고 환상과 욕망의 의미작용을 구성하도록 만드는 것이다. 결론적으로 건축에서 도착적 공간 – 환상의 징후는 은폐되어 있는 건축의 결핍 구조를 발견하고 전복할 수 있는 단서로서의 징후로 볼 수 있다.

---

59) 라캉은 운동을 종결시키고 종결시키면서 보이는 것을 정지시키고 대상으로 삼으려는 힘을 '파시눔(fascinum)'이라고 불렀다. 주은우, 『시각과 현대성』, 한나래, 2003, p.95. 파시눔은 도착증의 작동 원리로 주체 스스로를 포획되거나 응고된 상태로 유지하게 만든다.

4. 편집증적 징후

편집증(paranoia)은 주로 망상(delusion)[60]에 의해 특정화된 정신병의 한 형태이다. 프로이트는 편집증이 동성애에 대한 방어라고 제안했으나, 라캉은 이러한 프로이트의 이론을 비판하면서 대신에 정신병의 특수한 기제로 '배제(foreclosure)'를 제안한다.[61] 'foreclosure(불어 *forclusion*)'는 저당물의 반환권 상실을 의미하는 법률용어이다.[62] 라캉은 이 용어를 프로이트가 사용한 '거부(Verwerfung)'와 대등한 뜻으로 사용하면서, 프로이트가 배제를 여러 방식으로 사용하는 것과 달리 한 가지 용법만을 강조한다. 즉 억압과 구별되는 특수한 방어기제의 의미로만 사용하는데, 배제는 "자아는 용납되지 않는 생각을 그의 정동(affect)과 함께 송두리째 거부하여 마치 그러한 생각이 자아에게 떠오른 적이라곤 한 번도 없었던 것처럼 행동하는 것"을 의미한다.[63] 즉 배제란 어떤 요소를 한 번도 존재해 본 적이 없었던 것처럼 상징계 밖으로 거부해 버리는 것이다. 여기서 배제의 대상은 거세 콤플렉스의 보편적 기표인 '팔루스'이자 '아버지의 이름(父名)'이다. 정식분석에서 배제와 억압은 엄연히 구분되는데, 억압은 무의식에 묻히면서 신경증을 구성하지만, 배제는 무의식으로부터 '축출(exclusion)'되면서 정신병을 구성한

---

60) 정신의학에서 망상은 활용 가능한 정보와 일치하지 않고 또 주체의 사회단체가 지닌 신념들과 일치하지 않는, 확고하게 고정되고 수정되지 않는 허위신념들이라고 한다. 망상은 편집증의 중심적인 임상양상이며, 그 범위는 단순한 관념으로부터 신념의 복잡한 그물망(망상체계)까지 이를 수 있다. Dylan Evans, op. cit., p.119

61) Ibid., pp.408~409

62) 라캉은 배제라는 용어의 개념을 버리기(rejet) 혹은 거절(refus), 삭제(retranchement)와 같은 여러 번역어로 사용하다가, 1956년에 가장 적절한 프랑스어로 'forclusion'을 제시하게 된다. Ibid., pp.410~411

63) Jacques Lacan, *Le Séminaire Livre Ⅲ: Les psychoses*, 1955~1956, Jacques Alain Miller ed. Paris: Seuil, 1981. Ibid., p.410에서 재인용

다. 배제된 기표는 한번 무의식의 세계에 들어가 버리면 직접적으로는 절대 나타나지 않고 환각(hallucination)[64]을 통해서만 밖으로 출현한다. 아버지의 이름이 배제될 때 주체로서는 도저히 채울 길이 없는 구멍이 상징계에 남게 된다. 이때 주체는 정신병의 징후를 보이지 않을지라도 정신병적 구조를 갖게 된다.

알랭 쥐랑빌(Alain Juranville)은 실존적 구즈— 정신병, 성도착, 신경증, 승화 —를 통해 라캉의 위상학을 설명하고 있다. 그에 따르면 정신병에서는 상상계, 상징계, 실재계의 세 고리가 하나로 합쳐진다.[65] 이렇게 되면 결핍이 존재할 수 없게 되는데 그렇다고 해서 정신병에서 결핍이 사라지는 것은 아니다. 정신병자가 인정하려 하지 않는 것, 그에 의해 배제된 것, 즉 상징계에 존재하는 결핍인 실재의 규정 불가능성은 환각과 정신착란성 헛소리(delirium)를 통해서 다시 나타나게 된다. 세 요소들의 비동일성은 정신병자를 엄습하여 결핍 없는 향유에 대한 믿음을 산산조각냄으로써 고통의 원인이 된다. 그런 까닭에 정신병자들은 그 고통을 피하기 위해서 라캉이 '사물(the Thing)'이라 부르는 것, 즉 매듭의 일관성을 [그림 5-13]에서처럼 계속해서 유지한다.[66]

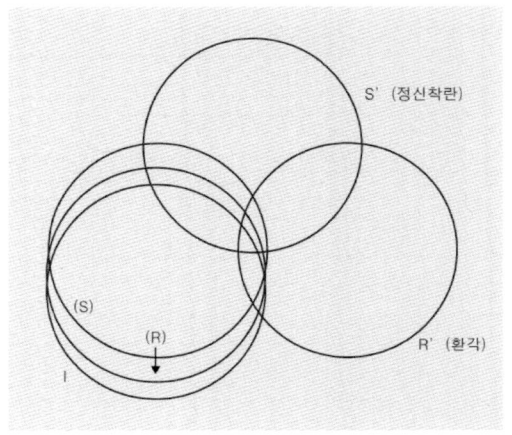

[그림 5-13] 정신병의 구조

64) 정신의학에서 환각은 대개 '허위 지각'으로 정의된다. 허위 지각은 적절한 외부자극 없이 생기는 지각을 뜻한다. 라캉은 이러한 정의는 의미와 의미화의 차원을 무시하게 만들기에 부적절하다고 본다. 그런 까닭에 라캉은 환각을 배제의 작동결과라고 보고, 환각이란 배제된 능기가 실재계의 차원으로 되돌아온 것이라고 정의한다. Ibid., p.435

65) Alain Juranville, *Lacan et la Philosophie*, Paris: PUF, 1984, p.422; Peter Widmer, op. cit., p.211에서 재인용

편집증적 주체에게는 시선이 중요한 의미를 갖는다. 시각적 영역에서 지배적인 것은 '본다'라기보다는 '보인다'이다. 그러나 주체 스스로가 타자에 의해 '보이는' 것을 볼 수는 없다. 그것은 결코 존재하지 않는 자기 자신과의 결핍 없는 관계를 전제할 때에만 생성될 수 있다.[67] 이러한 결핍 없는 관계를 인정받기 위해서 편집증 환자들은 고도로 체계화되어 있고 조직화된 망상을 형성하게 된다. 편집증 환자들은 마치 자기장 내의 철 분자들이 집합적이고 체계적으로 정렬되는 것과 같은 방식으로 전 세계를 한 방향으로 정렬시키며 사실들의 자기장을 자신만의 논리로 편집해 버린다. 따라서 편집증적 구조는 주체가 아직 주체와 타자의 구별이 형성되지 않은 거울단계로 퇴행하는 구조로 볼 수 있다. 이처럼 편집증은 주체의 내부로 침잠해 들어감으로써 상상계적 완벽함을 추구하는 징후를 가지고 있다.[68]

예술에서 편집증이라는 용어가 본격적으로 등장한 것은 살바도르 달리(Salvador Dali)가 초현실주의에 대한 개념 용어로 개발한 '편집증적 비평방법(Paranoiac – Critical Method)'에서부터였다. 달리는 이 용어를 "정신착란 현상을 연상하게 하면서, 해석의 비판적이고 체계적인 객관화에 근거를 둔 비이성적인 인식의 무의식적인 방법"이라고 정의 내렸다.[69] 이것은 정상인의 의식을 가지고도 광증을 의도적으로 가장함으로써, 광인만이 볼 수 있는 무한한 상상의 세계를 고도의 질서가 잡힌 체계적인 태도로 재현하는 방법

---

66) Ibid., pp.211~212

67) Ibid., pp.172~174

68) 편집증과 함께 정신병의 또 다른 임상 분류인 정신분열(schizophrenia)에서 주체는 편집증과는 달리 완전히 내부로 들어가려 하지 않고 오히려 외부에 남아 있으려 한다. 따라서 분열증 환자는 자신을 하나의 이미지와 동일화하지 않고 그것을 배제하면서 스스로를 의미 없는 기표와 동일화하여 자신의 존재를 상기하지 않도록 자신을 '비존재'로 만든다. 편집증 환자는 기표를 욕망하지 않으며 기표의 과다를 회피하지만 자신의 환각 속에서 기표를 요구한다. 반면, 분열증 환자는 자기가 배제한 기의를 실재에서 만난다.

69) Salvador Dali, "The Conquest of the Irrational", appendix of *Conversations with Dali*, New York: Dutton, 1969, p.115

이다. 이렇게 재현된 이미지는 일상적이거나 관습적인 시선에서 벗어나 존재나 사물을 다르게 발견할 수 있게 만든다. 달리의 〈편집증적 얼굴(Paranoiac Visage, 1935)〉은 신문에 실린 사막의 원주민을 찍은 사진을 단순화해서 사람의 얼굴을 닮은 새로운 이미지를 얻는 과정을 보여 주고 있다. 기존의 시선에서는 발견되지 않았던 이미지가 편집증적 시선에 의해 발견된다. 이처럼 편집증적 시선은 기존의 확정적인 목록을 파괴하거나 전복시키고, 기존의 모든 범주화 작업을 단락시키면서 새로운 시작을 만들어 내는 방법론으로 활용될 수 있다.[70] 이와 같은 편집증적 방법론을 건축에 직접적으로 도입하고 적용한 건축가가 바로 렘 콜하스이다. 렘 콜하스는 알레한드로 자에라(Alejandro Zaera)와의 인터뷰에서 『광기의 뉴욕(Delirious New York)』에서의 연구가 쿨하스의 비합리성, 비논리성, 또는 무의식적 작업 방법의 원천이냐는 질문에 다음과 같이 답하였다.

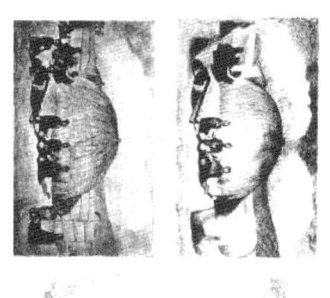

[그림 5-14] **Salvador Dali, Paranoiac Visage, 1935**

> 저는 편집증적 방법에 가장 크게 영향을 받았습니다. 이것은 20세기의 진정한 발명들 중 하나일 것입니다. 객관적인 척하지 않으면서, 합리적인 이 방법을 통해서 분석은 창조와 동일해질 수 있습니다.[71]

렘 콜하스 스스로 언급하듯이 『광기의 뉴욕』 저술 이후 그의 일련의 건축 작업들은 이 책의 대명제에 대한 증명과정어 다름 아니다.[72] 렘 콜하스

---

70) Rem Koolhaas, *Delirious New York*, 『광기의 뉴욕』, 김원갑 편저, 세진사, 2001, p.278

71) Alejandro Zaera, "Finding freedoms: Conversation with Rem Koolhaas", *El Croquis 53 + 79*, 1998, p.25

72) Ibid., p.31

는 『광기의 뉴욕』에서 달리의 편집증적 비평방법(PCM)[73]을 건축에 적용할 것을 제안한다. 그에 의하면 PCM이란 증명할 수 없는 공론들을 위해 증거를 조작하고, 그 증거를 이 세상에 이식시켜, '거짓된' 사실이 '진정한' 사실들 속에서 불법적인 자리를 차지하도록 하는 것이다.[74] 따라서 이러한 거짓된 사실이 관습적이고 상투적이 될수록 그 편집증적 존재는 알려지지 않고 숨겨지게 되며, 결국 '비합리성의 정복' ─ 콜하스가 PCM의 목표로 주장하는[75] ─ 으로 인해 사회(거대담론)는 해체되거나 파괴될 수 있게 된다. 편집증에서 진실을 위한 기록이 사실은 편집된 진실이듯이, 건축에서 PCM의 사용은 객관적 사실, 이벤트, 원인, 관찰 등에 해석적 착란을 일으키게 된다. 이러한 착란은 건축의 관습적이고 견고한 틀에 큰 충격을 가한다.

　렘 콜하스는 『광기의 뉴욕』에서 맨해튼을 분석하면서[76] PCM이 크게 두 가지의 방법론적 차이를 가질 수 있다고 설명한다. 그는 맨해튼에 대해 반맨해튼을 제시하는 르 꼬르뷔제와 맨해튼을 통해 새로운 환상을 창출해 내는 달리의 활동을 대조적으로 비교하고 있다.

　　기계 문명의 요구와 물질적 영화에 알맞은 새로운 도시를 창조하고 세우는 것이
　　르 꼬르뷔제의 최종적 야심이었다. 그가 이 야망을 개발시켰을 때 맨해튼이라고
　　불리는 그러한 도시가 이미 존재하고 있었다는 것은 그에게 있어 정말 비극적인
　　악운이었다. 르 꼬르뷔제의 업무는 명백했다. 자신이 계획한 도시를 발표할 수
　　있게 되기 전에, 그는 그것이 아직 존재하지 않는다는 것을 증명해야만 했다.

---

73) 렘 콜하스는 'Paranoiac ─ Critical Method'를 줄여서 주로 PCM이라고 기술한다.

74) Rem Koolhaas, op. cit., p.277

75) Ibid., p.274

76) 렘 콜하스는 *Delirious New York*에서 일관성 있게 맨해튼의 시간적 공간적 흐름을 분석 고찰하고 있다. 맨해튼의 필지분할에서부터 개별 마천루 생성 과정까지, 그리고 도시적 구조의 생성과 마천루의 공간구성 특질까지 관계 지으며 서술하고 있다. 또한 록펠러 센터를 통해 마천루의 복합화의 예까지 들고 있다.

……르 꼬르뷔제는 존재하지도 않는 피해자를 창조하고, 죄악의 장면은 피하며, 범인의 초상을 날조한 편집증적 수사관이었다.[77]

렘 콜하스가 보기에 르 꼬르뷔제의 반맨해튼적 도시계획은 그의 도시계획 사상에 내재되어 있는 편집증의 비판적 보강을 지켜 내기 위한, 즉 그의 시스템이 무너지는 것을 방지하기 위한 개념적 날조였다. 예를 들어 르 꼬르뷔제가 제시한 합리적인 마천루, 즉 벌거벗은(투명한) 마천루는 맨해튼 마천루가 가지고 있는 '뇌엽절제수술(lobotomy)'적인 특이성[78] ― 내부의 자율성과 다양성을 내부 공간과 외부를 독립시켜서 내피와 외피를 다른 논리로 구성하는 방법 ― 을 다시 원상태로 돌리는 것이다. 르 꼬르뷔제의 이러한 접근 방법은 근대 건축가들이 강박적으로 집착하고 있던 내부와 외부의 일관적 관계, 즉 투명하고 진실한 건축의 추구라는 작위적인 편집증적 징후를 직설적으로 보여 주고 있다. 르 꼬르뷔제에 반해 달리의 PCM은 같은 편집증적 방법이라고는 해도 다른 결과를 얻어 내는 특성을 가진다. "(a)

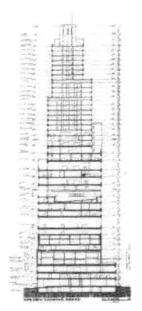

[그림 5-15] **Starrett & Vleck, Downtown Athletic Club, 1931, 외부와 내부**(뇌엽절제수술적 방법이 사용된 맨해튼 마천루의 사례)

---

77) Ibid., pp.285~288

78) 렘 콜하스는 맨해튼의 마천루에서 나타나는 건축적 표면과 내부 공간(인테리어 프로그램) 간의 상이성을 '뇌엽절제수술(lobotomy)'라는 개념으로 설명하고 있다. 즉 고층건물들의 볼륨이 커지면서 건물에 담아야 하는 내부 프로그램이 증가하게 된다. 그러므로 당연히 내부와 외부의 일관된 관계성은 깨질 수밖에 없다는 것이다. 렘 콜하스는 맨해튼의 초기 건축가들이 마치 정신질환을 고치기 위해 뇌의 전엽(frontal lobes)과 나머지 부분을 외과적으로 분리시키듯 외부와 내부 사이를 의도적으로 단절시켜 문제의 해결 방법을 찾았다고 보고 있다. 김종진, "현대 건축에 나타난 표면의 다중적 역할에 관한 연구", 한국실내디자인학회논문집 통권 47호, 2004-12, pp.68~69

새로운 빛 속에서 세상을 바라보는 편집증 환자의 종합적 재생작용(예상 못했던 관계의 풍부한 수확과 유추, 패턴) 그리고 (b) 이 허황된 공론들이 사실의 밀도를 얻는 데에서 임계점에 이르기까지 압축을 하는 것"79)이 달리 PCM의 연속적이지만 불연속적이기도 한 작용의 과정이다.

이렇듯 살펴볼 때, 렘 콜하스가 지적하고 있는 두 종류 PCM의 가장 큰 차이는 편집증이라는 징후를 중심에 놓고 그 징후를 인정하느냐 인정하지 않느냐에 있다. 르 꼬르뷔제의 PCM이 그야말로 병적 징후로 사후 처방해야 할 대상으로서의 징후를 드러내고 있다면, 달리의 PCM의 경우에는 스스로 병적 징후를 미리 상정하고 그것을 즐기는 방법론이다. 지젝이 그의 저서 제목을 통해 '당신의 징후를 즐기라!(*Enjoy Your Symptom!*)'고 권유했듯이, 달리는 편집증 환자의 영역 안으로 정상인이 여행을 해 볼 것을 제안하고 있다. 이처럼 렘 콜하스가 건축에서 사용하고자 하는 편집증적 비평방법은 불안의 산물이긴 하지만 동시에 그 불안의 치료제일 수 있는 방법론이다. 거짓 사실과 조작된 증거들이 단순히 해석의 차이만을 거치더라도 새로운 것들로 생성될 수 있다는 점에서, 비록 그 해석의 답이 제시되지 않고 때로는 거절된다 할지라도, 카드놀이가 항상 새로운 패로 시작될 수 있듯이 'PC 활동' ― 편집증적 비평을 수행적 차원으로 이동시키는 건축의 실천적 모색으로서의 활동 ― 은 건축의 견고한 벽을 전복시키는 불완전한 면역 체계로서 건축에 (불)연속성과 밀도를 부여할 수 있는 내재적 힘을 가진 방법론이다.

건축은 스스로 요구된 적이 없음에도 건축가 개개인의 '추론적인 것'으로부터 시작하여 명백히 '있는 것'으로 변형되는 대상이다.80) 즉 건축은 건

79) Rem Koolhaas, op. cit., pp.276∼277
80) Ibid., p.283

축가의 개인적 가설을 따라 완결된다는 점에서 편집의 가능성을 전제하고 있는 대상인 것이다. 이처럼 건축이라는 행위 자체가 이미 편집증적 활동의 형태적 결과물이라는 전제하에서 볼 때, 건축에서 편집증적 시선은 렘 콜하스의 주장대로 유용한 방법론인 것은 분경하다. 또한 현대 건축이 외부로부터 오는 확신과 내부적인 확신의 일치를 형태적으로 이념적으로 개념적으로 요구하고 있다는 점에서, 그러나 그러한 요구가 대개의 경우 일치되지 못하고 통제를 벗어난다는 바로 그 지점에서, 비이성적이고 비논리적인 분석적 창조는 새로운 가능성을 제시할 수도 있다. 어떤 측면에서 본다면 이미 현대의 건축 디자인은 보다 위협적인 것, 즉 편집증의 통제와 그 통제 밖이 되어 버린 것의 통제를 넘나들고 있고 이러한 징후는 여러 지점에서 발견되고 있다.

　토마스 헤더윅 스튜디오(Thomas Heatherwick Studio)의 작품들은 이와 같은 현대 디자인의 편집증적 징후를 잘 보여 준다. 토마스 헤더윅은 영국에서 가장 유명한 3차원 조형 디자이너로 손꼽히는데, 그는 예술·조각·인테리어·건축·구조적 엔지니어링·전시/환경·제품 디자인에 이르기까지 다양한 영역에서 활동하면서 영국의 레오나르도 다빈치로 불리기도 한다. 그의 작품들에서 보이는 다양한 시도들의 결과는 '판단'의 결과라기보다는 판단의 단계에 대한 유보적인 '탐색'의 결과로 보인다. 즉 무의식적 판단과 의식적인 결정이 혼합되어 있음으로 인해서, 어떤 논리가 펼쳐져야 한다는 윤리적 결정론과는 무관한 실험적인 공간 또는 공간적 실험 그 과정 자체로 작품이 종결되곤 한다. 3차원이라는 공간의 형태적 순수성과 그것에 작용하는 다양한 힘들이 그의 작품들에서는 자유롭게 유지되고 있다. 이러한 작업 프로세스는 디자이너 개개인의 논리를 통제하려는 제도권(이데올로기)의 관습적인 편집증적 통제를 벗어나기 위한 과정인 한편, 그 통제를 벗어나기 위해 디자이너 개인의 창의성에 기대는 또 다른 편집증적 통제의 논

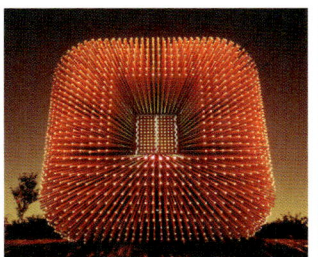

[그림 5- 16] Thomas Heatherwick Studio, Harvey Nichols, 1997

[그림 5- 17] TH Studio, Sitooterie Ⅱ, 2000

[그림 5- 18] TH Studio, B of the Bang, 2005

[그림 5- 19] TH Studio, Longchamp Store, 2006

리를 따라가는 과정으로 볼 수 있다. 이는 객관적이지 않으면서, 즉 개인적으로 편집된 사실이라는 측면에서 조작된 거짓 논리이면서도 카드의 새로운 패처럼 고정된 범주를 넘어서는 지점을 발견하게 만든다. 결국 이러한 접근 방식은 단일한 관점만으로는 포섭되지 않는 복잡다단하고 다중적인 작업의 결과를 낳게 된다.

토마스 헤더윅의 〈Sitooterie Ⅱ(2000)〉는 디자인에 있어서 주체와 언어 사이의 편집증적 접근의 차이를 모색해 볼 수 있는 사례이다. Sitooterie Ⅱ 는 영국 에식스(Essex)에서 개최된 '전국 사과나무 컬렉션(the National Malus Collection)'에 출품된 작품이다. 작품명인 'sitooterie'는 컬렉션 개최 측에서 공통적으로 붙인 이름으로, 'site + oot + − erie'의 합성어이고 여기서 'oot'는 'out'의 스코틀랜드 방언이다. 합성된 의미는 '밖에 놓인 장소', 즉 공원의 정자나 전망대를 지칭하고 있다. 개최 측은 12명의 디자이너들과 건축가들을 초청하여 'sitooterie'라는 공통의 주제어를 제시하고 각각의 사이트와 예산을 제공하였다. 그들은 주변 환경의 지각에 따른 묵상 (meditation)이라는 관점으로 공간을 해석하여 디자인하도록 초대한 디자이너들에게 요청하였다.[81] 주최 측에서 제시한 하나의 주제어는 각기 디자이

너들에게 다양한 언어적 분기(bifurcation)를
형성하게 했고 결과적으로 다양한 해석의 구
조체들이 흥미롭게 디자인되었다.[82] 코버 페
디(Coober Pedy)의 디자인에서 볼 수 있듯이
대부분의 디자이너들은 sitooterie에서 'sitoot'
의 장소적 의미에 주로 주목해서 장소를 조
망할 수 있는 전망대와 같은 파빌리언을 디
자인했다. 그에 반해 토마스 헤더윅의 공간

[그림 5-20] Coober Pedy, Sitooterie Ⅰ

은 '-erie'의 오브제적 의미에 주목한 결과로 볼 수 있다. '-erie'는 라틴
어 어원을 둔 불어의 명사형 어미로 'produced in/existing in'과 같은 의미
를 내포하는 동시에 영어의 현재진행형의 뉘앙스를 함께 가지고 있다. 즉
'사람에 의해 만들어지고 있는 어떤 것 또는 존재하고 있는 어떤 것'을 가
리키게 되는데, 결국 sitooterie는 -eire에 의해 '특정한 존재적 장소화되기'
라는 오브제적 속성을 내포하게 된다.

이러한 측면에서 볼 때, 헤더윅의 큐브는 주변의 풍경을 조망하는 장소
라기보다는 주변의 풍경 속에서 조망되는 대상 자체, 즉 장소성을 새롭게
규정하도록 만드는 오브제가 된다. 찌를 듯한 5000여 개의 길고 가는 알루
미늄 막대로 구성된 이 큐브는 각 막대 끝에서 주황색 빛을 내며 주변 환
경을 잠식하고 있다. 일반적으로 '어간＋어미'의 배열을 가진 단어 구조에
서 초점은 주로 어간에 맞춰진다. 그러나 헤더윅의 경우처럼 주목받지 않
았던 나머지에 초점을 맞추는 경우, 기존의 배열 구조를 전복시키는 새로

---

81) http://www.worldwidewords.org/weirdwords/ww-sit1.htm, 2007-09-10

82) 몇몇 스코틀랜드 출신의 참가자들은 'sittoterie'가 스코틀랜드에서 '댄스를 추다가 파트너와 함
께 가는 한적한 격리된 곳'이라는 또 다른 장소적 의미를 가지고 있음에 주목하여 이에 대한 해
석을 내놓기도 했다.

운 기표적인 오브제성이 드러나기도 한다. 즉 sitooterie라는 단어 안에는 내포되어 있기는 했으나 쉽게 배제되곤 하는 기표와 기의적 분기들이 존재하고 있었고, sitoot라는 어간을 배제하자 그동안 고정되어 있던 의미작용이 새로운 분기를 통해 파편적으로 재편집되는 것을 확인할 수 있다.

헤더윅이 스스로 이야기하듯 그의 디자인 프로세스는 주로 관습적으로 배제하는 것들과 편집해 버린 것들에 대한 역설적(vice versa) 모색으로부터 시작된다.[83] 2002년 영연방 게임을 기념하기 위해 맨체스터 스포츠시티 광장에 설치된 〈B of the Bang(2005)〉의 경우에도 언어와 형상, 속도감과 고정된 물성과 같은 역설적 개념 요소들이 혼재되어 있다. 이 작품은 육상선수가 출발총성(Bang)의 'B'자가 울리기도 전에 출발하는 모습에서 영감을 떠올린 형상으로, 30도 각도로 기울어진 175개의 강철들이 중앙의 다섯 개의 기둥에 의해 지지되도록 설계되었다. 마치 출발선에서 몸을 잔뜩 웅크리고 있고 언제라도 튀어 나갈 것만 같은 육상선수의 팽팽한 긴장감이 그대로 형상화되어 있다. 스포츠 행사 조형물은 대개의 경우 평화와 화합을 상징하는 부드러운 형태를 주로 사용한다. 그러나 그는 그런 고정관념에 반하며 스포츠의 역동적인 신체적 경쟁을 날카로운 형태를 통해 상징적으로 표현하였다.

이처럼 헤더윅의 디자인에서 주로 발견할 수 있는 허를 찌르는 듯 보이는 역설적 접근 방식은 건축이나 디자인이라는 분야가 일상적인 흐름을 거스르고 새로운 분기를 찾아 나설 때 새롭게 인식될 수 있다는 가능성을 보여 준다. 렘 콜하스가 건축에서 주장하는 편집증적 비평방법이란 기존의

---

83) http://www.businessweek.com/innovate/content/nov2006/id20061109_274742.htm, 2007 − 09 − 10. 신문사와의 인터뷰에서 그는 예를 들어 작은 규모의 프로젝트를 진행할지라도 마치 큰 규모의 프로젝트인 듯 역설적으로 생각하기도 하고, 일상적이지 않은 형태나 스케일을 지속적으로 실험하고 있다고 하였다.

알고 있는 방법론을 지우고, 확실성 또한 지워 버린 상태에서 전혀 예측할 수 없는 가능성을 열어 두는 방법론이다. 결국 건축에서의 이러한 편집증적 방식에서 또한 정신병에서와 마찬가지로 정상성이라 규정되는 것들을 지우고 밀어내는 '배제'의 원칙이 적용되고 있음을 확인할 수 있다.

배제는 정상과 비정상, 주류와 비주류와 같은 범주들을 반복적으로 재배치하게 만들고 결과적으로 정체성을 분열시키거나 증식시킨다. 또한 이러한 분열이나 망상적 증식은 상상계로 통합되어 다시 비분리되는 내면화를 산출하게 된다. 제프리 킵니스(Jeffrey Kipnis)가 렘 콜하스 작품의 특징을 '감축적인 폐지(reductive disestablishment)' 기법이라고 지적했을 때,[84] 감축적 폐지 또는 배제는 건축이라는 원형을 삭제해 나가는 방법론이다. 즉 건축제도·담론·이데올로기·역사·유형 등과 같은 건축적 원형에서 불필요한 지배적 논리와 전통을 베어 내고 축소시키다 보면, 남아 있는 최소한의 것들과 새롭게 잉여적으로 생성되는 것들이 한데로 엮여서 얻게 되는 새로운 구조, 이른바 비분리적인 편집적 구조가 생겨나게 된다. 이것이 바로 공간-환상의 편집증적 징후에서 읽어 낼 수 있는 구조적 특성일 것이다. 편집증에 의해 객관적이고 자연적인 법칙들이 하나씩 위반되듯이, 공간-환상의 편집증적 징후는 이러한 위반에서 모색되는 미결정와 비분절의 유연함을 자유롭게 즐길 수 있는 가능성과 대안이 얻어지는 기표놀이이다.

그러나 여기서 간과되어서는 안 되는 지점이 바로, 그렇게 배제되고 폐지된 부분들이다. 마치 처음부터 아무것도 없었던 것처럼 배제해 버리지만, 배제되고 잊힌 것들이 다시 되돌아온 것이 바로 징후이다. 결국 공간-환상을 징후로 읽는다는 것은 남아 있는 흔적들 속에서 결핍된 것들과 잉여적인 것들의 역설적 관계를 되짚어 보는 행위인 것이다. 발화 수사적 표현을 통

---

84) Jeffrey Kipnis, "Recent Koolhaas", *El Croquis* 79, p.30

해 억압하려 하는 것, 부인하려 하는 것, 배제하려 하는 것들이 징후적으로 분석 가능한 구조로 읽히지만, 그러나 이러한 구조적 분석에는 결코 징후의 해소가 아닌 오히려 그 빈 공간을 확인하게 만드는 특이성이 존재한다. 이처럼 공간-환상의 징후들은 자체의 특이성, 즉 보편성과 특수성을 오염시킴으로써 형식화될 수 없는 이타성을 스스로 직시하게 만드는 '구조화'의 (비)형식을 가지고 있다. 이러한 측면에서 공간-환상의 징후는 건축이나 실내건축이 가지고 있는 특이성의 지점을 드러내고 있다고 볼 수 있다.

5. 욕망 - 환상 - 징후의 메커니즘

지금까지 개별적으로 논의해 왔던 건축과 실내건축의 욕망구조, 공간-환상, 징후는 연관적 메커니즘을 가지고 있다. 이러한 메커니즘을 통해 건축은 구축된다. 구축의 욕망-환상-징후의 메커니즘은 크게 보면 두 가지의 경향으로 구별되는데, 여기에서는 건축가 두 명의 구축 스타일을 비교하여 설명하고자 한다. 대상 건축가는 렘 콜하스와 쿠마 켄고(Kengo Kuma)이다. 이들을 비교 대상으로 삼은 이유는 두 작가의 각기 공간을 대하는 접근 방식, 전개 방식, 구축 방식이 서로 대조적으로 상이한 지점들을 보이고 있기 때문이다.

렘 콜하스는 주로 건축의 내부와 외부를 격리된 이질적인 관계로 설정한다. 그에 반해 쿠마 켄고는 내부와 외부를 상관적으로 연결된 상호 침투적 관계로 바라본다. 또한 렘 콜하스의 구축 개념은 '밀집 문화(the culture of congestion)'라고 부르는 거대함·잡종·충돌 등의 문화적 현상에 대한 해석에 집중되어 있다. 그에 반해 쿠마 켄고의 구축 개념은 '지우는 건축(erase architecture)'이라고 지칭되는데, 주로 일본의 전통적 미 개념을 현대

[그림 5-21] Rem Koolhaas, Bordeaux House, 1998

[그림 5-22] Kengo Kuma, Lotus House, 2005

화하는 역사적 해석에 집중되어 있다. 이처럼 상대적인 디자인 개념을 보여 주고 있는 이 두 작가의 비교는 건축에서 발생하는 무의식의 작동방식과 각기 건축 형성에 미치는 영향 관계를 비교적 선명하게 드러낼 것으로 기대된다.

우선 렘 콜하스가 건축을 구축할 때 가지는 기본적인 욕망 구조를 파악하기 위해서는 그가 스스로 자신의 건축에 대해 언급하는 개념들을 살펴보아야 한다. 그에게 있어서 건축은 '역설적인 혼재'이다. 그는 이성적 프로세스에 의한 결과 자체보다는 진행 중인 엔트로피적 과정의 '과정성' 자체에 주목한다. 그에게는 이 과정이 퇴보이든 분열이든 중요하지 않다. 그저 건축이 가지고 있는 내재적 동기와 외부에서 부여되는 외재적 동기를 일치시킬 수만 있다면 결과는 어떤 것이 되든 상관없다. 이러한 내재적 동기와 외재적 동기의 일치에 집중하려는 태도는 건축의 형태적 측면이 아니라 이념적이고 개념적 측면에 더 비중을 두게 만든다. 그는 인터뷰를 통해 초기에 『광기의 뉴욕』에서 설정했던 그의 건축적 관심들이 근간에 와서 실제 작품들을 통해 구현되고 있다고 밝힌 바 있다.[85] 이처럼 결과가 아닌 과정에 집중하는 태도로 인해 대부분의 작품에서 렘 콜하스는 '형태의 이유 없음'을 직설적으로 보여 준다. 이는 건축물의 형태가 논리적 귀결에 따라야 한다는 일반적 프로세스에 반하는 개념이다. 예를 들어, 〈포르토 음악당 (Porto Concert Hall, 2005)〉의 디자인은 스스로 밝히듯 이 프로젝트와 전혀 무관한 다른 주택 계획안의 스케일을 조절하여 그대로 음악당 프로젝트에 적용한 결과로 나온 형태이다.[86] 형태의 이유 없음, 즉 '기의 없는 기표'는 자족적인 완결성(기의)을 가짐으로써 맥락과 무관해지는 다른 기념비적 형태들과는 달리, 텅 빈 발화로 인해 그 자체가 불완전해지므로 주변의 맥락과 관련을 맺을 때에만 일시적인 고정점을 형성하는 형태이다. 즉 '선행하는 이유로 인한 결과로서의 존재'가 아니라 '존재 이후의 효과'[87], 즉 기의에 선행하는 기표 생성 자체에 치중한 사례라고 볼 수 있다.

이처럼 '가능한 많은 연관관계를 도출할 수 있을 때까지 판단을 유보'[88]하는 이러한 태도는 결과적으로 그의 '거대함(bigness)' 개념이나 '밀집 문화' 개념과도 상통한다. 이와 같은 접근 방식은 여러 프로그램을 수용하는 복합적이고 집합적인 밀집을 통해 파편화까지도 통합될 수 있는 가능성을 열어 놓게 된다. 그로 인해 잡종화·근접성·충돌·중복·겹침이 만들어지게 되고, 결과적으로 이러한 요소들을 담기 위해서는 공간이 유연해져야 된다. 또한 이러한 방법론은 필연적으로 흐름과 과정의 그 진행형에 주목하게 만든다. 즉 그의 건축은 텅 비어 있는 기표로서 그 안에 어떤 기의가 들어서든 상관없는 공백 자체가 된다.

결과적으로 렘 콜하스의 건축적 개념들은 그가 건축을 통해 욕망하는 것들과 그러한 욕망을 상연하기 위해 만들어 내는 환상 시나리오와 무의식적

---

85) Alejandro Zaera, op. cit., p.16

86) Rem Koolhaas & AMO OMA, Content, Taschen, 2004, p.511

87) 봉일범, op. cit., 186

88) Alejandro Zaera, op. cit., p.30

으로 억압되어 있으나 기표들 속에서 발화되는 징후들을 드러내게 된다. 우선, 그의 욕망 대상은 상징계(대타자)에 대한 '부정 자체'이다. 상징계에서 끊임없이 부여하려는 의미(기의)를 그는 의도적으로 철저하게 거부한다. 주체의 욕망이 타자의 욕망이라고 볼 때, 그는 타자(상징계)의 욕망이기를 거부하는 욕망 양상을 보인다. '건축＝상징계'라는 일반적이고 상식적인 담론에 대한 거부에서부터 그의 발화는 시작된다. 질서 대신 혼돈을 지향하는 이러한 엔트로

[그림 5-23] Rem Koolhaas, Porto Concert Hall, 2005

피적 성향은 대타자의 담론에서 소외되어 결핍된 주체가 자신을 소외시킨 담론 자체를 스스로의 힘으로 소외시키고 배제시키기 위해 사용하는 일종의 편집증적 전략으로서의 대응방안으로부터 나온 것으로 볼 수 있다. 그는 자신의 결핍적 징후들이 드러나는 것을 두려워하지 않는다. 그는 스스럼없이 편집증적 방법론을 사용하자고 주장할 정도로 자신의 편집증적 징후를 즐기는 향유적 주체이다. 그의 징후가 편집증적인 까닭은 마치 상징계가 처음부터 존재하지 않았던 것처럼 일반적인 건축 담론을 대부분 배제해 버리고 자신만의 담론을 망상적으로 편집해서 구축해 왔기 때문이다. 렘 콜하스는 자신의 징후에 대해서는 향유적인 태도를 보이는 주체이지만 환상적 측면에서는 환상을 횡단한 주체는 아니다. 그가 건축가로 살아가는 한, 그는 자신의 욕망을 실현하는 공간-환상의 시나리오를 절대 포기하지 않을 것이다. 오히려 그의 편집증적 징후는 더욱더 강한 공간-환상을 끊임없이 생성하는 기폭제로 작용할 것이다. 편집증은 환상의 횡단을 불가능하게 만든다. 이와 같은 측면에서 본다면, 모든 건축 행위의 주체는 환상적 주체일 수밖에 없다. 결국 건축에서 환상을 횡단할 수 있는 유일한 방법은 더 이상 짓

[그림 5-24] **Kengo Kuma, Kitakami Canal Museum, 1999**

지 않는 것 외에는 없을 것이다. 비구축 외에는 환상의 횡단이 이루어질 수 없다는 전제는 건축이 환상 수학소 $\$\lozenge a$에서 결핍된 주체에게 끊임없이 욕망을 불러일으키는 허구적 '대상a'일 수밖에 없다는 점을 재확인시킨다.

렘 콜하스가 대타자의 욕망을 부정함으로써 건축가 주체 자신의 욕망을 돌아볼 수 있는 가능성의 지점을 보였다면, 쿠마 켄고는 대타자의 욕망을 철저하게 대리함으로써 그 안에서 드러나게 되는 상징계의 구멍을 확인하게 만든다. 그리고 그러한 확인을 통해 주체의 구축 환상을 지워 갈 수 있는 가능성의 지점을 보여 준다.

쿠마 켄고의 디자인 키워드로는 '전통적 형태의 재해석', '일본성', '역사적 디테일', '상호 침투성(reciprocal permeation)', '형태의 시각적 소거(vanish)', '입자화(particlizing)' 등이 있다. 쿠마 켄고는 일본의 전통성을 현대적으로 재해석하고 재현하는 디자인을 주로 보여 주고 있다. 그의 디자인 방법론은 일단 관련된 모든 요소를 모아 놓은 후, 그 요소들을 맥락 속에서 하나씩 지워 나가는 방식이다. 궁극적으로는 '무(無)'에 가까워지는 지점까지 비워 가는 것을 지향한다. 그러한 비움과 드러내지 않음이 그가 생각하는 일본성의 핵심이다.[89] 이러한 디자인 특성은 〈기타카미 카날 미술관(Kitakami Canal Museum, 1999)〉에서 잘 드러난다. 이 작품은 주변 환경에 밀착되어 존재 자체를 숨김으로써 지워 나간다. 형태가 사라지면서 물리적인 경계가 모호해지고 그에 따라 건축과 자연이 동화되어 가는 듯 보이는

---

89) 쿠마 켄고는 인터뷰에서 '나의 궁극적인 목적은 건축을 지우는 것이라고 밝힌 바 있다. 오오다 히로다로, 『일본건축사』, 박언곤 역, 도서출판발언, 1994

이러한 추상적 접근 방식은 동양적 공간 경험에 대한 현대적 해석으로 볼수 있다. 이처럼 그의 디자인이 철저하게 일본의 전통성에 대한 해석을 통해 이루어지고 있다는 점에서 본다면 쿠마 켄고는 스스로에게 주어진 상징계적 질서를 충실히 따르는 강박적 주체이다. 즉 전통성 해석이라는 대타자의 욕망을 그는 주체 자신의 욕망으로 설정하고 그 욕망의 실현을 자신의 디자인 목표로 삼고 있다고 볼 수 있다. 그러나 이러한 욕망의 작동은 필연적으로 상징계의 결핍을 드러내게 된다. 그가 전통성에 집착하여 대상을 비워 가면 비워 갈수록 전통이라는 개념 또한 함께 지워지고, 결국은 전통이라는 것이 재현 불가능하다는 불가능성에 직면하게 된다. 〈물 - 유리의 집(Water - Glass House, 1995)〉에서 볼 수 있듯이, 일본 전통건축의 전이 공간적 특성과 바닥면을 중심으로 하는 가변적 공간에

[그림 5-25] **Kengo Kuma, Water - Glass House, 1995**

대한 현대적 해석은 가장 현대적인 재료인 유리 표면으로 인해 극적으로 모호해진다. 비가시적인 것들을 가시화하려고 하면 할수록, 즉 불분명한 기의를 구체적 기표에 담으려 하면 할수록 기표는 기의와 별개의 의미작용을 일으키며 소외된다. 쿠마 켄고의 작품 해석을 듣지 않은 상태에서 이 주택을 경험하는 사람에게 일본의 전통성은 더더욱 추상적인 어떤 미지의 것으로 남겨질 것이다.

　이처럼 대타자의 욕망을 대리하고자 하는 욕망의 실현은 그 대타자 자체의 모호함과 규정될 수 없음으로 인해 결코 실현되지 못한다. 건축적 '체보이?(당신은 나에게 무엇을 원하는가)'에 대한 답이 바로 건축가들의 공간 -환상이다. 이때 구축된 공간 - 환상은 철저하게 주체 자신의 욕망을 억압하기에 주로 강박적 징후를 드러낸다. 쿠마 켄고의 주된 디자인 개념이 '지

[표 5-3] 욕망-환상-징후 메커니즘 비교

	Rem Koolhaas	Kengo Kuma
작품		
관심 주제	· '밀집문화' 문화적 현상에 대한 해석	· '지우는 건축' 일본전통에 대한 현대적 해석
구축 개념	· 내부와 외부를 이질적 관계로 설정 · 결과보다 진행 중인 엔트로피적 과정성 주목 ⇒ 개념측면에 비중, 형태의 이유 없음 ⇒ 많은 연관관계 도출 위해 판단유보 ⇒ 거대함, 잡종화, 근접성, 충동, 중복, 겹침	· 내부와 외부를 상호 침투적 관계로 설정 · 결과를 설정해 놓고 논리적 전개과정 수행 ⇒ 개념측면에 비중, 형태의 이유 있음 ⇒ 선행된 판단 아래 연관관계 규정 ⇒ 일본성, 시각적 소거, 입자화, 추상성
욕망 양상	· 상징계(대타자)의 욕망을 거부	· 상징계(전통해석)의 욕망을 충실히 이행
징후 특성	· 편집증적 징후를 즐기는 향유적 주체	· 주체의 욕망을 억압하는 강박적 징후
환상 특성	· 공간-환상 시나리오 강화	· 공간-환상 시나리오 균열, 횡단 가능성

우기'라는 점에서도 역시 그는 강박적 주체이다. 이처럼 표층에서 형상화된 건축가의 공간-환상에는 이미 징후적 기표들이 함께 내포되어 있다.

특히 억압된 것들의 징후적 드러남은 환상 시나리오의 견고함을 무화시킨다. 예를 들어, 쿠마 켄고의 '건축의 시각적 소거'라는 방법론을 통해서 설명해 본다면, 건축을 아무리 소거하더라도 건축이 서 있기 위해서는 건축은 구축적 필연성을 가져야 한다. 그의 공간에서 일시적으로 소거되었다는 공간-환상이 일어날지라도, 그것은 단지 '시각적인 측면'에서만의 소거일 뿐이다. 다시 말해 쿠마 켄고가 아무리 소거하고 지우더라도 건축의 구축을 지울 수는 없다. 결국 그의 경우에도 욕망을 충족하기 위해서는 모두 지워서 아무것도 구축하지 않으면 된다. 결국 쿠마 켄고의 디자인 작업에서 확인할 수 있는 욕망-환상-징후의 메커니즘적 특징은 감추려 할수록 더욱 두드러지게 되는 무의식의 발화처럼 공간-환상의 완벽한 표면에 균열을 가하는 징후들로 인해 그 환상은 언젠가는 깨어지게 된다는 것이다. 렘 콜하스의 경우에서처럼 견고한 환상이 아니기에 쿠마 켄고의 환상은 지워지기도 하고 다시 구축되기도 한다. 즉 환상을 횡단할 수 있는 여지가 남게 된다.

이처럼 두 명의 건축가들 통해 비교해 보았을 때, 각기 구축에 있어서의 욕망-환상-징후의 메커니즘은 서로 차이를 보이고 있다. 결론적으로 건축과 실내건축이라는 대상은 이를 구축하는 주체들의 무의식적 심연에서 발생하는 욕망의 구조와 작동방식에 따라 각기 다른 공간-환상과 징후들을 드러내고 있고, 이러한 무의식 메커니즘의 차이는 결국 건축이라는 대상의 개념적 접근에서의 차이, 구축방식의 차이, 해석의 차이 등으로 확장됨을 확인하게 된다.

6. 특이성의 지형

'singularity(*singularité*)'는 후기 구조주의에서 '단일성'이 아닌 '특이성/특이점' 개념으로 사용된다. 단일성이 '보편적인'. '일반적인'의 반대말로 단순히 양적인 의미를 함축한다면, 특이성은 '보통의', '규칙적인'의 반대말로 어떤 질적인 의미를 함축하고 있다.[90] 들뢰즈의 『천 개의 고원(*A Thousand of Plateaus*, 1980)』에서 '고원'은 바로 특이점의 은유적 표현이다. 고원은 오르막 끝 지점의 평탄한 지형이자 내리막의 출발점으로 이전까지와는 다

---

90) 특이점은 이웃하고 있는 관계들에 의해서 구분된다. 어떤 한 공간에서 일정한 점을 잡았을 때, 그 점의 충분히 작은 주변에서 아무런 일도 벌어지지 않았을 때 그 점은 '보통의' 점이고 무슨 일인가가 벌어졌을 때 그 점은 '특이점'이 된다. 이러한 특이점의 규준이 제대로 기능하기 위해서는 '충분히 작은' 주변을 설정해야 보통점과 특이점이 명확하게 구분된다. 이정우, 『시뮬라크르의 시대』, 거름, 2002, pp.166~172

른 행동이 필요해지는 지점이다. 수학적 맥락으로 보면 특이점은 바로 '변곡점'이다. 외삽의 일정한(보통의 규칙적인) 흐름이 더 이상 유용해지지 않는 지점을 의미한다. 즉 특이성은 일정한 규칙이 전제되어야 의미가 생성된다. 연속이 없으면 불연속성을 알 수 없듯이 일정한 규칙에 따라 '뻗어감(prolongement)'이 있어야 특이성의 개념도 성립된다.

한편 정신분석에서 특이성은 보편성(universality)과 특수성(particularity)의 대립구조로 설명할 수 없는 사이공간을 지시할 때 사용된다. 지젝은 칸트의 '추상적 보편성'과 헤겔의 '구체적 보편성'을 구분해 주는 기표화할 수 없는 기원적 빈 공간을 특이성이라고 부르고 있다.[91] 지젝은 특히 칸트보다는 헤겔의 '구체적 보편성' 개념을 더욱 차용하여 특이성 개념을 구체화시키고 있는데, 즉 '구체적 보편성' 안에 이미 개별성이 들어와 있다고 보고 이러한 개별성이 보편성 내부에서 내재적 분열을 초래하여 특이성의 지대를 형성하고 있다고 보고 있다. 보편성은 내부의 개별적인 것들인 특수성 속으로 하강하여 특수한 요소들 사이 속의 간극, 특수성도 보편성도 아닌 특이성의 지대를 만들게 된다.[92]

이와 같은 철학과 정신분석 논의에서의 특이성 개념에 의거해 볼 때, 현대 실내건축의 공간−환상적 작동방식의 특성 일반은 '특이성'의 발현이다. 그 까닭은 공간−환상은 건축의 일정한 흐름인 보편성을 중지시키고 변곡점의 전도를 일으키며 특이한 지점을 환기시키기 때문이다. 또한 공간−환

---

91) Slavoj Žižek, *The Ticklish Subject*, 『까다로운 주체』, 이성민 역, 도서출판b, pp.151 ~ 175. 헤겔은 활동의 주체가 언제나 구체적인 현실의 조건 속에 있다는 사실을 중시한다. 헤겔은 칸트의 현실 초월적이며 추상적인 보편성을 행위 주체에게 영향을 주는 현실을 전혀 고려하지 않은 개념으로 여겨졌다. 추상적인 보편성을 강조한 나머지 개별성과 구체성을 간과한 칸트의 한계를 극복하기 위해 헤겔은 야코비(F.H. Jacobi)를 수용하여 개별성을 포함하는 구체적 보편성 개념을 제시한다. 지젝은 헤겔의 개별성이 포함된 보편성 개념을 차용하여 특이성 개념을 설명하고 있다.

92) 민승기, "神과 인간, 유물론적 접근", http://news.empas.com/show.tsp/cp_kh/20070810n08503/?kw = singularity + singularity + singularity + %7B%7D, 경향신문, 2007 − 08 − 10 15:58:58

상은 건축의 상징적 질서라는 보편 질서의 빈 공간을 메우며 실재계적 교란을 일으킨다는 점에서도 특이성을 가진다. 즉 공간-환상은 건축이 완벽한 상징체계 또는 의미체계로 상징계 내에서 자리 잡도록 상징계의 빈 공간을 환상적으로 은폐하는 작동을 하지만, 실질적으로 이 메워진 틈은 결핍과 균열이 수시로 드러나는 특이성의 지형이 된다. 그런 의미에서도 공간-환상은 건축의 불완전성을 임시적으로 가리는 특이한 스크린이다. [그림 5-26]은 건축에서 공간-환상의 특이성의 구조를 도식화한 것이다.

[그림 5-26] 공간-환상의 특이성 구조

위의 그림에서 상징계의 결핍을 가리는 특이한 스크린인 공간-환상은 불완전하기에 결핍과 균열을 드러내면서 무의식적 징후들을 표출시킨다. 이처럼 공간-환상은 징후적 기표들이 표출되는 특이성을 가지고 있다. 즉 공간-환상은 '징후적 특이성', 또는 '특이한 징후', 또는 '징후-특이성'과 동의어가 된다. 실내건축에서 공간-환상이라는 억압되고 부인되고 배제된 것들이 의식적인 것 또는 무의식적인 것 사이에서 특이성을 발현하고 있다.

공간-환상의 특이성의 지형은 징후적 기표들의 특성에 따라 네 가지의 영역으로 나눠 살펴볼 수 있다. [그림 5-27]에서 볼 수 있듯이, 공간-환상의 징후적 기표들은 징후 기제인 억압·부인·배제를 통해 실내건축에서 표출된다. 이때 강박증적 기표들로는 과잉반복을 통한 중화, 차이의 억압을 통한 절제된 표현, 중성적 공간 등이 있고, 도착증적 기표들로는 도착적 물신화, 물질화된 공허 및 장소 효과, 은폐된 공간 등이 있고, 마지막으로 편집증적 기표들로는 결핍 없는 상상적 관계, 과장/삭제를 통한 의미변환, 잊힌 공간 등이 있다. 이러한 징후적 기표들은 결국 실내건축을 구성하는 동시에 징후적 특이성이 발현되는 네 가지 요소들인 공간(空)·형태(型)·간극(間)·경계(閾)를 기준으로 다시 분류 가능해진다.

특히 공간·형태·간극·경계라는 특이성의 지형적 분류 근거는 실내건축을 구성하는 요소이되 징후적인 측면이 두드러짐으로 인해 공간-환상의 구조화가 가능해지는 요소, 즉 기의가 고정되어 있지 않고 비어 있는 구조의 자리를 형성할 수 있는 실내건축적 기표들을 중심으로 이루어졌다. 예를 들어 '공간(空)'은 각 공간-환상의 징후적 공간 기표들 ― 중성적 공간, 은폐된 공간, 잊힌 공간 ― 이 포함되어 있고, 도착적 물신화와 물질화된 공허가 담길 수 있는 실내건축의 특이한 요소이다. 즉 空은 실내건축의 다양한 징후 기표들이 발현될 수 있도록 비어 있는(void) 구조화의 기표인 것이다. 型·間·閾 또한 마찬가지로 징후적 특이성이 두드러지게 발화되는 실내건축의 구성요소들이다. 이러한 징후-특이성의 분류는 공간-환상의 징후 기표들이라는 개별적 특수한 요소들 사이에 실내건축이라는 보편적 틀을 다시 적용해 봄으로써 이전까지와는 달라지는 특이한 지점들, 즉 실내건축의 특이한 영역들을 변별해 내기 위해서이다.

결국 공간-환상을 징후로 읽어 내어 특이성의 지형을 찾아낸다는 것은 발화된 건축기표들 속에서 보편적인 것들과 특수한 것들의 역설적인 관계를 되짚어 보는 행위 속에서 가능해질 것이다. 어디에나 속하지만 어디에도 속하지 않는 오염된 공간이 생성되는 지점(void), 낯익은 것들이 낯설고

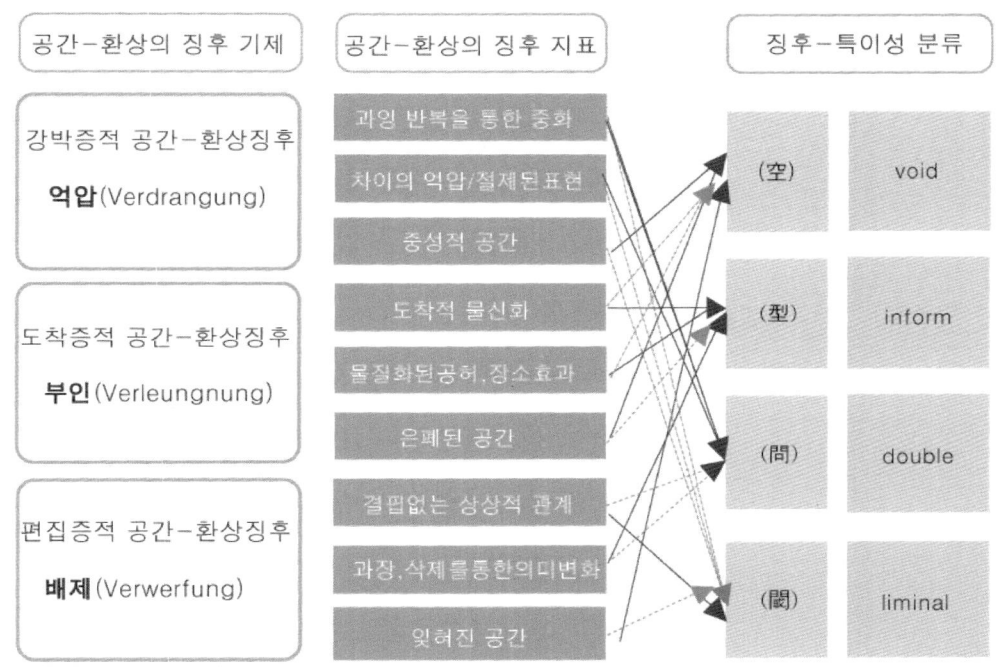

공간-환상의 징후 기제	공간-환상의 징후 지표	징후-특이성 분류

공간-환상의 징후 기제
강박증적 공간-환상징후 **억압**(Verdrangung)
도착증적 공간-환상징후 **부인**(Verleungnung)
편집증적 공간-환상징후 **배제**(Verwerfung)

공간-환상의 징후 지표
- 과잉 반복을 통한 중화
- 차이의 억압/절제된표현
- 중성적 공간
- 도착적 물신화
- 물질화된공허,장소효과
- 은폐된 공간
- 결핍없는 상상적 관계
- 과장,삭제를통한의미변화
- 잊혀진 공간

징후-특이성 분류
- (空) void
- (型) inform
- (間) double
- (閾) liminal

[그림 5-27] 공간-환상의 징후-특이성 분류 도식

기괴한 것들로 변이되는 지점(*informe*), 연속적인 것들이 겹쳐짐으로 인해 불연속적인 마찰이 발생하는 지점(double), 외부와 내부의 경계가 불가능해지는 지점(liminal) 등 건축이나 실내건축에서 조우하게 되는 여러 징후들 속에서 공간-환상은 자신의 특이성을 드러내는 동시에 감춘다.

[그림 5-28] 영화 매트릭스

[그림 5-29] Philippe
Starck, Cafe Costes

[그림 5-30] Toyo Ito, U
-House

void(空)

　영화 〈매트릭스(The Matrix, 1995)〉는 물신화된 그러나 공허한 공간 – 환상의 극적인 공간화를 보여 준다. 여러 철학자들에게 〈매트릭스〉는 다양한 관점으로 해석된다. 때로는 소외되고 물신화된 사회적 실체가 인간의 내적인 삶을 점령하고 식민화하여 인간을 에너지원으로 사용하는 '자본의 은유'로 읽히기도 하고, 때로는 현대인들이 살고 있는 세상이 월드와이드웹(www)으로 구현된 지구촌 의식이 산출된 '신기루'에 불과할지도 모른다는 가능성으로 읽히기도 한다.93) 그러나 건축 공간적 측면에서 본다면 〈매트릭스〉는 'void'의 공간적 오염효과 또는 'no – space'의 실재계적 교란, 즉 건축적 공간 – 환상의 영화적 은유로 볼 수 있다. 매트릭스에 등장하는 가상과 실제 공간의 대립 구조에서 실제 공간의 우위성은 더 이상 보장되지 않는다.94) 실제가 아닌 가상의 'void' 또는 'no – space' — 실제적 공간이 아니

93) Slavoj Žižek, *The Matrix and Philosophy*, 『매트릭스로 철학하기』, 한문화, 2003, p. 283
94) 실제세계인 황무지와 시온, 함선 등의 공간은 배신자가 나올 만큼 피폐화되어 있고 암울한 이미

라는 측면에서의 비 - 공간 — 는 현실보다 더 현실 같은 공간을 제공함으로써 '파생실재(hyper - reality)'[95]의 존재론적 의미를 생성하는 공간장치이다. 매트릭스의 가상공간은 실제 공간을 지우는 동시에 상기시킨다.

매트릭스에서 볼 수 있듯이 공간 - 환상의 void적 특이성은 실내건축의 보편적인 것들 내부에서 특이한 것들을 상기시키거나 지운다. 예를 들어 필립 스탁의 〈카페 코스트〉에서 미장센적 장치인 계단은 비어 있음으로 인해 환상적인 것들이 연출되는 공간이다. 다른 사례로 이토 도요의 〈U - House〉에서의 그림자는 물질성에 갇혀 있는 어둠을 상징하는 비어 있는 공간으로 삶의 용기 - 건축이라는 건축의 본질을 환기시키는 공간이다. 두 공간 모두 비어 있음으로 인해 공간 - 환상이 발생하고 그렇게 생성된 공간 - 환상은 실내건축이라는 대상의 존재적 실재성을 파생적 실제성으로 대치하게 만든다. 즉 건축이나 실내건축에서 void는 상징계를 지탱하는 물질 공간으로 환원되지 않는 비 - 공간으로 상징적 질서의 견고함을 내부의 논리로 환기시키거나 전복시키는 실재계적 역할을 수행하고 있다.

특히, 건축보다 실내건축에서 이러한 void의 오염효과는 더 크다. 그 까닭은 건축이 외피를 통해 만든 void의 볼륨 내부에서 그 빈 공간을 채우는 것이 목적인 실내건축의 내밀한 욕망은 void로 인해 방해받기 때문이다. 즉 실내건축에서 void는 물질성으로 충족될 수 없는 욕망의 불가능성과 허구

지로 묘사된다. 그에 반해 매트릭스는 실제보다 더 실저 같은 평온한 세계로 묘사된다. 이러한 상반된 설정은 정복과 피정복, 현실과 가상, 본토와 식민 지의 관계를 전복시킨다. 안은희·이정욱, "현대 거주개념의 의미변화에 관한 연구: 영화 <매트릭스>와 게임 <엔터 더 매트릭스>의 분석을 중심으로", 한국실내디자인학회논문집, 통권 40호, 2003 - 10, p.65

95) 프랑스의 철학자 장 보드리야르(Jean Baudrillard)는 고전적인 공상과학은 팽창세계에 대한 공상과학이었다고 말하며, 19세기와 20세기의 탐험과 식민지화라는 현상이 우주탐험이야기 속에서 반복적으로 되풀이되는 현상을 지적하고 있다. 그러나 기러한 제한된 영역에서 무한한 영역으로의 확장과 정복은, 오히려 인간의 공간을 더욱 비현실화하거나 시뮬레이션된 파생실로로 확장시키는 역할을 하는데, 이는 최근에 SF영화의 지정학적 지형이 우주에서 다시 지구로, 지구에서 인간의 내면화된 공간으로 옮겨 가는 현상을 설명하 준다. Ibid., p.64

[그림 5-31] Daniel Libeskind, Jewish Museum, Berlin

성을 가시화하는 욕망의 대상-원인 '대상a'이자 도착적·편집적 징후의 '기표'이다. 실내건축에서 void가 물신화할 수 없는 공허이자 장소효과라는 측면에서는 도착증적 징후기표이고, 실내건축에서 배제된 것들과 잊힌 것들을 상기시킨다는 측면에서는 편집증적 징후기표이다. 이처럼 void적인 공간-환상은 보이지 않는 음화(negative) 공간으로 실내건축 내부에서(in) 실내건축적인 것들(보편적인 것들)을 넘어서는(beyond) 특이성의 공간적 지형을 차지하고 있다.

수학에서 '1+0'은 '1'과 같다. 그러나 합계 1은 0으로 인해 앞의 1과는 다른 1이 된다. 즉 void는 건축이 물적으로 형상화할 수 없는 0이지만, 보이지 않는다고 해서 존재하지 않는 것이 아닌 무의식의 징후와 같은 존재론적 위상을 가지고 있다. 다니엘 리베스킨드(Daniel Libeskind)의 〈유대인 박물관(Jewish Museum, Berlin, 2001)〉에서 비어 있는 공간 void는 베를린이라는 도시에서 지우고 싶은 트라우마인 유대인의 삶의 흔적에 대한 은유이다. 즉 void는 독일에서의 이주와 망명과 말살로 인해 사라진 유대인들을 상징화하는 물질화된 부재(materializing absence)이다. 그러나 부재하지만 그 비어 있음으로 인해 상기되는 흔적은 베를린이라는 도시의 의식과 기억 내부로 침투해 들어간다. 즉 리베스킨드는 유대인의 삶에 남아 있는 찢긴 흔적과 공백을 인정하고 통합해야만 베를린과 유럽의 역사가 인간의 미래가 될 수 있다는 점을 유대인 박물관에서 보여 주고 있는 것이다.96)

결국 실내건축에서 void는 억눌려 있던 것들이 발현되는 비어 있는 무대

---

96) http://wso.williams.edu/~mdeean/berlin/libeskind.html, 2007-10-13

이다. 이 무대의 비어 있음으로 인해 그 공백에 '실재'하는 것들의 트라우마가 왜상적으로 기입된다. 즉 이 텅 빈 장소에 들어서는 직시하고 싶지 않은 배설물과 같은 물체들의 출현 ─ 예를 들어, 마르셀 뒤샹의 '샘'과 같은 ─ 은 말레비치의 '흰 바탕의 검은 사각형'에서처럼 비어 있는 장소와 틀에서만 상징적 의미로 소급된다. 부재한 것들에 대한 상기와 현존하는 것들에 대한 지우기가 void라는 공간-환상의 틀에서 가능해진다. 지젝은 이러한 void의 실재적 작동을 현대 예술의 양상과 비교하며 다음과 같이 이야기한다.

> 결과적으로 현대 예술에서 실재는 세 가지 차원을 가지며, 그것은 어떤 식으로든 실재 내부에서 상상계 ─ 상징계 ─ 실재계라는 3원 체제를 반복한다. 우선 실재는 여기에서 왜상적인 얼룩으로서, 왜곡된 이미지로서, 객관적인 현실을 '주관화하는' 순수한 가장으로서 존재한다. 그리고 다음으로 실재는 빈 장소로서, 구조로서 존재한다. ……마지막으로 실재는 실재 '그 자체'이며, 장소에 어울리지 않는 역겨운 배설물이다. ……이러한 실재의 세 가지 차원들은 '평범한' 현실로부터 거리를 두는 다음과 같은 세 가지 양태에서 기인한다. 첫째, 사람들은 이러한 왜상적 왜곡을 통해 현실을 본다. 둘째, 사람들은 그 안에 어떤 장소도 가지고 있지 않은 물체를 도입한다. 셋째, 사람들은 현실의 모든 내용(물체들)을 제거하여, 남아 있는 것이라곤 이러한 물체들이 채우고 있는 바로 그 빈 장소뿐이다.[97]

위의 지젝이 지적한 실재의 양태 구분에 기대어 공간-환상의 void적 특이성을 정리하면 다음과 같다. 우선 공간-환상은 실내건축에서 왜상적인 왜곡을 통해 실내건축의 상징적 현실을 구성한다. 이때 공간-환상은 상징적 질서를 구성하는 실내건축적인 것들로 채워도 채울 수 없는 void라는 위협적인 장소성을 함께 생성해 낸다. 결국 모든 실내건축적인 것들을 제

---

97) Slavoj Žižek, op. cit., pp. 306~307

거하고도 남아 있는 것은 공간-환상의 그 텅 빈 장소뿐이다. 마치 매트릭스의 가상현실처럼, 공간-환상의 void는 실내건축의 부재와 현존에 대한 주체의 자각을 왜곡하는 실재 자체이다.

informe 98) (型)

카프카(Franz Kafka)의 『변신(Die Verwandlung, 1915)』에서 주인공 그레고르는 어느 날 아침 벌레로 변해 있는 자신을 발견한다. 외양만 바뀌었을 뿐 주인공의 정신이나 의식은 여전히 사람이었음에도 불구하고 점차 시간이 흐름에 따라 주인공은 벌레의 심적 구조와 동화되어 가는 자신을 발견한다. 그레고르의 몸은 더 이상 '그의 것'이 아니며 그의 방 역시 더 이상 편안하지 않게 된다. "(그가) 바닥에 납작 엎드려 있어야 하는 이 높고 텅 빈 방이 그를(설명할 수 없이) 불안하게 했다."99) 그는 시력을 잃고, 정체성을 잊고, 점차로 자신의 기원과 '자신의 인간적 배경에 대한 모든 기억들'을 버리게 된다.100) 이 소설에서 주인공의 변신은 인간 주체라는 'form'에서 벌레라는 형태를 규정할 수 없는 'informe'으로의 변신이다. 또한 주체의 변신은 주체가 머무는 공간의 위상적 구조 또한 'form'에서 'informe'으로 변신시킨다. 이 소설에서 논의할 수 있는 주체와 공간의 'informe'적 특이성은 크게 두 가지 측면을 주목하게 한다. 하나는 주체의 정체성의 문제이고

---

98) 'informe'는 불어 형용사로서 영어로 표현하면 'formless' 또는 'shapeless', 즉 '형태를 알 수 없음' 또는 '형태가 정해지지 않음'을 뜻하는 단어이다. 본서에서 영어가 아닌 불어표기를 그대로 사용하는 까닭은 프랑스의 사상가 바타이유(Georges Bataille)가 근대의 'form' 개념의 대립항으로 'informe'을 사용한 용법을 그대로 따르기 위해서이다. 참고로 영어의 'inform(알리다)'에 해당하는 불어는 'informé'이다.

99) Franz Kafka, *Die Verwandlung*, 『변신』, 이재황 역, 문학동네, 2005, p.48

100) Rosie Jackson, *Fantasy: The Literature of Subversion*, 『환상성-전복의 문학』, 서강여성문학연구회 역, 문학동네, 2004, p.212

다른 하나는 주체의 시각(vision)의 문제이다. 주인공은 더 이상 '아버지의 언어(상징 질서)'를 사용하지 못하게 됨에 따라 인간으로서의 상징적 정체성을 상실한다. 또한 그는 인간으로서의 경험을 통제하는, 즉 보는 힘을 상실함으로써 인간으로서 전유 가능했던 상징적 공간성을 상실한다. 즉 *informe*적 특이성이란 언어의 미끄러짐과 사물(공간)에 대한 통제의 상실로 인해 발생하는 주체의 심적 구조의 혼란과 불안함이다.

실내건축의 공간-환상에서도 *informe*적 특이성은 안정적으로 보였던 표층구조의 균열로 인해 드러나게 되는 심층구조로부터 야기되는 낯선 불안함(uncanny)에서 발견된다. 실내건축은 'form'이라는 표층구조의 확실성에 의해 성립된다. 그러나 form이 제공하는 실내건축적 정체성과 동일성에 대한 구조적 확신은 아주 작은 차이에 의해서도 균열이 생기게 된다. 표면에서 안락하고 위안을 주던 것들이 어느 날 아주 작은 틈새를 통해 '낯선 두려움이 느껴지는 장소(locus suspectus of the uncanny)'[101]로 변신하게 된다.

비들러가 지적했듯이 근대의 투명성 개념이 기술적인 근대성의 표상이었지만, 아이 엠 페이의 〈루브르 박물관〉의 피라미드에서 볼 수 있듯이, 현대건축에서 눈에 보이지 않는 공적(국가적) 기념비성으로 투명성이 구현되었을 때에는 절대적인 투명성은 의문의 대상이 된다. 현대의 투명성 개념은 더 이상 가시성의 문제 — 기술적으로 얼마나 투명해질 수 있는가와 같은 — 가 아니라 그 투명한 표피 아래 감춰져 있는 불투명한(또는 불온한) 비가시적인 것들 — 현대의 투명한 기념비들이 표상하려는 정치적 의도 또는 기술 집약이라는 환상아래 감춰진 자본의 논리와 같은 — 의 문제가 된다. 즉 form의 투명한 해체가 *informe*의 불투명한 구축으로 이어지며 불편한 심

---

101) Anthony Vidler, "The Architecture of the Uncanny: The Unhomely Houses of the Romantic Sublime", *Assemblage 3*, 1987-07, p.12

리지각적 반응이 공간에서 발생하게 된다.

현대 실내건축에서 공간-환상의 *informe*적 특이성은 주로 실내건축적 표피(스크린)과 오브제를 통해 드러난다. 기본적으로 *informe*이란 형태를 알수 없게 만드는 모호함[102]에서 시작된다는 측면에서 본다면, 현대 실내건축의 표피적 스크린은 모호한 *informe*의 존재론적 불연속성을 드러낸다. 〈에르메스 갤러리〉에서 볼 수 있듯이 스크린의 물적 속성이 반사를 통해 공간속으로 사라지며 form을 지우기도 한다. 즉 이때 스크린은 실상과 허상의차이를 동질화하려는 표상성 욕망의 form적 구축의 표피가 아니라 결과적으로 주체의 존재적 차이까지 지워 버리는 *informe*적(불연속적) 비-구축의모호한 표피이다. 〈블룸버그 ICE〉에서 내부 표피는 자기감응적 스크린으로현대의 기술 집약적인 환상을 생성한다. 이러한 기술 집약적인 스크린은건축의 기념비적인 표상성 욕망과는 다른 지점의 실내건축적 표상성 욕망의 특이한 지점을 드러내는데, 대개 주체의 조절-통제에 대한 환상 구축이라는 측면에서 차이를 보인다. 건축의 기술-기념비가 주로 공간의 수용자로 하여금 일방적으로 공간을 수용하게 만든다면, 실내건축에서는 수용자와의 쌍방향적 커뮤니케이션뿐 아니라 주체의 조절-통제까지 가능하다는 환상을 제공한다. 그러나 이와 같은 기술 집약을 통해 form을 해체한 *informe*적인 공간-환상은 결국 주체가 반사라는 나르시시즘 속에서 자신을잃어버리는 것과는 다른 차원에서 이질적인 낯설음을 느끼게 만든다. 즉자신의 조절-통제가 가능하다는 유희의 일시성이 멈추는 순간, 결국 어느것도 고정되지 않는다는 것이 주는 유동성이 불안함을 야기하게 되는 것이다. 즉 스크린의 *informe*적 특이성은 주체의 시각(감각)을 통한 사물의 통제

---

102) 실내공간에서 형태를 정확하게 표상할 수 없게 만드는 모호함은 주체에게 심리적으로 불안함을 야기한다.

가 벗어나는 지점에서 발생한다고 볼 수 있다. 실내건축에서 공간−환상의 오브제적 *informe* 특이성은 필립 스탁의 디자인에서 자주 등장한다. form의 스케일만 변화를 주었을 뿐인데도 일상적인 오브제는 낯설고 두려운 대상으로 변모하게 된다.

이처럼 실내건축에서 공간−환상은 *informe*적 특이성을 통해 공간의 안정적인 구조에 균열을 일으키며 물적 공간을 심적 공간으로 말 그대로 '변신'시켜서 새로운 지형으로 옮기게 만드는 위상학적 '형(型)'을 가지고 있다. *informe*, 즉 형태를 인지할 수 없게 만드는 형태적 틀이라는 공간−환상의 교란을 통해서 현대 실내건축은 낯익은 대상에서 낯선 대상이 된다.

double(間)

라캉의 유명한 농담이 있다. "나에게는 세 명의 형제가 있다. 폴, 에른스트, 그리고 나 자신이다.(I have three brothers, Paul, Ernest and me.)" 이 문장에서 '나(I)'라는 보편성 안에는 '폴, 에른스트, 나 자신'이라는 특수한 요소들이 포함되어야 한다. 이때 보편적 '나'는 특수한 '나 자신'을 만나게 되

[그림 5−32] Hilton McConnico, Hermes Gallery

[그림 5−33] Klein Dytham, Bloomberg ICE

[그림 5−34] Philippe Starck, Hotel St. Martins Lane

는 기이한 경험을 하게 된다. '나는 나 자신이다'라는 동어반복, 즉 이중 긍정(double affirmation)은 나에 대한 서술이 기대되는 곳에서 '나'와 '나 자신' 사이에 묘사될 수 없는 빈 간극으로서의 나를 산출한다. 이 보편적인 것과 특수한 것 사이의 묘사될 수 없는 간극이 바로 '특이성' 개념이다. 결국 특이성은 공통으로 겹쳐진 지점에서 발생하고, 그 둘 사이의 거리가 충분히 작아야 구분되는 개념이다. 즉 '최소 차이(minimal difference)'가 이중으로 겹쳐져 있을 때(doubling) 특이성은 발현된다.

현대 실내건축에서 공간 – 환상은 doubling되어 있는 특이성을 드러낸다. 말레비치의 〈흰 바탕의 흰 사각형〉에서처럼 최소 차이가 겹쳐져 있을 때, 니체의 '정오의 그림자'에서처럼 오전과 오후가 바뀌면서 하나가 둘로 변하는 순간, '거의 아무것도 아닌 것' 또는 '거의 아무것도 없는 것' 같은 그러나 결국은 그 미세함 속에서 변곡점이 생성되는 그러한 경험과 지각을 실내건축에서 공간 – 환상이 생성해 낸다.

세지마의 〈숲 속의 집〉은 문자 그대로 doubling된 이중 경계로 인해 공간 – 환상의 '최소 차이'가 '최대 차이'로 변형되면서 실내건축에서 경계로 설명될 수 없는 사이 공간이 생성된 사례이다. 이 주택에서 외부 경계와 내부 경계라는 특수한 요소들의 이중 긍정은 '내부의 외부화'라는 작위적 대립구조를 성립시키게 되고, 그로 인해 실내건축에서 경계라는 보편적 특성이 무화되게 된다. 즉 경계의 조절이라는 공간 – 환상이 doubling을 통해서 특이성의 영역을 생성하게 된다.

〈프라다 에피센터〉의 굴곡면은 공간 구조의 강도를 조절하는 개념 장치이자 사건 발생의 접속 장치이다. 또한 계단과 경사면의 결합으로 통로·전시 공간·이벤트 스테이지·판매의 기능을 유연하게 수행한다. 이 공간은 개념과 기능의 doubling, 기능과 기능의 doubling으로 인해 질적 차이의 사건을 생성해 내는 특이성의 지대이다. 이 공간에서 확인할 수 있듯이 실내건축에서 공간–환상은 건축적 형태 요소가 아닌 개념·사건·기능·프로그램과 같은 비가시적인 요소들의 doubling을 통해서도 보편성과 특수성 사이의 틈을 생성한다.

〈ZLU 오피스〉의 경우에는 지각과 감각의 doubling을 확인할 수 있다. 이 공간에서 복도의 색채와 조명은 이중으로 분리된 지각의 틈새 공간을 형성하고, 주체는 이를 수행성으로 메우면서 대상을 감각하게 된다. 즉 여기서의 공간–환상은 공간이라는 대상 속에 주체를 double 기입하게 만들면서 감각을 통해 실내건축의 지각적 통합 환상을 교란시킨다. 이러한 doubling은 지각과 감각의 중층적 틈새를 형성하게 된다.

이처럼 실내건축의 공간–환상은 실체적인 것(경계), 개념적인 것(사건·기능 등), 지각적인 것(색채·조명)과 같은 다양한 특수한 요소들의 doubling을 통해 하나로의 통합이 (불)가능해지는 특이성의 지대를 형성하고 있다.

liminal(閾)

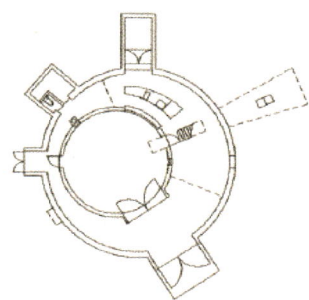

[그림 5-35] Kazuyo Sejima, Villa in The Forest

[그림 5-36] Rem Koolhaas, Prada Epicenter

[그림 5-37] Fabian Hofmann, ZLU Office

[그림 5-38] **M. C. Esher, Relativity**

에서(M. C. Esher)의 〈상대성(Relativity, 1953)〉은 뫼비우스 구조로 돌고 도는 계단 위에 사람들이 각자 자신의 위치를 점하고 있는 모습을 그린 그림이다. 사람들은 각자 자신의 공간과 시선을 가지고 있다. 이 건축물은 모두 상대적 위치에서 서로를 바라볼 뿐 절대 만날 수 없는 구조로 묘사되어 있다. 이 그림의 제목에서 알 수 있듯이 신과 같은 절대적 시선 또는 판단 외에는 이 구조물에서 자신의 영역 외의 타인들의 영역에 대한 이해는 불가능해진다. 결국 이 그림은 각각의 주체들이 가지고 있는 경계와 문제 설정이 다를 수밖에 없고, 주체 각자는 자신의 영역에 갇혀서 타자들의 차이를 쉽게 인지할 수 없다는 점을 보여 주고 있다.

이러한 영역의 상대적 개념을 'liminal(閾)'이라고 부를 수 있을 것이다. liminal은 심리학에서 '의식의 한계'를 의미하는 'limen'이라는 단어의 형용사형이다. liminal의 한자를 '문지방/한정하다/안팎을 구별 짓다'는 의미의 '閾(역)'을 사용한 까닭도 경계 지음의 대성을 강조하기 위해서이다. 즉 문지방이라는 물리적 경계는 안과 밖을 구별 지음으로서 서로 다름에 대한 장소성의 상대성을 지시하는 동시에 안과 밖이라는 경계의 심리적·인지적 상대성 또한 내포하고 있기 때문이다. 빅터 터너(Victor Turner)는 의미와 의식이 내포된 메타적 경계 개념으로 '경계성(liminality)'을 제시했다. 그의 원시 부족 연구에 따르면, 사람이 인식과정을 통해 현실 지점에서 비현실 지점으로 넘어갈 때와 마찬가지로, 초자연적 존재를 통해 부족 구성원들의 현실세계와 비현실세계가 연결되는 지점의 경계에서 물리적 '경계(boundary)'와는 구분되는 '경계성'이 생성된다고 한다.[103] 캐롤 던컨(Carol Duncan)은 빅터 터너의 경계성 개념을 사용하여 19세기의 박물관 공간을 분석하며 다음과 같이 언급하였다.

> 이러한 공간(박물관)을 찾을 때 일상적인 사회적 관계와 행위에서 한 발짝 물러
> 나서 자신과 자신이 몸담은 세계를 다른 생각과 감정으로 바라보게 되는데 이것
> 이 경계성(liminality)이다.[104]

즉 실내건축에서 공간 – 환상의 liminal적 특이성이란 물질과 비물질의 경계, 의식과 무의식의 경계, 또는 일상과 비일상의 경계 등이 실내 공간에서 혼재되어 그 차이들이 서로의 경계성을 형성하고, 그 경계 너머의 상대적인 것이 서로를 징후적으로 인지하는 것으로 볼 수 있다. 예를 들어, 빌모트의 〈키아도 뮤지엄〉에서 전통과 현대라는 상이한 요소들은 간접이음(Joint Creux)이라는 경계 공간에서 그 차이들이 중화된다. 간접 이음이라는 경계성을 사이에 두고 이질적인 시간들의 충돌과 마찰이 강박적으로 억압되고 있다. 유엔 스튜디오의 〈홀리데이 홈〉에서는 사람이 서 있는 위치에 따라 각자 시선이 달라지는 다시점의 경계가 중첩되어 있다. 원근적인 하나의 시점이 다시점으로 변형되면서 중첩된 경계면은 주체들의 장소 각각에 시점의 경계성을 형성함으로써 타자의 시점에 대한 차이의 인지가 쉽지 않게 된다. 이 공간 또한 자신의 자리에 주체를 묶어 두는 강박적 징후를 보인다. 마지막으로 헤르조그 & 드 메룬의 〈리클라 공장〉의 입면은 경계의 물신적 징후를 보이고 있다. 즉 내부와 외부 각각의 차이들이 허브무늬의 입면에서 머물게 되면서 경계면 양쪽의 특이성이 입면의 물성으로 흡수되게 된다.

---

103) 터너는 부족사회의 '통과의례(rituals of passage)'와 '무속의례(rituals of affliction)'에서 '경계성' 개념을 발전시켰다. Victor Turner, *Image and Pilgrimage in Christian Culture: Anthropological Perspectives*, N.Y.: Columbia University Press, 1978

104) Carol Duncan, *Civilizing Rituals: Inside Public Museums*, Routledge, 1995, p.11

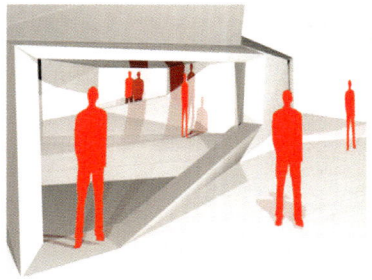

[그림 5-39] **Jean-Michel Wilmotte, Chiado Museum**

[그림 5-40] **UN Studio, Holiday Home**

[그림 5-41] **Herzog&de Meuron, Ricola-Europe Factory**

　　이처럼 실내건축에서 나타나는 공간–환상의 liminal적 특이성은 터너의 구분처럼 현실과 초현실과 같은 상이한 영역 간의 경계성 외에도 동일한 영역 내에서도 생성됨을 확인할 수 있다. 또한 liminal적 특이성은 상대적인 요소들이 혼재되어 있는 듯 보이지만, 의식적·무의식적 또는 물질적·비물질적 경계의 성질로 인해 각각의 차이가 어느 정도는 유지되는 특성을 일컫는다. 즉 보편성 속에서 특수성을 구별 짓는 방식이라고 볼 수 있다.

에필로그: 다시 들어가 건축의 내밀한 특이성 들여다보기

앞서 살펴보았듯이 현대 건축은 욕망 – 환상 – 징후의 작용들 속에서 분명 특이성의 지대를 형성하고 있다. 우리가 쉽게 의식한 그대로, 지각하는 그대로 인식했던 대상들이 때로는 전혀 의식하지 못했거나 지각하지 못했던 지점들을 드러내기도 한다. 건축적 대상이라는 것이 애초부터 물질적 토대를 갖지 않고는 성립하지 못하는 존재이기에 건축에서는 그동안 더더욱 보이지 않았던 무의식의 차원, 그 차원이 욕망·환상·징후의 기표들을 통해서 특이성의 지형으로 되돌아온다.

여기서 '되돌아온다'는 서술어는 감추려 하고 배제하려 해도 상징계의 틈새를 비집고 다시 들어와 상징계를 교란시키는 실재적인 것들의 움직임을 나타내는 표현어이다. 물질 너머에 있지만 물질 안에서 맴도는, 의식 너머에 있지만 의식의 표면에서 떠도는 그 움직임들, 그것이 건축에서는 공간 – 환상이자 특이성이자 건축적 대상a인 것들 자체의 존재운동인 것이다. 그 움직임을 다시 들여다보기. 건축이라는 대상 속으로 들어갔다가 나와서 다시 꼼꼼히 들여다보고 재고해 보기 그리고 그 대상들을 만들고 소유하고 전유하지만, 정작 그 속에서 소외되고 그 밖으로 분리되는 건축적 주체들을 다시 생각해 보기. 바로 그 행위들이 일어나길 기대해 보는 것, 그것이 바로 이 책을 쓴 주된 목적이었다.

결론적으로 욕망 – 환상 – 징후라는 정신분석적 틀은 건축이나 실내건축에 대한 새로운 해석의 가능성을 제시하여 위의 행위들이 일어날 수 있는 계기를 던져 주는 것은 분명하다. 그러나 여전히 정신분석과 건축은 근본적인 차이를 가지는 서로 다른 담론인 것도 분명하다. 특히 정신분석과 건축의 차이가 두드러지는 지점은 바로 라캉 정신분석의 최종 단계라고 볼 수 있는 윤리적인 지점에서 드러난다. 분명 정신분석의 최종 단계는 주체가 자신의 환상 시나리오의 오인적 측면을 인지하고 이를 횡단하며 자신의 징후를 인식하는 것이지만, 건축에서의 환상의 횡단과 징후 인식은 건축적 특이성으로 인해 정신분석의 윤리적 측면과는 차이가 있음을 확인할 수 있다. 환상을 횡단하고 징후를 인식하고 나면 사실상 건축 행위라는 것 자체가 불가능해지기 때문이다. 그러나 여전히 건축이나 실내건축에서도 라캉적 의미의 윤리적 지점에 대한 고찰은 필요하다고 판단된다. 특히, 자본의 논리에 철저하게 복속되는 건축 분야에서 라캉적 의미의 윤리의식은 건축적 실존의 문제를 직면하게 만들 것이기 때문이다. 어디에서도 명확히 한정된 실존체로 발견되지는 않지만 그럼에도 불구하고 우리의 삶을 규제하는 궁극적인 사물인 물신 – 자본 내에서 건축이나 실내건축은 결코 벗어날 수 없다. 그렇다 할지라도 이를 횡단하고 인식할 수 있는 가능성에 대한 모색은 반드시 필요할 것이다. 욕망과 환상과 징후의 고리 속에서 이를 건축적 방법론으로 횡단할 수 있는 가능성에 대한 모색은 이후에도 지속적으로 이루어져야 한다.

참고문헌

단행본

강명윤, 『촘스키 언어학 사전』, 한신문화사, 1998

국민대학교 건축대학 편, 『통섭지도: 한국 건축을 위한 아홉 개의 탐침』, 공간사, 2007

길성호, 『수용미학과 현대건축』, 시공사, 2003

김상환, 『니체, 프로이트, 맑스 이후』, 창작과 비평사, 2003

김상환·홍준기 외, 『라깡의 재탄생』, 창작과 비평사, 2005

김원갑 편저, 『건축과 해체』, 세진사, 2000

김진석, 『이상현실 가상현실 환상현실』, 문학과 지성사, 2001

라깡과 현대정신분석학회 편, 『우리시대의 욕망읽기』, 문예출판사, 1999

문병호, 『아도르노의 사회이론과 예술이론』, 문학과 지성사, 1993

박명진·김창남 외 편역, 『문화, 일상, 대중: 문화에 관한 8개의 탐구』, 한나래, 1996

봉일범, 『건축 - 지어지지 않은 20세기 1권~10권』, 시공사, 2005

봉일범, 『1968년 이후의 건축이론』, 시공사,

서동욱, 『차이와 타자』, 문학과 지성사, 2002

윤성우, 『들뢰즈, 재현의 문제와 다른 철학자들』, 철학과 현실사, 2004

이정우, 『접힘과 펼쳐짐: 라이프니츠, 현대과학, 易』, 거름, 2000

이진경, 『근대적 시·공간의 탄생』, 푸른숲, 2002

이진경, 『근대적 주거공간의 탄생』, 소명출판, 2000

정인하, 『현대건축과 비표상』, 서울: 아카넷, 2006

조현일, 『코다 1·2·3』, 도서출판 접힘과 펼침, 2005
주은우, 『시각과 현대성』, 한나래, 2003
진중권, 『진중권의 현대미학 강의』, 아트북스, 2003
철학아카데미, 『공간과 도시의 의미들』, 소명출판, 2004
최기숙, 『환상』, 연세대학교 출판부, 2003

번역문헌

Alenka Zupačič, *The Shortest Shadow*, 『정오의 그림자 - 니체와 라캉』, 조창호 역, 도서출판b, 2005

Beatriz Colomina, *Privacy and Publicity*, 『프라이버시와 공공성: 대중매체로서의 근대건축』, 박훈태·송영일 역, 문화과학사, 1999

Beatriz Colomina, *Sexuality and Space*, 『섹슈얼리티와 공간』, 강미선 외 역, 동녘, 2005

Bernard Tschumi, *Architecture and Disjuction*, 『건축과 해체』, 류호창·서정연 역, 시공사, 2002

Bruce Fink, *A Clinical Introduction to Lacanian Psychoanalysis: The Theory and Technique*, 『라캉과 정신의학: 라캉이론과 임상분석』, 맹정현 역, 민음사, 2002

Bruce Fink, *Lacan to the Letter: Reading Écrits Closely*, 『에크리 읽기: 문자 그대로의 라캉』, 김서영 역, 도서출판b, 2007

Claude Levi-Strauss, *Triste Tropiques*, 『슬픈 열대』, 박옥줄 역, 한길사, 1998

David Harvey, *The Condition of Postmodernism*, 『포스트모더니티의 조건』, 구동회·박영민 역, 한울, 2000

Dylan Evans, *An Introductory Dictionary of Lacanian Psychoanalysis*, 『라깡 정신분석 사전』, 김종주 외 역, 인간사랑, 1998

Edward T. Hall, *The Hidden Dimension*, 『보이지 않는 차원』, 세진사, 1991

Franz Kafka, *Die Verwandlung*, 『변신』, 이재황 역, 문학동네, 2005

Gilles Deleuze, *Différence et Répétition*, 『차이와 반복』, 김상환 역, 민음사, 2004

Gilles Deleuze, *La logique de la Sensation*, 『감각의 논리』, 하태환 역, 민음사, 1995

Greg Lynn, *Animate Form*, New York: Princeton Architectural Press, 1999

Guy Debord, *The Society of the Spectacle*, 『스펙타클의 사회』, 이경숙 역, 현실 문화연구, 1996

Jacques Lacan, 『욕망이론』, 권택영 편역, 문예출판사, 2005

J. D. Fisher, P. A. Bell & A. Baum, *Environmental Psychology*, 『환경심리학』, 차재호 감수/이진환·홍기원·정영숙 공역, 학지사, 1997

Jean Baudrillard & Jean Nouvel, *Les Objets Singuliers: Architecture et Philosophie*, 『특이한 대상: 건축과 철학』, 배영달 역 동문선, 2003

Jennifer Bloomer, *Architecture and Text: The (S)crypts of Joyce and Piranesi*, 『건축 과 텍스트: 조이스와 피라네지의 각본』, 임기택 역, 시공사, 2006

John Kurtich & Garret Eakin, *Interior Architecture*, 『실내건축의 역사』, 김주 연·서수경·이성훈 역, 시공아트, 2005

John Rajchman, *Constructions*, 『들루즈 건축』, 조현일·안예나 역, 접힘과 펼 침, 2004

John Rajchman, *The Deleuze Connections*, 『들뢰즈 커넥션』, 김재인 역, 현실문 화연구, 2005

Jonathan Crary, *Techniques of the Observer*, 『관찰자의 기술』, 임동근·오성훈 외 역, 문학과학사, 2001

Joy Monice Malnar & Frank Vodvarka, *The Interior Dimension*, 『인테리어 디멘 션』, 박영순·이현수 역, 디자인하우스, 1996

Juan Pablo Bonta, *Architecure and its Interpretation*, 『건축의 표현체계』, 기문당, 1995

Kastern Harries, "Building and the terror of time", *Perspecta: the Yale Architectural Journal 19*, 1982

Peter Noever, *The End of Architecture*, 『건축의 종말』, 최상기 역, 미건사, 2005

Peter Widmer, *Subversion des Degehrens*, 『욕망의 전복』, 홍준기·이승미 역, 한 울아카데미, 1998

Rem Koolhaas, *Delirious New York*, 『광기의 뉴욕』, 김원갑 편저, 세진사, 2001

Rem Koolhaas, 『렘 콜하스: 학생들과의 대화』, 봉일범 역, MGH, 2000

Rosie Jackson, *Fantasy: The Literature of Subversion*, 『환상성 – 전복의 문학』, 서강여성문학연구회 역, 문학동네, 2004

Rudolf Arnheim, *Entropy and Art*, 『엔트로피와 예술』, 오용록 역, 전파과학사, 2004

Serge Salat & Francoise Labbé, *Vanishing Cubes*, 『윤회하는 입방체』, 정은미 역, Seoul Arts Center, 1992

Slavoj Žižek, *Everything you always wanted to know about Lacan, But were afraid to ask Hichcock*, 『항상 라캉에 대해 알고 싶었지만 감히 히치콕에게 물어보지 못한 모든 것』, 김소연 역, 새물결, 1992

Slavoj Žižek, *Looking Awry*, 『삐딱하게 보기』, 김소연 · 유재희 역, 시각과 언어, 1995

Slavoj Žižek, *The Iraqi Borrowed Kettle*, 『이라크』, 박대진 외 역, 도서출판 b, 2004

Slavoj Žižek, *The Matrix and Philosophy*, 『매트릭스로 철학하기』, 한문화, 2003

Slavoj Žižek, *The Metastases of Enjoyment*, 『향락의 전이』, 이만우 역, 인간사랑, 2002

Slavoj Žižek, *The Sublime Object of Ideology*, 『이데올로기의 숭고한 대상』, 이수련 역, 인간사랑, 2001

Ton Verstegen, *Tropisms: Metaphoric Animation and Architecture*, 『건축의 향성과 흐름: 은유적 활성화와 건축』, 김원갑 역, 시공문화사, 2005

Tony Myers, *Slavoj Žižek*, 『누가 슬라보예 지젝을 미워하는가』, 박정수 역, 앨피, 2005

Véronique Patteeuw ed., 『MVRDV 건축읽기』, 최학종 역, 시공사, 2005

Walter Benjamin, 『발터 벤야민의 문예이론』, 반성완 편역, 민음사, 1983

W.J.T. Mitchell, *Iconology: Image, Text, Ideology*, 『아이코놀로지: 이미지, 텍스트, 이데올로기』, 임산 역, 드림아트, 2005

담디 출판사 편역, 『Activity Diagrams』, 담디, 2006

오오다 히로다로, 『일본건축사』, 박언곤 역, 도서출판발언, 1994

국외문헌

Adrian Forty, *Words and Buildings: A Vocabulary of Modern Architecture*, Thames & Hudson, 2000

Aldo Rossi, *The Architecture of the City*, New York: The MIT Press, 1992

Alejandro Zaera, "Finding freedoms: Conversation with Rem Koolhaas", *El Croquis* 53 + 79, 1998

Anthony Vidler, *The Architectural Uncanny*, MIT, 1992

Anthony Vidler, *Warped Space: Art, Architecture, and Anxiety in Modern Culture*, MIT, 2001

Anthony Vidler, "The Architecture of the Uncanny: The Unhomely Houses of the Romantic Sublime", *Assemblage 3*, 1987 – 07

Ben van Berkel & Caroline Bos, *Move Techniques*, UN Studio & Goose Press, 1999

Bruce Fink, *A Clinical Introduction to Lacanian Psychoanalysis: The Theory and Technique*, Harvard UP, 1997

Carol Duncan, *Civilizing Rituals: Inside Public Museums*, Routledge, 1995

Coop Himmelblau, "Architecture Must Blaze", *The Power of the City*, Ed. Robert Hahn & Doris Knecht, Darmstadt: Verlag der Georg Büchner Buchhandlung, 1988

Cynthia Davison, *Tracing Eisenman*, Thames & Hudson, 2006

David Leathervarrow & Mohsen mastafavi, *Surface Architecture*, 2002

Edward T. Hall, *The Hidden Dimension*, N.Y.: Anchor Books, 1969

Erwin Panofsky, *Perspective as Symbolic Form*, Zone Books, 1991

Herzog & de Meuron, "The Hidden Geometry of Natire: Six Projects", *Assemblage, No. 9*, 1989 – 06

James Gibson, *The Perception of the Visual World*, Greenwood Pub Group, N.e. of 1950 Ed edition, 1974

Jacques Lacan, *Écrits*, Paris: Seuil, 1966

Jacques Lacan, *Écrits: A Selection*. trans. Alan Sheridan, London: Tavistock Publications, 1977

Jacques Lacan, *Ecrits: A Selection*, trans. Bruce Fink, New York: Norton, 2004

Jacques Lacan, *The Seminar Book Ⅰ: Freud's Papers on Technique*(1953~54), trans. John Forrester, New York: Cambridge University Press, 1988

Jacques Lacan, *The Seminar Book Ⅲ: The Psychoses*(1955~56), trans. Russell Grigg, notes by Ruseell Grigg, London: Routledge, 1993

Jacques Lacan, *The Seminar Book Ⅶ: The Ethics of Psychoanalysis*(1959~60), trans. Dennis Porter, notes by Dennis Porter, London: Routledge, 1992

Jacques Lacan, *The Seminar Book XI: The Four Fundamental Concepts of Psychoanalysis*(1964), ed. Jacques–Alain Miller, trans. Alan Sheridan, New York: Norton, 1998

Jaques Derrida, *Glas*, trans. John P. Leavey, Jr. and Richard Rand, Lincoln: University of Nebraska Press, 1986

Jaques Derrida, *Of Grammatology*, trans. Gayatri Spivak, Baltimore: The Johns Hopkins UP, 1997

Jaques Derrida, *Positions*, trans. Alan Bass, Chicago: The University of Chicago Press, 1981

Jacques Herzog, "A Conversation with Hacques Herzog", *El Croques 84*, ed. Jeffrey Kipnis

Jean–Luc Nancy and Philippe Lacoue–Labarthe, *The Title of the Letter: A Reading of Lacan*, trans. Francois Raffoul and David Pettigrew, Albany: State University of New York Press, 1992

Jeffrey Kipnis, "Recnet Koolhaas", *El Croquis 79*

John Shannon Hendrix, *Architecture and Psychoanalysis: Peter Eisenman and Jacques Lacan*, New York: Peter Lang Publishing, 2006

K. Michael Hays, *Mies in America*, Canadian Centre for Architecture/Whitney Museum of American Art, 2001

Kester Rattenbury ed., *This Is Not Architecture*, Routhledge, 2002

Lafael Moneo, *Theoretical Anxiety and Design Strategies*, MIT, 2004

Owen Dunne, "Pixel Pop", *Frame 21*, 2001

Paul Virilio, "Architecutre in the Age of Its Virtual Disappearance", *The Virtual*

Dimension, ed. John Beckmannes, Princeton Architectural Press, 1998

Paul Virilio, "The Overexposed City", *Zone 1/2*. 1986

Perdinand de Saussure, *Course in General Linguistics*, ed. Charles Bally and Albert Sechehaye, trans. Wade Baskin, Glasgow: Collins Fontana, 1916

Peter Eisenman, *Diagram Diaries*, Universe Publishing, 1999

Rem Koolhaas & AMO OMA, *Content*, Taschen. 2004

Robert Somol, "You Put Me in a Happy State: The Singularity of Power in Chicago's Loop", *Copyright 1*, 1987

Robert E. Somol, "12 Reasons to get back into Shape", *Content*, ed. OMA, Taschen, 2004

Roger Caillois, "Mimicry and Legendary Psychasthenia", *Octover: The First Decade 1976～1986*, trans. John Shepley, Cambridge: MIT Press, 1987

Roman Jakobson, "Two Aspects of Language and Two Types of Aphasic Disturbances", *Selected Writings, vol. Ⅱ, Word and Language*, The Hague: Mouton, 1971

Salvador Dali, "The Conquest of the Irrational", appendix of *Conversations with Dali*, New York: Dutton, 1969

Sigmund Freud, *Three Essays on the Theory of Sexuality*, Basic Books, 2000

Slavoj Zizek, *The Plague of Fantasies*, London: Verso, 1997

Todd Gannon ed., *The Light Construction Reader*, New York: The Monacelli Press, 2002

Victor Turner, *Image and Pilgrimage in Christian Culture: Anthropological Perspectives*, N.Y.: Columbia University Press, 1978

학위논문

김예진, "경험디자인을 통한 실내 공간 표현 특성에 관한 연구", 경원대 석사논문, 2006 - 12

김은지, "하이브리드 공간 디자인의 시적 의미체계에 관한 해석 연구", 경원대 박사논문, 2007 - 07

김지은, "레이첼 화이트리드 작품의 공간성 연구", 홍익대 석사논문, 2006 - 12

봉일범, "로버트 소몰의 「모양(shape)으로 돌아가야 할 열두 가지 이유」에 관한 비판적 독해", 대한건축학회논문집 통권 224호, 2007 - 06

신홍경 · 김봉재, "단순성 개념으로 본 실내공간 표현 특성", 한국실내디자인학회논문집 40호, 2003 - 10

안은희 · 이정욱, "실내건축의 욕망유형을 통한 욕망구조 특성에 관한 연구", 한국실내디자인학회논문집 통권 63호, 2007 - 08

안은희 · 이정욱, "현대 거주개념의 의미변화에 관한 연구: 영화 〈매트릭스〉와 게임 〈엔터 더 매트릭스〉의 분석을 중심으로", 한국실내디자인학회논문집, 통권 40호, 2003 - 10

안은희 · 이정욱, "현대 실내공간의 환상적 표현에 관한 연구", 한국실내디자인학회 논문집 54호, 2006 - 02

윤숙희 · 정진원, "바흐찐과 헤이덕의 크로노토프에 관한 비교 연구", 대한건축학회논문집 통권 225호, 2007 - 07

이문영, "바흐찐의 모순의 역동성에 관한 연구", 러시아연구 제10권, 제2호, 2000

이한나 · 박현옥 · 이종숙, "그레그 린의 자연기반 디지털 공간디자인 매트릭스 분석", 한국실내디자인학회논문집 통권 48호, 2005 - 02

임지훈 · 이명식, "후기구조주의에서 바라본 디지털 건축의 연속성 원리에 관한 연구: 라이프니츠의 주름 개념을 바탕으로", 대한건축학회논문집 통권 206호, 2005 - 12

정인하, "투시도법과 디지털 표현방식의 비교를 통한 비표상적 건축에 관한 연구", 건축역사연구 통권 34호, 2003 - 06

조성현, "은유와 환유의 재해석을 통한 건축에서 '낯설게 하기'", 부산대 석사논문, 2005 - 02

최재원 · 김광현, "Herzog & de Meuron 건축의 맥락적 구축성에 관한 연구", 대한건축학회 학술발표논문집 제21권, 2001 - 10

하은경, "쿠마 켄고의 건축언어와 공간표현의 특성에 관한 연구", 한국디자인문화학회지, 2006 - 12

An Eun - Hee & Lee Jeong - Wook, "The Study on the Metamorphosis of the Space - time Concept in the Digital Age", *AIDIA vol. II*, 2002

기타

민승기, "데리다 – 환대의 윤리", 철학아카데미 2006 봄 세미나, 2006 – 03 – 18

정만영, "현대건축과 일그러진 들뢰즈", 2006 여름 철학아카데미 강의록

정만영, "현대건축이론 산책", SPACE, 2002년 1월～2003년 10월 연재

조광제, "하이퍼모더니즘 전자물질 공간에 대한 탐색", 2006 여름 철학아카
데미 강의록

민승기, "神과 인간, 유물론적 접근", http://news.empas.com/show.tsp/cp_kh/
20070810n08503/?kw＝singularity＋singularity＋singularity＋%7B%7D,
경향신문, 2007 – 08 – 10 15:58:58

민승기, "해체론과 예술", 월간미술, http://www.wolganmisool.com/02wolgan
/serv/200210/01_special/main07.php, 2007 – 11 – 30

Greg Lynn, "Embryological House", www.glform.com, 2007 – 08 – 20

James Attlee, "Towards Anarchitecture: Gordon Matta – Clark and Le
Corbusier", http://www.tate.org.uk/research/tateresearch/tatepapers
/07spring/attlee.htm, 2007 – 09 – 10

Norman Holland, "The Barge She Sat In":Psychoanalysis and Diction,
http://www.clas.ufl.edu/users/nnh/barge.htm, 2007 – 09 – 27

Wikipedia Encyclopedia, http://en.wikipedia.org/wiki/Gordon_Matta – Clark, 2007 –
09 – 10

http://www.0lll.com/lud/pages/architecture/archgallery/hadid_vitra/pages/vitra_01.
htm, 2007 – 09 – 10

http://www.worldwidewords.org/weirdwords/ww – sit1.htm, 2007 – 09 – 10

http://www.businessweek.com/innovate/content/nov2006/id20061109_274742.htm,
2007 – 09 – 10

http://wso.williams.edu/~mdeean/berlin/libeskind.html, 2007 – 10 – 13

안은희

▌약 력

경원대학교 실내건축학과를 졸업하고, 같은 대학원에서 석사와 박사 학위를 받았다. 현재 경원대
외 다수의 학교에서 실내건축 역사와 이론 및 설계를 가르치고 있다. 논문으로는 〈실내건축의 욕
망유형을 통한 욕망구조 특성 연구〉, 〈현대실내건축의 미장센적 특이성 연구〉, 〈공간-환상을 통
해서 본 현대실내건축의 특이성 연구〉 등이 있다. 건축적 공간을 인문적 공간 또는 심적 공간으
로 해석하는 데 관심을 가지고 지속적으로 연구하고 있다.

건축의 욕망, 환상, 그리고 징후

초판인쇄 | 2009년 10월 12일
초판발행 | 2009년 10월 12일

지 은 이 | 안은희
펴 낸 이 | 채종준
펴 낸 곳 | 한국학술정보㈜
주   소 | 경기도 파주시 교하읍 문발리 파주출판문화정보산업단지 513-5
전   화 | 031) 908-3181(대표)
팩   스 | 031) 908-3189
홈페이지 | http://www.kstudy.com
E-mail | 출판사업부 publish@kstudy.com
등   록 | 제일산-115호(2000. 6. 19)

ISBN   978-89-268-0447-6 93540 (Paper Book)
       978-89-268-0448-3 98540 (e-Book)